全国电力行业“十四五”规划教材

工程最优化理论及应用

主编　陈莉静
参编　朱记伟　姜仁贵
主审　薛　毅

中国电力出版社
CHINA ELECTRIC POWER PRESS

内 容 提 要

本书为全国电力行业“十四五”规划教材，是在总结多年土木水利类专业最优化理论与方法研究生课程教学实践的基础上编写而成。

本书在编写过程中将最优化理论与方法和工程实践有机结合，内容言简意赅，便于读者理解和掌握。

本书共10章，涵盖了最优化基本理论与方法、智能优化方法、最优化问题的计算机求解，以及工程最优化实例应用。主要内容包括最优化问题的数学模型、最优化问题求解的基本要素、一维最优化方法、无约束多维优化方法、有约束多维优化方法、多目标优化方法、智能优化方法、最优化问题的计算机求解、工程最优化实例应用。

本书可作为高等院校工科相关专业研究生教材，也可作为工程技术领域的科研人员的工具书。

扫码获取本书配套数字资源

图书在版编目（CIP）数据

工程最优化理论及应用/陈莉静主编．—北京：中国电力出版社，2023.10

ISBN 978-7-5198-7421-6

Ⅰ.①工…　Ⅱ.①陈…　Ⅲ.①工程－最佳化理论　Ⅳ.①TB21

中国版本图书馆CIP数据核字（2022）第253946号

出版发行：中国电力出版社

地　　址：北京市东城区北京站西街19号（邮政编码100005）

网　　址：http://www.cepp.sgcc.com.cn

责任编辑：孙　静（010-63412542）　代　旭

责任校对：黄　蓓　王海南

装帧设计：郝晓燕

责任印制：吴　迪

印　　刷：北京天宇星印刷厂

版　　次：2023年10月第一版

印　　次：2023年10月北京第一次印刷

开　　本：787毫米×1092毫米　16开本

印　　张：10.75

字　　数：261千字

定　　价：35.00元

前　言

最优化理论在自然科学和社会科学中有着广泛的应用。优化是一门技术，在任何工程系统的规划、设计、施工和维护中，工程师和专家必须在各个阶段采用多种手段加以决策和审定，即希望花费最小的代价以期获得最大的效益，最终达到整个工程系统的最佳结果。

对于工程类学生来说，学好最优化理论和数学建模技术，是从事科研工作的一个重要前提，同时也是培养严谨的数学思维、撰写高质量论文的一种技能。本书包括了传统的数学建模方法和最优化理论，注重典型的数学思维和方法的系统叙述，同时纳入近几年来发展起来的具有广泛应用前景的现代优化与建模技术。通过课程学习，了解实用的优化基础理论，并能够解决实际问题，为日后从事工程技术工作、科学研究以及开拓新技术领域打下坚实的基础。

全书共 10 章。前 3 章主要介绍最优化问题的基本概况、数学建模和基本要素等。第 4 章至第 7 章分别介绍一维最优化方法、无约束多维优化和有约束多维优化理论及方法、多目标优化理论和方法，以循序渐进的方式进行论述。第 8 章和第 9 章分别论述了智能算法原理和最优化算法求解实现问题。第 10 章列举几个经典优化案例供读者参考学习。

本书建议安排 32 学时，各学校也可根据学生具体情况增减学时。

由于编者水平有限，加之编写时间仓促，书中难免有不妥之处，敬请广大读者批评指正。

编者

2023 年 8 月

符号说明

X、S 等：大写字母表示向量名称；

x_i、s_i 等：表示向量 X、S 的分量；

$X^{(k)}$、$S^{(k)}$ 等：表示第 k 步迭代后的向量。

目　　录

第1章 概 述

工程最优化理论和方法，或称最优化技术，就是用最高的效益来求某问题的最优方案，其适用的方面很广泛，目前在土木工程领域设计方案优化、施工方法优选、选材、管理决策等优化问题中发挥着重要的作用。

1.1 工 程 优 化

工程优化，顾名思义是寻求最佳的工程效益，或最佳工程设计方案。也就是说，优化是在给定的约束条件下，从众多可能产生的方案中获取最好的结果的行为，在任何工程系统的规划、设计、施工和维护中，工程师和专家必须在各个阶段采用多种手段加以决策和审定，所有这些决策和审定的目标无非是在完成某一阶段任务时，希望花费最小的代价以期获得最大的效益，最终达到整个工程系统的最佳结果。

工程优化一般可分为两个阶段，即方案设计阶段和技术设计阶段。

(1) 方案设计阶段。方案设计的产生来源于设计者的直觉。这种直觉的基础是设计者在工程方面的知识和工程实践的经验。这些知识和经验，就和存在电脑中的信息一样，存在于设计者的头脑中，供设计者在作方案决策时调用。在如何调用头脑中的这些信息上，设计者的灵感要起很大的作用。因此方案设计其实是属于艺术的范畴，而非科学的范畴。

(2) 技术设计阶段。在技术设计阶段，设计者对所决定的诸多方案进行分析优选，确定所决定的方案在质量（如强度、刚度）、安全、效益、进度等方面是否最优或较优，并做出细部调整优化。

工程优化就是试图将方案设计中的部分决策从艺术范畴转入科学范畴，使最后决定的方案不但是可行的，并且是最优或较优的。

科学的数学化是当代科学发展的一个主要趋势。工程和管理学科的最终研究归结为如何建立研究领域的数学模型，并针对这些模型研究其求解方法。而许多模型是最优化模型，比如线性规划模型、非线性规划模型等。最优化问题是人们在工程技术、科学研究和经济管理的诸多领域中经常遇到的问题。随着科学技术尤其是计算机技术的不断发展，以及数学理论与方法向各学科和各个领域广泛深入的应用，最优化理论与技术必将在社会各方面起着越来越大的作用。

1.2 工程最优化理论和方法

工程最优化理论和方法是把工程决策问题转化为与之对应的条件极值问题，然后利用最优化数值计算方法和计算机程序，借助电子计算机求得最优化设计方案的过程和方法。

工程最优化的理论和方法，广义上说应该包括专用的和通用的两大领域：通用的是指对工程最优化理论和方法进行较全面的阐述并给出相应的实施步骤和算法；专用的是针对某一具体工程设计要求，选择通用优化理论中适用该工程要求的算法并将传统设计中的经验和试验数据加以综合，形成具有工程针对性的一种工程优化理论和算法。按数学模型是否可计算或是否已知，最优化可分为两类：①可计算最优化，即数学模型是已知的，可以计算；②试验性最优化，即数学模型是未知的或其函数值是不可计算的，只能通过试验来进行，试验包括物理试验和数值试验。

1.3 求解最优化问题的相关软件

绝大多数商业通用软件中都包含了优化程序模块。现在已很少有人再花费大量时间、精力，独立地为某个项目去编制工程优化程序了，但鉴于工程优化应用范围的广泛性和优化算法本身具有很大的灵活性，选择性，因此不可能像一般有限元分析程序那样简单划一，而却需要使用者掌握最优化的基本理论和常用算法，以便依据各自的需求，有选择地应用商用软件中相应程序模块。

国内外有许多求解最优化问题的软件包，简单介绍如下：

1. Mathematica

Mathematica 是目前比较流行的符号运算软件之一。不仅可以完成微积分、线性代数及数学各个分支公式推演中的符号运算，而且可以数值求解非线性方程、优化等问题。不仅是数学建模的得力助手，也是大学教育和科学研究不可或缺的工具。

2. MATLAB

MATLAB 是高性能的科技计算软件，广泛应用于数学计算、算法开发、数学建模、系统仿真、数据分析处理及可视化、科学和工程绘图、应用软件开发、建立用户界面。当前它的使用范围涵盖了工业、电子、医疗、建筑等领域。MATLAB 提供的工具箱已涵盖信号处理、系统控制、系统计算、优化计算、神经网络、小波分析、偏微分方程、模糊逻辑、动态系统模拟、系统辨识和符号运算等领域。

3. Lindo

Lindo 是一种专门用于求解数学规划问题的软件包。由于它执行速度快，易于方便地输入、求解和分析数学规划问题，因此在教学、科研和工业界得到广泛应用。Lindo 主要用于求解线性规划、非线性规划、二次规划和整数规划等问题，也可以用于一些线性和非线性方程组的求解以及代数方程求根等。Lindo 中包含了一种建模语言和许多常用的数学函数（包括大量概率函数），使用者可以在建立数学规划问题模型时调用。

4. MathCAD

MathCAD 是由 MathSoft 公司推出的一种交互式数值系统。该系统定位于向广大教师、学生、工程人员提供一个兼具文字处理、数学和图形能力的集成工作环境，使他们能方便地准备教案、完成作业和准备科学分析报告。MathCAD 在对待数值计算、符号分析、文字处理、图形能力的开发上，不以专业水准为追求，而是尽力集中各种功能为一体。需讲究精度、速度、算法稳定的数值计算问题和需经复杂推理的符号运算问题，不是 MathCAD 所致力解决的目标。在输入一个数学公式、方程组、矩阵之后，计算机能直接给出结果，而无需考虑中间计算过程。

1.4 工 程 应 用

最优化理论和方法的工程应用可以涉及以下6个方面：

（1）工程设计中，怎样选择设计参数，使得设计方案满足设计要求又能降低成本。

（2）资源分配中，怎样分配有限资源，使得分配方案既能满足各方面的基本要求，又能获得好的经济效益。

（3）生产评价安排中，选择怎样的计划方案才能提高产值和利润。

（4）原料配比问题中，怎样确定各种成分的比例，才能提高质量降低成本。

（5）城建规划中，怎样安排工厂、机关、学校、商店、医院、住户和其他单位的合理布局，才能方便群众，有利于城市各行各业的发展。

（6）农田规划中，怎样安排各种农作物的合理布局，才能保持高产稳产，发挥地区优势。

下面以5种常见优化问题展开论述：

1. 建筑结构优化设计

在建筑工程的决策阶段中，确定结构优化设计所要达到的总体目标是满足本体功能最大程度保障安全性，缩减投资成本；在建筑工程的设计阶段，确定每一个子系统及整体结构的优化布局；在建筑工程的建设阶段，以结构优化设计为建设原则，组织建设好每一个子系统，从而实现整体结构优化布局。

决策阶段结构优化选择是关键，设计阶段结构优化设计是核心，建设阶段结构优化建设是基础。如何做好结构优化：首先，要选择合理的结构方案，其决定了整个设计的好坏成败。因为就同一个建筑设计方案而言，结构设计不是唯一的，不同方案会使工程质量和工程造价产生很大差别。其次，进行正确的结构计算，一体化计算机结构设计程序的应用和完善，帮助结构工程师能越来越轻松地进行计算分析，使得结构设计更加经济和合理。再次，要提高材料的利用率，因为结构设计的目的就是花尽可能少的钱，做最安全适用的建筑，这就要求结构设计时对材料选用要合理，利用要充分。

例如基础的造型，原设计为桩筏基础，经详细分析地质报告得知，地下室底板至第六层持力层的距离较近，一般在2.0～5.0m，采用桩基已失去意义，经与建设方、原设计单位讨论商定，全部改用平板式筏形基础。

例如桩基的优化，桩基部分的设计优化的意见是桩基规格应统一确定选用规格，规格数量不宜太多，一般取2～4种即可。大直径扩底灌注桩通过增大扩大头直径D可大幅度提高基桩的承载力，设计时在桩身满足桩承载力的前提下，应优先采用D较大的桩基，这样可以使基桩在增加少量混凝土的前提下，承载力得以大幅度的提高，结构效率更高。

2. 建筑工程施工管理的优化

施工管理对建筑工程建设具有重要的作用，现阶段由于受到思想观念、技术、人员配置等方面的影响，当前建筑工程施工管理存在着一些问题与不足，主要表现在以下4个方面：施工安全方面、质量检测方面、材料管理方面、人员素质方面。为了应对当前建筑工程施工管理存在的问题，提高工程建设管理水平，保证工程建设的质量，结合建设工程施工的实际情况，将来在实际工作中，可以采取以下相关策略：

（1）提高思想认识，加强施工安全管理；

（2）做好项目成本控制，提高工程建设效益；

（3）加强进度控制工作，保证工程建设顺利进行；

（4）重视质量控制工作，提高建筑工程质量；

（5）做好成本核算和成本管理工作，严格控制工程建设费用。

3. 水资源优化配置

水资源合理配置从广义的概念上讲就是研究如何利用好水资源，包括对水资源的开发、利用、保护与管理。在中国，特别是华北和西北地区。其基本功能涵盖两个方面：①在需求方面通过调整产业结构、建设节水型社会并调整生产力布局，抑制需水增长势头，以适应较为不利的水资源条件；②在供给方面协调各项竞争性用水，加强管理，并通过工程措施改变水资源的天然时空分布来适应生产力布局。两个方面相辅相成，以促进区域的可持续发展。

4. 道路工程优化设计

道路工程在市政设计其他专业中占有主导地位。道路工程的优化设计不论是在工程投标还是设计阶段都起着至关重要的作用，所以在工程设计中一定要将优化工作做足、做细，为城市提供更安全和快捷的交通环境。在市政工程设计中，一般包括道路工程，给排水工程、交通工程、电气工程、绿化工程，其中道路工程与交通工程最为紧密，相辅相成，交通组织需全部体现在道路工程设计之中。道路工程在其他专业中占有着主导地位，关系到道路运营阶段交通的安全、快捷和其他专业的可实施性及整个工程的造价。

5. 工程试验优化设计

试验设计方法是数理统计的应用方法之一，大多数数理统计方法主要用于分析和处理已经得到的试验数据，而试验设计却是主动地、科学地安排试验，避免盲目增加试验次数。用少量的有效试验，得到更多的可靠信息，简化数据分析处理过程，节约大量的人力、物力和时间。同时可以迅速寻求最优参数，选择最佳工艺方案。例如混凝土强度的影响因素可以列出几十种，甚至上百个，试验的目的是探索关键因素对试验结果的影响规律，因而需要最优化的实验方案。

思考与练习题

查阅相关资料提出一个感兴趣的工程最优化问题，或从研究课题中提出一个工程最优化问题。

第 2 章 最优化问题的数学模型

从广义上说，优化是可以解决任何工程问题的。优化的步骤是首先将工程问题转化为寻找优化目标的数学表达式，即数学建模。然后按照这个数学模型求解最优解，从而达到工程优化的目标。数学建模是最关键的一步，它要求我们所建立的数学模型是表达某工程问题客观特征的一个数学表达式。由于工程问题的千姿百态，所涉及的因素十分复杂，这导致数学模型的千变万化。以一个简单的高层民用建筑为例，如仅考察其结构安全性，它承受的外荷载中的风载、地震荷载的数学模型有很多种，如果考虑动力响应问题就更为复杂了，因此任何一个问题的数学模型不可能包罗万象，只能包含所要解决的工程问题的主要影响因素，而忽略其次要因素。这一过程实质上是由建模者对工程问题理解的深度和对求解问题的数学过程的掌握程度所决定的。在现代的工程技术与经济管理中，我们有意识地追求最优方案以达到最优结果。

2.1 数学模型的定义

所谓数学模型是指对某种事物系统的特征和数量关系，借助数学语言而建立的符号系统。广义上讲，数学模型是指凡是以相应的客观原型作为背景加以一级抽象或多级抽象的数学概念、数学公式、数学理论等都称为数学模型。狭义上讲，数学模型是指那些反映特定问题或特定事物的数学符号系统。

数学模型不是原型的复制品，而是为了一定的目的对原型所作的一种抽象模拟。它用数学算式、数学符号、程序、图表等刻画客观事物的本质属性与内在联系，是对现实世界的抽象、简化而有本质的描述。它或者能解释各种形态，并预测将来的形态；或者能为控制某一事物的发展提供最优策略。总之都是为了达到解决问题的目的。

原则上讲，现代数学所提供的一切数学表达形式，包括几何图形、代数结构、拓扑结构、序结构、分析表达式等，均是描述一定系统的数学模型。大量的数学模型是定量分析系统的工具。用数学形式表示的输出对输入的响应关系，就是广泛使用的一种定量分析模型。技术科学层次的系统理论和系统工程，都主要使用数学模型作为定量分析工具，以便给出设计、操作系统所必需的定量结论。但数学模型同样可以用定性描述系统工具，对于描述系统演化现象来说，人们关心的主要是系统定性性质的改变与否，定性分析是更基本的。定量描述系统的数学模型必须以正确认识系统的定性性质为前提。描述系统的特征量的选择建立在建模者对系统行为特性的定性认识基础上。这是一切科学共同的方法论原则。除了简单系统，都不能仅仅研究数学模型，不仅建立模型必须定性与定量相结合，还要大量使用半定性半定量的模型，甚至完全定性的模型。对于开放的复杂巨系统，定性与定量相结合的方法具有重要的作用。

数学模型是研究和掌握研究对象运行规律的有力工具，是认识、分析、设计、预报和预测、控制和研究实际系统的基础。数学模型的建立方法主要有机理分析和统计分析方法。所谓机理分析主要是对要研究的对象有足够的认识，分析其因果关系，找出反映其内部机理的基本规律，用数学方程表示这些机理；所谓统计分析，主要是指对研究对象的机理不是很清楚，但可以通过输入数据进一步得到输出数据，采用统计的方法建立激励与响应的关系方程，作为研究对象的数学模型的近似。

2.2 数学模型的分类

一类模型是有结构的，结构一般包括如下几种类型：链结构、环结构、树结构、网络结构等。这类模型是描述系统结构的工具，它可以给出各个元素、子系统的相对位置、前后次序、分布情况等。另一类模型是用有关的量来表示的，如函数、迭代、方程等。这种数学模型由两种量构成。一种是反映系统本身变化的量，系统的行为、特征、未来发展趋势都可以通过它们来刻画。另一种是控制变量，它们一般反映系统与环境的依存关系，不能由系统本身获得，这些量可以当作不变量（给定量），因而在数学模型中以常数形式出现。

由状态变量和控制变量构成的某种数学方程式，称为状态方程（state equation），是最常用的数学模型。状态方程的功能主要是描述系统状态转移的规律。

按照人们对原型的认识过程来分，数学模型可分为描述性数学模型和解释性数学模型。描述性数学模型即采用归纳法，从特殊到一般，从分析具体事物归纳出描述事物的数学模型的方法。解释性数学模型即采用演绎法，从一般到特殊，从一般的公理系统出发，借助于数序推理的方法给出公理系统正确解释的一种数学建模方法。

按照模型的应用领域，可分为人口模型、交通模型、生态模型、传染模型、系统模型等。

按照建立数学模型的方法，可分为微分方程模型、差分方程模型、随机模型、组合最优化模型、层次模型、最优控制模型、图论模型、规划模型等。

按照人们对系统了解程度，可分为白箱模型、灰色系统模型、黑箱模型等。白箱模型即对系统相当了解，利用系统的机理方程建立起来的数学模型。灰色系统模型是介于白箱模型和黑箱模型之间的模型。黑箱模型是指对系统并不了解，利用实验得到的输入输出数据来构建系统的等价模型。一般而言，对于白箱模型采用机理建模，对于黑箱模型采用统计建模，灰色系统模型可以将两种方法结合在一起。

2.3 数学建模的流程

数学建模是对原型进行抽象、分析、求解的一种科学方法综合体，它没有固定的模式，与建模人员对原型认识、对数学知识的熟练程度密切相关。数学建模的整个过程包括：模型准备、模型假设、模型建立、模型求解、模型分析与验证。

1. 模型准备

弄清问题背景、收集数据资料。该阶段必须深入生产和科研实际，掌握与课题有关的第一手资料，汇集与课题有关的资料和数据，弄清楚问题的实际背景和建模的目的，进行建模的筹划与决策安排。

2. 模型假设

首先定性分析、认识研究对象的因素和环境。然后根据第一阶段的资料与数据，提取出那些反映问题本质属性的形态、变量及其关系，简化掉那些非本质的因素，摆脱原型的具体复杂形态，形成对建模有用的信息资源和前提条件。

简化对象原型必须先做出某些假设，这些假设是定性分析的结果。数学建模应遵循如下原则：

（1）目的性原则。从原型中去掉那些与建模目的没有关系或关系不太大的因素。

（2）简明型原则。给出的条件要简明、准确。

（3）全面性原则。不仅要考虑系统本身，还要考虑系统所处的边界条件。

3. 模型建立

根据因素特性和建模目的，运用各学科知识建立数学关系。该阶段首先分析哪些因素是变量、哪些因素是常量。然后分析各个因素之间的关系，选择恰当的数学工具和建模方法，来构造出实际问题的数学模型。例如，建模中常用机理建模和统计建模；确定性系统中常用微分方程建模和差分方程建模；随机系统中常用线性回归和非线性回归等方法。这一步是数学建模的关键，需要建模者知道许多数学建模的方法，建模的时候尽量采用简单的数学工具，以便使得更多的人了解和使用。

4. 模型求解

运用数学方法求解或计算机仿真。该阶段须选择求解模型的数学方法和计算机实现的算法。然后编写计算机实现的程序或使用现成的软件包，借助于计算机获得问题的答案。这是本书的重点内容，第 4 章～第 10 章都将介绍这部分的内容。

5. 模型分析与验证

建立的数学模型需要能对具体问题的现象进行合理的解释，这一步称为模型的分析。结合实际问题定性和定量地检验模型的正确性或有效性，是使用模型的前提。如用微分方程建模时需分析微分方程的稳定性，采用回归分析时需进行模型有效性检验等。如果模型的检验不符合实际情况，则需要按照上述流程重新建模。数学建模五个阶段之间的关系如图 2 - 1 所示。

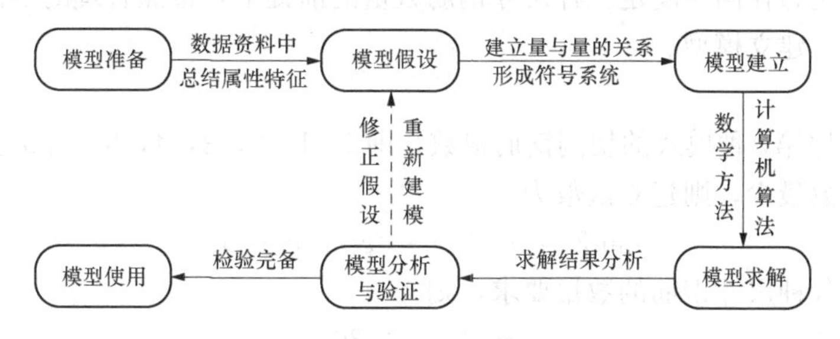

图 2 - 1　数学建模五个阶段之间的关系

2.4　建　模　实　例

数学模型是用数学语言来描述实际系统的模型，下面我们通过 3 个例子加以说明。

2.4.1 钢筋下料问题

施工现场某构件施工需要某种型号钢筋 A、B、C 3 种长度尺寸。每一构件其尺寸和数量要求见表 2-1。若都用 6m 长的同一种钢筋下料，且计划施工 10 根该构件，至少要用多少根该长度的钢筋？

表 2-1　　构件钢筋尺寸和数量要求

尺寸种类	长度（m）	每一构件所需数量
A	3.2	3
B	2.2	4
C	1.3	6

1. 问题分析

首先，应当确定有哪些切割模式是可行的。所谓的一个切割模式是指按照需要在 6m 钢筋上安排切割的一种组合。例如可以将 6m 长的钢筋切割成一个 A 和一个 B，则余料为 0.6m，或者安排一个 A 和两个 C，则余料为 0.2m，等。其次，分析哪种切割是合理的，将合理的切割模式列于表 2-2，可知一共有 5 种合理的切割模式。

表 2-2　　钢筋切割模式

模　式	A 尺寸根数	B 尺寸根数	C 尺寸根数	余料（m）
模式 1	1	1	0	0.6
模式 2	1	0	2	0.2
模式 3	0	2	1	0.3
模式 4	0	1	2	1.2
模式 5	0	0	4	0.8

根据题意，施工 10 根该构件至少需要 A、B、C 尺寸的钢筋分别为 30 根、40 根、60 根。因此问题转化为在同时满足三种尺寸钢筋数量的前提下，按照合理的切割模式可使切割钢筋总根数最少，建立模型。

2. 模型建立

用 x_i 表示按照第 i 种模式的切割钢筋根数，即 $i=1, 2, 3, 4, 5$。且 x_i 为非负数，要求切割钢筋的总根数最少，则建立函数为

$$\min Z = x_1 + x_2 + x_3 + x_4 + x_5$$

同时要满足各种尺寸钢筋的数量要求，则

$$x_1 + x_2 \geqslant 30$$
$$x_1 + 2x_3 + x_4 \geqslant 40$$
$$2x_2 + x_3 + 2x_4 + 4x_5 \geqslant 60$$
$$x_i \geqslant 40, \text{且为整数} (i = 1,2,\cdots,5)$$

求解过程在后面章节中讨论。

2.4.2 布点问题

某市有 6 个区，每个区都可建消防站，为了节省开支，市政府希望设置消防站最少，但

必须保证在该市任何地区发生火警时，消防车能在 15min 内赶到现场。假定各区的消防站要建在区的中心，根据实地测量，各区之间消防车行驶的最长时间见表2-3。

表 2-3　各区之间消防车行驶的最长时间　min

区间	1 区	2 区	3 区	4 区	5 区	6 区
1 区	0	10	16	28	27	20
2 区	10	0	24	32	17	10
3 区	16	24	0	12	27	21
4 区	28	32	12	0	15	25
5 区	27	17	27	15	0	14
6 区	20	10	21	25	14	0

请你为该市制定出一个设置消防站最节省的计划。

1. 问题分析

本题实际上是要确定各个区是否要建立消防站，使其既满足要求，又最节省。可以引入 0～1 变量，故设

$$x_i = \begin{cases} 1,\text{当在第 } i \text{ 区建消防站时} \\ 0,\text{当不在 } i \text{ 区建消防站时} \end{cases} \quad (i = 1,2,\cdots,6)$$

则目标是 $Z=\sum_{i=1}^{6} x_i$ 最少，并考虑约束条件。

若 1 区发生火灾，按照“消防车要在 15min 内赶到现场”的要求，则 1 区和 2 区至少应设有一个消防站，则有$x_1+x_2\geqslant 1$，同理得出其他约束。

2. 模型建立

得到该问题的求解模型为

$$\min Z = \sum_{i=1}^{6} x_i$$

约束条件为

$$\begin{cases} x_1 + x_2 \geqslant 1 \\ x_1 + x_2 + x_6 \geqslant 1 \\ x_3 + x_4 \geqslant 1 \\ x_3 + x_4 + x_5 \geqslant 1 \\ x_4 + x_5 + x_6 \geqslant 1 \\ x_2 + x_5 + x_6 \geqslant 1 \\ x_i = 0,1(i = 1,2,\cdots,6) \end{cases}$$

简化约束条件

$$\begin{cases} x_1 + x_2 \geqslant 1 \\ x_3 + x_4 \geqslant 1 \\ x_4 + x_5 + x_6 \geqslant 1 \\ x_2 + x_5 + x_6 \geqslant 1 \\ x_i = 0,1(i = 1,2,\cdots,6) \end{cases}$$

此模型可以通过编程求解计算，但由于比较简单，故可以直接试算，若只建一个消防站，则显然不可行；若只建两个消防站，则只需在2区和4区建立消防站。

2.4.3 选址问题

某建筑公司有6个建筑工地，各工地位置坐标及水泥日用量见表2-4。

表2-4 各工地位置坐标及水泥日用量

工地序号	1	2	3	4	5	6
X坐标（km）	1.25	8.75	0.5	5.75	3	7.25
Y坐标（km）	1.25	0.75	4.75	5	6.5	7.75
水泥日用量（t）	3	5	4	7	6	11

假设物料与工地之间有直线道路，求解以下两个问题。

（1）现有两料场，位于A（5，1）、B（2，7），日储量各有20t，请制定每天的供应计划，即从A、B两个料场分别向各工地运送多少吨水泥，使总的吨公里数最小。

（2）为了进一步减少吨公里数，打算舍弃两个临时料场，改建两个新的，日储蓄量为20t，问应建在何处，节省吨公里数多大。

1. 问题分析

设i为工地序号（$i=1,2,\cdots,6$），j为料场序号（$j=1,2$）。工地位置X坐标和Y坐标分别为xg_i和yg_i，水泥日用量d_i。料场位置X坐标和Y坐标分别为xc_j和yc_j，日储量为e_j。R_{ij}为每日j料场给i工地供应的水泥。则j料场给i工地供应的水泥的吨公里数为$\sqrt{(xg_i-xc_j)^2+(yg_i-yc_j)^2}$。

2. 模型建立

问题（1）：目标$Z=\sum_{i=1}^{6}\sum_{j=1}^{2}R_{ij}\sqrt{(xg_i-xc_j)^2+(yg_i-yc_j)^2}$最少。

约束条件

$$\begin{cases}\sum_{i=1}^{6}R_{ij}\leqslant e_j\\ \sum_{j=1}^{2}R_{ij}\geqslant d_2\\ R_{ij}\geqslant 0,(i=1,2,\cdots,6)(j=1,2)\end{cases}$$

问题（2）：和问题（1）中的目标函数和约束是一样的，区别在于问题（1）中目标函数变量仅有R_{ij}，其他都是常量；而问题（2）中，除了要优化变量R_{ij}之外，还需要优化变量xc_j和yc_j。

思考与练习题

1. 设计一体积为5m³，长度不小于4m的无盖铁皮箱。若铁皮的单位面积密度是常数，试优化其长、宽、高的尺寸使其质量最小，建立其优化数学模型。

2. 设有400万元资金，要求4年内使用完，若在一年内使用资金x万元，则可得到效

益 $x^{1/2}$ 万元（效益不能再使用），当年不用的资金可存入银行，年利率为10%。试制订出资金的使用规划，以使4年内效益总和最大，建立其优化数学模型。

3. 用长3m的某种型号角钢切割钢窗用料。每幅钢窗需长1.5m的料两件，1.2m的料3件，1m的料4件，0.6m的料6件。若需制作钢窗100副，问最少需要多少根这种3m长的角钢？试建立其优化数学模型。

4. 某建筑企业3年内有5项工程可以承担施工任务，每项选定的任务必须在3年内完成，每项工程的年建设费用、预期收入和各年可利用资金数见表2-5，制定此企业的投标计划，以使3年的总收入最大，试建立其优化数学模型。

表2-5　题4的参数　万元

年度工程	第一年建设费用	第二年建设费用	第三年建设费用	各项工程预期收入
1	5	1	8	20
2	4	7	10	40
3	3	9	2	20
4	7	4	1	15
5	8	6	10	30
各年可利用资金	25	25	25	—

第3章 最优化问题求解的基本要素

最优化问题求解一般要进行两项工作。第一项是将实际问题抽象地用数学模型来描述，包括选择优化变量，确定目标函数，给出约束条件；第二项是对数学模型进行必要的简化，并采用适当的最优化方法求解数学模型。通常最优化问题求解与数学建模的模型计算紧密联系，优化求解方法对建模又有很大的反作用。优化变量、目标函数和约束条件是最优化问题数学模型的3个基本要素。而一个好的优化方法应该做到总计算量小、存储量小、精度高、逻辑结构简单。

3.1 优化变量

一个实际的优化方案可以用一组参数（如几何参数、物理参数、工作性能参数等）来表示。这些参数分为两类：

(1) 常量：根据要求在优化过程中始终保持不变的参数。

(2) 优化变量：一些参数的取值需要在优化过程中进行调整和优选，一直处于变化的状态。例如，决策变量、设计变量。

优化变量必须是独立的参数。例如，如果将矩形的长和宽作为优化变量，则其面积就不是独立参数，不能再作为优化变量了。

优化变量的全体可以用向量表示。包含 n 个优化变量的优化问题称为 n 维优化问题。

$$X=\begin{bmatrix}x_1\\x_2\\\vdots\\x_n\end{bmatrix}=[x_1,x_2,\cdots,x_n]^{\mathrm{T}} \tag{3-1}$$

式中：$x_i(i=1,2,\cdots,6)$ 表示第 i 个优化变量。当所有 x_i 的值都确定之后，向量 X 就表示一个优化方案。

优化变量的个数（维数）称为自由度。优化变量的个数越多，自由度就越大，可供选择的方案就越多，优化的难度就越大，计算的程序就越复杂，计算量也就越大。所以在建立数学模型时，应尽可能把对优化目标没有影响或影响不大的参数作为常数，把对优化目标影响显著的参数作为优化变量，从而既减少优化变量的数目，又尽量不影响优化效果。自由度为2～10个的优化问题一般认为是小型优化问题；自由度为10～50个的优化问题一般认为是中型优化问题；自由度为大于50个的优化问题一般认为是大型优化问题。优化变量可以是连续变量，也可以离散变量。取值范围可以是无限的，也可以是有限的。

3.2 目标函数

目标函数是用优化变量来表示优化目标的数学表达式，是方案好坏的评价标准，故又称

评价函数。目标函数通常表示为

$$f(X) = f(x_1, x_2, \cdots, x_n) \tag{3-2}$$

求最优化问题的实质就是通过改变优化变量取值获得不同的目标函数值，通过比较目标函数值的大小来衡量方案的优劣，从而找出最佳方案。目标函数的最优值可能是最大值，也可能是最小值（即求极大值或极小值）。

目标函数极小值表示：$f(X) \to \min$ 或 $\min f(X)$。目标函数极大值表示：$f(X) \to \max$ 或 $\max f(X)$。

求目标函数 $f(X)$ 的极大值等效于求目标函数 $-f(X)$ 的极小值。通常为规范起见，将求目标函数的极值统一表示为求极小值。

在优化问题中，如果只有一个目标函数，则称其为单目标函数优化问题；如果有两个或两个以上目标函数，则称其为多目标函数优化问题。目标函数越多，对优化的评价越周全，综合效果也越好，但问题的求解也越复杂。

一个优化问题向量 X 确定 n 维空间中的一个方案点，每一个方案点都有一个相应的目标函数值 $f(X)$ 与其对应；但对于目标函数值 $f(X)$ 的某一取值 C，却可能有无穷多个方案点与之对应。目标函数值相等的所有方案点组成的集合称为目标函数的等值面（二维为等值曲线、三维为等值曲面、多维问题为超曲面）。从二维问题的目标函数图形（如图 3 - 1 所示）看出，等值线簇反映了目标函数值的变化规律，等值线越往里，目标函数值越小。对于有中心的曲线簇来说，等值线簇的中心即为目标函数的无约束极小值 X^*。所以从几何意义来说，求目标函数的无约束极小值点就是求其等值线簇的中心。

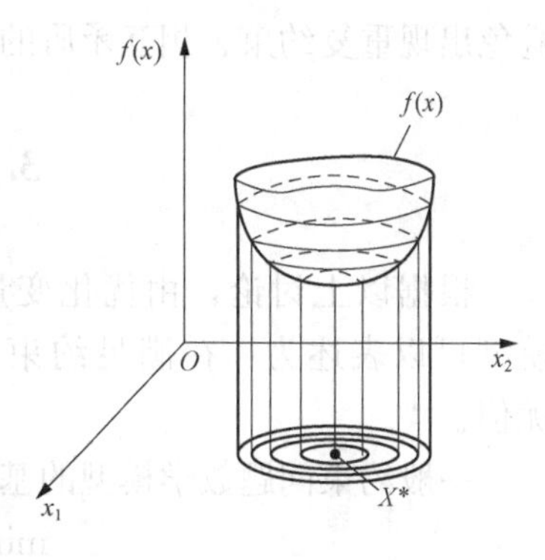

图 3 - 1　二维目标函数的等值线

3.3 约 束 条 件

约束条件是在优化中对优化变量取值的限制条件。可以是等式约束，也可以是不等式约束。等式约束的形式为

$$h_l(X) = 0, l = 1, 2, \cdots, L \tag{3-3}$$

不等式约束条件为

$$g_m(X) \leqslant 0, m = 1, 2, \cdots, M \tag{3-4}$$

式（3 - 3）和式（3 - 4）中，L、M 分别表示等式约束和不等式约束的个数。其中等式约束的个数 L 必须小于优化变量的个数 n。如果相等，则该优化问题成了没有优化余地的既定系统。等式约束 $h_l(X)=0$ 可以用 $h_l(X) \leqslant 0$ 和 $-h_l(X) \leqslant 0$ 两个不等式约束来代替。不等式 $g_m(X) \geqslant 0$ 可以用 $-g_m(X) \leqslant 0$ 的等价形式代替。

根据约束的性质可以分为边界约束和性能约束。边界约束直接用来限制优化变量的取值范围，例如构件长度变化的范围。性能约束则是根据某种性能指标要求推导出来的限制条件，例如构件的强度条件。

跟约束条件相关的有几个重要定义：可行域、可行方案点、边界点等。可行区域简称可

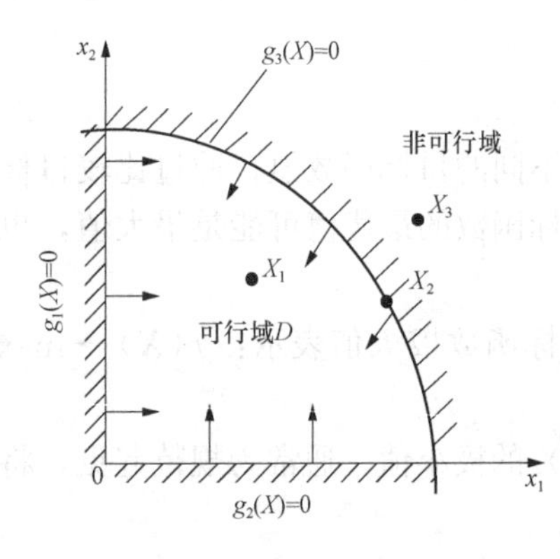

图 3-2 二维问题的可行域和非可行域

行域，用 D 表示，是满足所有约束条件的方案点的集合，可以是无限域、有限域和空集，如图 3-2 所示。可行方案点简称可行点或内点，是可行域内的方案点，例如图 3-2 中的 X_1点。当方案点位于某个不等式约束条件的边界时，称为边界点，例如图 3-2 中的 X_2点。边界点是可行点，是该约束所允许的极限方案点。

根据约束条件的作用可分为起作用约束，又称紧约束、有效约束；不起作用约束，又称松约束、无效约束。对于每一个可行点 X_k 来说，等式约束都是起作用约束。对于同一个优化目标来说，约束条件越多，可行域就越小，可供选择的方案也就越少，计算求解的工作量也随之越大。所以在确定约束条件时，应在满足要求的前提下，尽量减少约束条件的数量。同时避免出现重复约束、相互矛盾的约束和线性相关的约束。

3.4 最优化问题的数学模型

根据以上讨论，由优化变量，目标函数和约束条件三要素组成的最优化问题的数学模型可以表述为：在满足约束条件的前提下，寻求一组优化变量，使目标函数达到最优值。

一般约束问题数学模型的基本表达方式为

$$\begin{aligned} &\min f(x_1,x_2,\cdots,x_n), x\in D\subset R^n \\ \text{s.t.}\quad & h_l(x_1,x_2,\cdots,x_n)=0, l=1,2,\cdots,L \\ & g_m(x_1,x_2,\cdots,x_n)\leqslant 0, m=1,2,\cdots,M \end{aligned} \tag{3-5}$$

式中：s.t. 为“subject to”的缩写，表示“受约束”或“满足于”的意思。其中 $h_l(x_1,x_2,\cdots,x_n)=0$，$l=1,2,\cdots,L$ 为等式约束，$g_m(x_1,x_2,\cdots,x_n)\leqslant 0$，$m=1,2,\cdots,M$ 为不等式约束。当 $L=0$ 时，即为不等式约束优化问题；当 $M=0$ 时，即为等式约束优化问题；当 $L=0$，$M=0$ 时，便退化为无约束优化问题。

如果具体问题求 $\max f(x_1,x_2,\cdots,x_n)$，$X\in D\subset R^n$，则令

$$\varphi(x_1,x_2,\cdots,x_n)=-f(x_1,x_2,\cdots,x_n)$$

于是最大值问题就转化为最小值问题，$\min\varphi(x_1,x_2,\cdots,x_n)$，$X\in D\subset R^n$。如果约束条件中有 $g_m(x_1,x_2,\cdots,x_n)\geqslant 0$，$m=1,2,\cdots,M$，则令

$$s_m(x_1,x_2,\cdots,x_n)=-g_m(x_1,x_2,\cdots,x_n)\leqslant 0$$

于是原来的“$\geqslant$”就转化成“$\leqslant$”。

最优化问题的类别很多，可以从不同角度分类。以下是一些常见的分类和名称：

(1) 按照约束的有无，可分为无约束优化问题和有约束优化问题。

(2) 静态最优化与动态最优化。这种分类是根据所涉及变量的性质分类。当最优化问题涉及多个参数变量的最优化时，称为静态优化。如果这些参数同时又涉及其他变量的函数的话，称这类优化为动态优化。

(3) 按照优化变量的个数，可分为一维优化问题和多维优化问题。

(4) 按照目标函数的数目，可分为单目标优化问题和多目标优化问题。

(5) 按照目标函数与约束条件线性与否，可分为线性规划问题和非线性规划问题。当目标函数是优化变量的线性函数，且约束条件也是优化变量的线性等式或不等式时，称该优化问题为线性规划问题；当目标函数和约束条件有一个是非线性时，称该优化问题为非线性规划问题。

(6) 当目标函数 $f(X)$ 为优化变量的二次函数，$h_l(X)$ 和 $g_m(X)$ 均为线性函数时，则称该优化问题为二次规划问题。

(7) 当优化变量中有一个或一些只能取整数规划时，称为整数规划。如果只能取 0 或 1，则称为 0-1 规划；如果只能取某些离散值时，则称为离散规划。

(8) 当优化变量随机取值时，称为随机规划。

(9) 当目标函数为凸函数，可行域为凸集时，该优化问题为凸规划问题。

【例 3-1】 某工程公司举办技工培训班。该项培训由受过训练的技工担任教师，每名教师负责培训 10 名学员，培训 1 个月为一期。根据以往经验，每 10 名学员中有 7 名能在培训期满后成为合格技工（不合格的学员不予雇用）。在今后 3 个月内，公司还需要一些从事现场技术指导的经过培训的技术工人，对此公司的需求如下：一月份 100 人，二月份 150 人，三月份 200 人。此外年终有已经经过培训的技术工人 130 人；四月份厂方需要受训过的合格技工 250 人。支付工资标准如下：受训的学员，每人每月 400 元；合格技工中从事技术生产或担任教师的，每人每月 700 元；既无工作做，又不能被解雇的，每人每月 500 元。试计划出能满足公司要求，且雇佣和培训计划的总支出最少的方案。

(1) 问题分析。每个月的合格技工可以做如下 3 件事情：①从事技术工作；②担任教师；③无工作做。由于每月从事技术指导的合格技工数已定，所以，只需列出下列变量：x_1 为一月份任教人数，x_2 为一月份无工作的技工人数；x_3 为二月份任教人数，x_4 为二月份无工作的技工人数；x_5 为三月份任教人数，x_6 为三月份无工作的技工人数。显然，一个约束条件为：

从事技术工作人数+任教人数+无工作人数=月初所有技工人数

因此有约束条件：一月份为 $100+x_1+x_2=130$；二月份为 $150+x_3+x_4=130+7x_1$；三月份为 $200+x_5+x_6=130+7x_1+7x_3$；四月份为 $130+7x_1+7x_3+7x_5=250$。

目标函数：$Z=400(10x_1+10x_3+10x_5)+700(x_1+x_3+x_5)+500(x_2+x_4+x_6)$

(2) 模型建立。

$$\min Z = 4700x_1 + 500x_2 + 4700x_3 + 500x_4 + 4700x_5 + 500x_6$$

$$\text{s.t.}\begin{cases} x_1 + x_2 = 30 \\ 7x_1 - x_3 - x_4 = 20 \\ 7x_1 + 7x_3 - x_5 - x_6 = 70 \\ 7x_1 + 7x_3 + 7x_5 = 120 \\ x_i \geqslant 0,\text{且为整数}, i = 1,2,\cdots,6 \end{cases}$$

3.5 最优化方法概述

一个好的优化方法应该做到总计算量小、存储量小、精度高、逻辑结构简单，对于能用数学模型表达的优化问题，所用的求优方法称为数学优化法，其中包括数学规划法和最优控制法。最优控制问题又可以通过离散化等措施转化为数学规则问题来处理，所以一般讨论数学规划法为主。对于难以抽象出合适的数学模型的优化问题，根据情况可以采用经验推理、方案对比、人工智能、专家系统或准则法求优。

根据优化机制与行为的不同，常用的优化方法如下：

（1）经典算法。经典算法包括线性规划、动态规划、整数规划和非线性规划等运筹学中的传统算法。其算法一般很复杂，只适用于求解小规模问题，在工程优化中往往不实用。

（2）构造型算法。构造型算法是用构造的方法快速建立问题的解，通常算法的优化质量差，难以满足工程需要。例如，调度问题中的典型构造型方法有 Johnson 法、Palmer 法、Gupta 法、CDS 法、Daunenbring 快速接近法、NEH 法等。

（3）改进型算法。改进型算法也称为邻域搜索算法。从任一解出发通过对其邻域的不断搜索和当前解的替换来实现优化。根据搜索行为不同，邻域搜索算法又可分为局部搜索法和指导性搜索法。局部搜索法是以局部优化策略在当前解的邻域中进行搜索。例如，只接受由当前解的状态作为下一当前解的爬山法；接受当前解邻域中的最好解作为下一当前解的最陡下降法等。指导性搜索法是利用一些指导规则来指导整个解空间中优良解的搜索，如 SA、GA、TS 等。

（4）基于系统动态演化的算法。这种方法是将优化过程转化为系统动态的演化过程，基于系统动态的演化来实现优化，如神经网络和混沌搜索等。

（5）混合型算法。这种方法是将上述各种算法从结构或操作上相混合而产生的各类算法。

按照求优的途径不同，优化方法可分为：数值法（直接法）、解析法（间接法）、实验法、图解法和情况比较法等。但实际应用中以数值法和解析法为主。

（1）解析法（间接法）。解析法是利用数学解析法（如微分法、变分法等）求目标函数的极值点。

（2）数值法（直接法）。它是利用已知的和再生的信息，沿着使目标函数数值下降的方向，经过反复迭代、逐步向目标函数的最小值点逼近的方法。

在经典的极值问题中，解析法虽然具有概念简明、计算精确等优点，但因只能适用于简单或特殊问题的寻优。对于复杂的问题通常无能为力，所以极少使用。常用的优化方法多采用数值迭代法求解。随着计算机软硬件技术的发展，数值迭代法得到越来越广泛的应用。

3.6 数值迭代法及其终止准则

首先选一个尽可能接近极小值的初始点 $X^{(0)}$，按一定原则选择可行方向 $S^{(0)}$，沿 $S^{(0)}$ 方向移动步长 $\alpha^{(0)}$ 移动到 $X^{(1)}$ 点，使得 $f(X^{(1)})<f(X^{(0)})$，即

$$X^{(1)} = X^{(0)} + \alpha^{(0)} S^{(0)} \tag{3-6}$$

且满足

$$f(X^{(1)}) < f(X^{(0)}) \tag{3-7}$$

再从 $X^{(1)}$ 点出发，沿可行方向 $S^{(1)}$ 移动步长移动到点 $X^{(2)}$，使得 $f(X^{(2)})<f(X^{(1)})$。

如此继续，不断向极值点 X^* 靠近。中间过程的每一步迭代搜索均按式（3-8）进行

$$X^{(k+1)} = X^{(k)} + \alpha^{(k)} S^{(k)} \tag{3-8}$$

并且要满足

$$f(X^{(k+1)}) < f(X^{(k)}) \tag{3-9}$$

式中：$X^{(k)}$ 为前一步求得的方案点；$\alpha^{(k)}$ 为本迭代的步长；$S^{(k)}$ 为本次迭代的搜索方向；$X^{(k+1)}$ 为本次迭代所求得的新方案点。

上述一系列迭代计算是依据“爬山法”的思想，就是将目标函数极小值点（无约束或约束极小值点）的过程比喻为向“山顶”攀登的过程，不断向更“高”的方向挺进，直至到达“山顶”。当然“山顶”可以理解为目标函数的极大值，也可以理解为极小值，前者称为上升算法，后者称为下降算法。这两种方法都有一个共同的特点，就是每前进一步都应该使目标函数值有所改善，同时还要为下一步移动的搜索方向提供有用的信息，如图 3-3 所示。

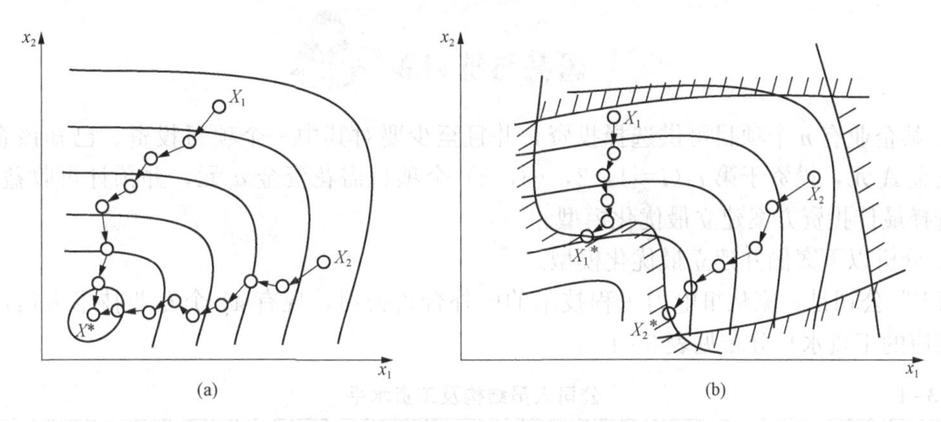

图 3-3　迭代计算“爬山法”示意图

（a）无约束；（b）有约束

如果是下降算法，每次迭代获得的新方案点应该为使目标函数值有所下降的可行点。对于无约束优化问题，从不同的初始点出发都收敛于同一极值点，因此最终可以获得非常接近目标函数理论最优点的近似最优点 X^*。对于约束优化问题，每个新方案点除了要满足式（3-8）和式（3-9）之外，还要检查其可行性，并且从不同的初始点出发，可能会得到不同的极值点。

从式（3-8）和式（3-9）可以看出，迭代求优的核心是搜索方向 $S^{(k)}$ 和步长 $\alpha^{(k)}$ 的确定，不同的迭代求优方法也主要是在这个核心问题上显示出各自的特色。

数值迭代求优过程中，各新方案点不断向理论最优点靠拢，从理论上来说可以无限靠近，但不能真正到达。此外，从实际需要和经济角度考虑，也没有必要追求问题的精确解。因此，必须确定迭代计算终止准则，当求得足够近似的最优点 X^* 时，即可终止迭代计算。

数值迭代计算常用的终止准则有以下 3 种：

（1）点距准则。用相邻两迭代点的向量差的模作为终止迭代的依据，当相邻两次优化迭代点之间的距离为充分小时终止迭代，即

$$\| X^{(k+1)} - X^{(k)} \| \leqslant \varepsilon_1 \tag{3-10}$$

（2）函数值下降量准则。用两次迭代点的函数值之差作为终止迭代的判据，当相邻两点的函数值之差为充分小时终止迭代，即

$$\| f(X^{(k+1)}) - f(X^{(k)}) \| \leqslant \varepsilon_2 \tag{3-11}$$

$$\frac{\| f(X^{(k+1)}) - f(X^{(k)}) \|}{\| f(X^{(k)}) \|} \leqslant \varepsilon_3 \tag{3-12}$$

(3) 梯度准则。用目标函数迭代点处的梯度作为终止迭代的判据，当迭代点逼近极值点时，目标函数在该点的梯度将变得充分小，即

$$\| \nabla f(X^{(k)}) \| \leqslant \varepsilon_4 \tag{3-13}$$

以上各种 $\varepsilon_i(i=1, 2, 3, 4)$为收敛精度值，应根据实际情况和所用迭代方法确定。这 3 种准则从不同角度反映了方案点逼近极值点的程度，但都有其局限性。在实际的优化过程中，以上准则可单独使用，也可综合使用。譬如，当目标函数值变化剧烈时，虽满足 $\| X^{(k+1)} - X^{(k)} \| \leqslant \varepsilon_1$，但 $f(X^{(k+1)})$和 $f(X^{(k)})$相差太大；或目标函数值变化平缓，但 $X^{(k+1)}$ 和 $X^{(k)}$ 相差甚远，因此需要同时采用点距准则和函数值下降准则进行判断。

1. 某企业有 n 个项目可供选择投资，并且至少要对其中一个项目投资。已知该企业拥有总资金 A 元，投资于第 i ($i=1, 2, \cdots, n$) 个项目需花资金 a_i元，并预计可收益 b_i元。试为选择最佳投资方案建立最优化模型。

2. 分析以下案例并建立最优化模型。

“PE” 公司是一家从事电力工程技术的中外合资公司，现有 41 个专业技术人员，其结构和相应的工资水平分布见表 3 - 1。

表 3 - 1　　公司人员结构及工资水平

工资情况	人员			
	高级工程师	工程师	助理工程师	技术员
人数	9	17	10	5
日工资（元）	250	200	170	110

目前公司承接 4 各项目，其中 2 项是现场施工监理，分别在 A 地和 B 地，主要工作在现场完成；另外两项是工程设计，分别在 C 地和 D 地，主要工作在办公室完成。由于 4 个项目来源于不同客户，并且工作的难易程度不一，因此，各项目的合同对有关技术人员的收费标准不同，具体情况见表 3 - 2。

表 3 - 2　　不同项目和各种人员的收费标准　　元/天

项目	人员			
	高级工程师	工程师	助理工程师	技术员
A	1000	800	600	500
B	1500	800	700	600
C	1300	900	700	400
D	1000	800	700	500

为了保证工程质量，各项目中必须保证专业人员结构符合客户的要求，具体情况见表 3 - 3。

表 3 - 3　各项目专业人员结构要求

人员	项目			
	A	B	C	D
高级工程师	1～3	2～5	2	1～2
工程师	≥2	≥2	≥2	2～8
助理工程师	≥2	≥2	≥2	≥1
技术员	≥1	≥3	≥1	—
总计	≤10	≤16	≤11	≤18

注　由于 C、D 两项目在办公室完成，所以每人每天有 50 元的管理费开支；收费是按人工计算的。

第 4 章　一维最优化方法

本章讨论的一维最优化方法，既可以独立的用于求解单变量问题，同时又是解多变量问题中需反复用到的线性搜索方法。求解单变量问题比较简单，但其中也贯穿了解优化问题的基本思想。由于单变量优化求解方法频繁的在其他各种方法中使用，因而提高解单变量问题算法的效率是极其重要的。

4.1　一维最优化方法概述

求一元函数的最优点 X^* 及其最优值 $f(X^*)$ 就是一维求优或一维搜索。一维优化方法是最简单、最基础的方法。它不仅用来求解一维目标函数的求优问题，更常用于多维优化问题在既定搜索方向 S 上寻求最优化步长 α 的一维搜索。

优化算法的基本迭代公式中 $X^{(k)}$ 已由第 k 步迭代计算得到，搜索方向 $S^{(k)}$ 由某优化方法规定，因此 $k+1$ 步迭代点 $X^{(k+1)}$ 由步长 $\alpha^{(k)}$ 确定，不同步长得到的新点的函数值不同，必须找到最优化步长 $\alpha^{(k)}$ 使点 $X^{(k+1)}$ 的目标函数值最小。即求得一维优化问题

$$\min f(X^{(k+1)}) = f(X^{(k)} + \alpha S^{(k)}) \tag{4-1}$$

求出最优解 $\alpha^{(k)} = \alpha^*$。这种在给定方向上确定最优步长的过程在多维优化问题求解过程中是反复进行的，可见一维搜索是多维搜索的基础。

求解一维优化问题，首先要确定初始的搜索区间，然后再求极值点。一维优化方法可以分为两类：直接法和间接法。直接法是按某种规律取若干点计算其目标函数值，并通过直接比较函数值来确定最优解，如黄金分割法、格点法等；间接法，即解析法，需要利用导数，如插值法、切线法等。

4.2　搜索区间内函数特征

在应用一维优化方法搜索目标函数的极小值时，首先要确定搜索区间 $[a, b]$，这个搜索区间应当包含目标函数的极小值，而且应当是单峰区间，即在该区间内目标函数只有一个极值点。在介绍搜索区间的确定方法之前，先来了解一下几个概念。

1. 可行解和可行域

如果向量 X 满足优化数学模型中所有的约束条件，则称其为该优化问题的可行解或可行点。一般来说，不同的 X 对应于不同的函数值。所有的可行解组成的集合称为优化问题的可行域，记为 D。

可行域分为三种情况：

(1) 可行域为空集($D=\phi$)，则该问题无解或不可行。

(2) 可行域不空($D\neq\phi$)，但目标函数在 D 上无界，此时称该问题无界。

(3) 可行域不空($D\neq\phi$)，且目标函数在 D 上有界，此时称该问题有最优解。

因为在一般线性规划问题中，约束条件的个数 m 总是小于变量个数 n，故可行域 D 及其边界都是无穷点集，相应的，目标函数 f（X）也就有无穷多个值。优化的目的就是要从这无穷多个值中找出一个最大的或最小的。所以求解约束优化问题的根本任务就是要在全部的可行解中找出使目标函数取得最优值的那个可行解，即最优解。

2. 凸集

求解优化问题就是要求全局最优解。局部最优解不一定是全局最优解，只有函数具备某种性质时，两者才相同。要判断求得的点是否为全局最优解，需要引入函数的凸性等概念。凸集，从几何直观的意义上讲，若集合 D 中任意两点的连线仍然属于 D，则称 D 为凸集，如图 4-1 所示。为理论的完整与讨论的方便，规定 ϕ 与单元集也是凸集。

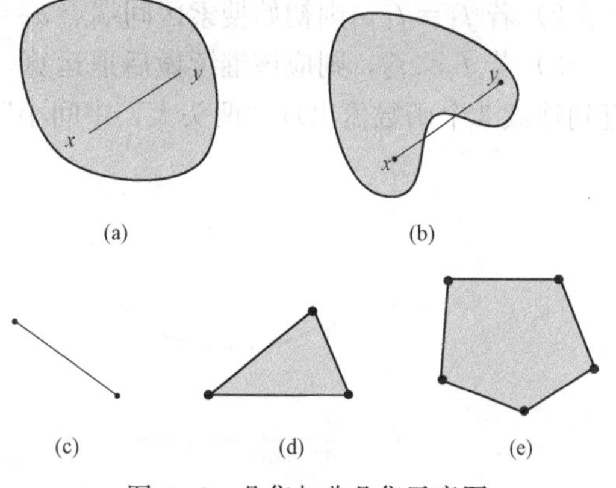

图 4-1　凸集与非凸集示意图
(a) 凸集；(b) 非凸集；(c) 两点的凸组合；(d) 三点的凸组合；(e) 多点的凸组合

3. 下凸单峰函数

下凸单峰函数，一元函数 $y=f(x)$在 $[a, b]$ 区间内是向下凸，如图 4-2 所示。

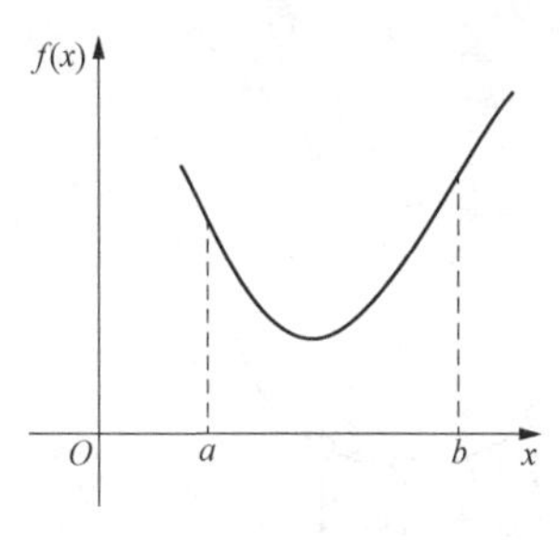

图 4-2　下凸单峰函数示意图

根据下凸单峰函数的性质，在极小值左边，函数值严格下降。在极小值右边，函数值应严格上升。即在单峰区间内，函数值具有高—低—高的特点，根据这一特点，可以采用进退法来寻找搜索区间。

4.3　搜索区间的确定

进退法一般分为两大步：一是初始探索确定进退，二是前进或后退寻查。详细步骤如下：

(1) 选择一个初始点 a_1 和一个初始步长 h。

(2) 计算点 a_1 和 (a_1+h) 对应的函数值 $f(a_1)$和 $f(a_1+h)$，令 $f_1=f(a_1)$、$f_2=f(a_1+h)$。

(3) 比较 f_1 和 f_2，若 $f_1>f_2$，则执行前进运算，如图 4-3 所示。将步长加大 k 倍（如 2 倍），取新点 (a_1+3h)，计算其函数值，并令 $f_1=f(a_1+h)$、$f_2=f(a_1+3h)$，判断：

1) 若 $f_1<f_2$，则初始搜索区间端点 $a=a_1$，$b=a_1+3h$；

2) 若 $f_1=f_2$，则初始搜索区间端点 $a=a_1+h$，$b=a_1+3h$；

3) 若 $f_1>f_2$，则应该继续做前进运算，且步长再加大 2 倍，取第 4 点 (a_1+7h)，再比较 $f_1=f(a_1)$、$f_2=f(a_1+7h)$，如此反复循环，直到连续 3 个函数值出现“两头大，中间小”的情况为止。

(4) 如果在步骤 (3) 开始时出现 $f_1<f_2$，则执行后退运算，如图 4-4 所示。将步长变

为负值，取新 (a_1-h)，计算函数值，令 $f_1=f(a_1-h)$，$f_2=f(a_1)$，判断：

1）若 $f_1>f_2$，则初始搜索区间端点 $a=a_1-h$，$b=a_1+h$；

2）若 $f_1=f_2$，则初始搜索区间端点 $a=a_1-h$，$b=a_1$；

3）若 $f_1<f_2$，则应该继续做后退运算，且步长再加大 2 倍，再比较，如此反复循环，直到连续 3 个函数值出现“两头大，中间小”的情况为止。

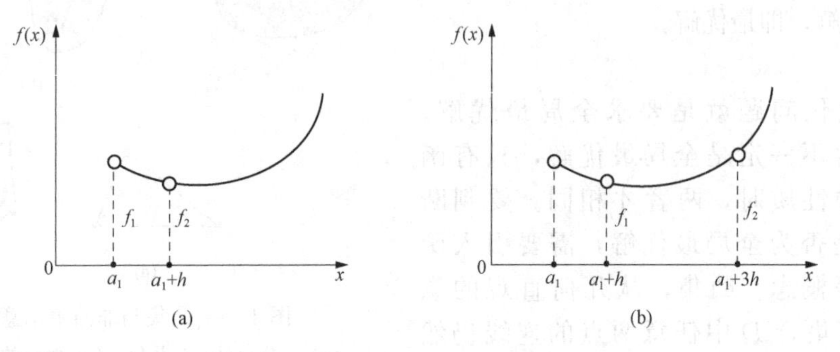

图 4 - 3 前进搜索区间

(a) 第一步 $f_1>f_2$；(b) 第二步 $f_1<f_2$

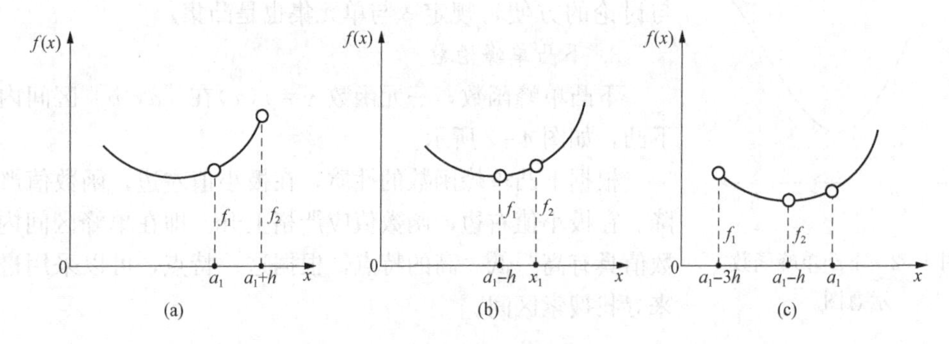

图 4 - 4 后退搜索区间

(a) 第一步 $f_1<f_2$；(b) 第二步 $f_1<f_2$；(c) 第三步 $f_1>f_2$

【例 4 - 1】 试用进退法确定目标函数 $f(x)=x^2-5x+8$ 的一维优化初始搜索区间 $[a, b]$，设初始点 $a_1=0$，初始步长 $h=1$。

解： $a_1=0$，$h=1$

$f_1=f(a_1)=f(0)=8$，$f_2=f(a_1+h)=f(1)=4$

因为 $f_1>f_2$（在极值点左侧），推行前进运算，将步长加大 2 倍。

取新点 $(a_1+3h)=3$，

令 $f_1=f(a_1+h)=4$，$f_2=f(a_1+3h)=2$

因为 $f_1>f_2$（仍在极值点左侧），继续前进运算，且步长加大 2 倍，

取新点 $(a_1+7h)=7$，

令 $f_1=f(a_1+3h)=2$，$f_2=f(a_1+7h)=22$

因为 $f_1<f_2$（则新点在极值点右侧），在连续的 3 个点 (a_1+h)、(a_1+3h)、(a_1+7h) 的函数值出现了“两头高，中间低”的情况，则初始搜索区间端点定位：$[a, b]=[(a_1+h), (a_1+7h)]=[1, 7]$。

4.4 黄金分割法

黄金分割法是利用区间消去法的原理，通过不断缩小单峰区间长度，即每次迭代都消去一部分不含极小值的区间，使搜索区间不断缩小，从而逐渐逼近目标函数极小值点的一种优化方法。黄金分割法是直接寻优法，通过直接比较区间上点的函数值的大小来判断区间的取舍。这种方法具有计算简单，收敛速度快等优点。

4.4.1 区间消去的原理

如图4-5所示，在已确定的单峰区间［a，b］内任取α_1和α_2两点，计算并比较两点处的函数值$f(\alpha_1)$和$f(\alpha_2)$，可能出现3种情况：

（1）$f(\alpha_1)<f(\alpha_2)$，因为函数是单峰的，所以极小值必定位于点α_2的左侧，即$\alpha^* \in [a, \alpha_2]$，搜索区间可以缩小为［$a$，$\alpha_2$］。

（2）$f(\alpha_1)>f(\alpha_2)$，极小值点必定位于α_1右侧，即$\alpha^* \in [\alpha_1, b]$，搜索区间可以缩小为［$\alpha_1$，$b$］。

（3）$f(\alpha_1)=f(\alpha_2)$，则极小值点必定位于α_1和α_2之间，即$\alpha^* \in [\alpha_1, \alpha_2]$，搜索区间可缩小为［$\alpha_1$，$\alpha_2$］。

黄金分割法就是基于上述原理来选择区间内计算点的位置，它有以下要求：点α_1和α_2相对区间［a，b］的边界要对称布置，即区间［a，α_1］的大小和区间［α_2，b］的大小相等，如图4-6所示。

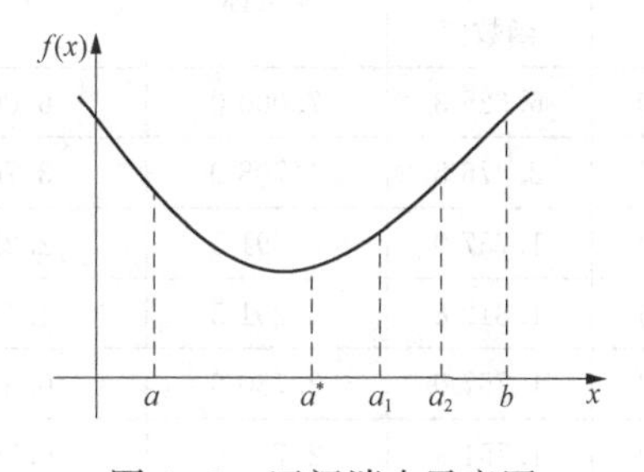

图4-5　区间消去示意图

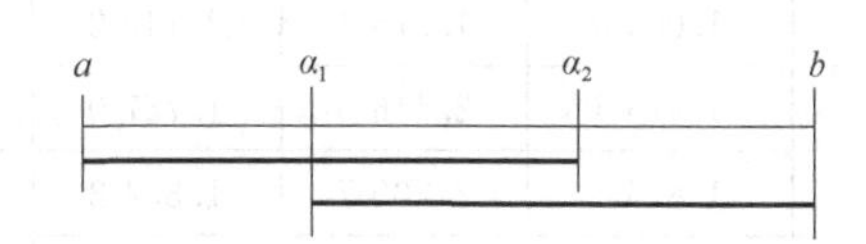

图4-6　区间内计算点的位置示意图

每次计算一个新点，要求保留的区间长度l与原区间长度L之比等于被消去的区间长度$(L-l)$与保留区间长度l之比，即要式（4-2）成立。

$$\frac{l}{L}=\frac{L-l}{l} \tag{4-2}$$

令$\lambda=\frac{l}{L}$，并将其代入式（4-2）得$\lambda^2+\lambda-1=0$，求解得到$\lambda=\frac{\sqrt{5}-1}{2}\approx 0.618$。

该方法保证每次迭代都以同一比率缩小区间，缩短率为0.618，故黄金分割法又称为0.618法。保留的区间长度为整个区间长度的0.618倍，消去的区间长度为整个区间长度的0.382倍。

4.4.2 黄金分割法计算步骤

黄金分割法的计算步骤如下：

（1）在［a，b］内取两点α_1和α_2，$\alpha_1=a+0.382(b-a)$，$\alpha_2=a+0.618(b-a)$，令$f_1=$

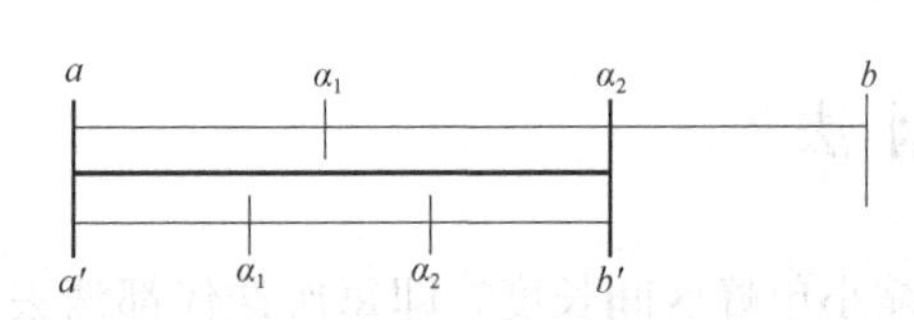

图 4-7　黄金分割法消去区间和新点计算示意图

$f(\alpha_1)$、$f_2=f(\alpha_2)$。

(2) 比较 f_1 和 f_2：

1) 当 $f_1<f_2$ 时，消去区间$(\alpha_2, b]$，置换 $b=\alpha_2$、$\alpha_2=\alpha_1$、$f_2=f_1$，并另取新点 $\alpha_1=a+0.382(b-a)$，令 $f_1=f(\alpha_1)$，如图 4-7 所示。

2) 当 $f_1\geqslant f_2$ 时，消去区间 $[a, \alpha_1)$，置换 $a=\alpha_1$、$\alpha_1=\alpha_2$、$f_1=f_2$，并另取新点 $\alpha_2=a+0.618\ (b-a)$，令 $f_2=f\ (\alpha_2)$。

(3) 终止条件：若 $b-a\leqslant\varepsilon$，则输出最优解 $\alpha^*=\dfrac{1}{2}(a+b)$ 和最优值 $f(\alpha^*)$；否则转第 (2) 步。

【例 4-2】 试用黄金分割法求目标函数 $f(x)=x^2-5x+8$ 的极小值，初始搜索区间 $[a, b]=[1, 7]$，取迭代精度 $\varepsilon=0.1$。

解： 用列表格的方法进行黄金分割法迭代计算，见表 4-1。要达到迭代精度要求，区间缩短次数 k 必须满足$0.618^k(b-a)\leqslant\varepsilon=0.1$，求得 $k\geqslant\dfrac{\ln\ [\varepsilon/\ (b-a)]}{\ln 0.618}=8.51$，取 $k=9$ 则计算点数为 $n=k+1=10$。经过 9 次迭代运算之后，$b-a=0.079<0.1$，所以极小值点 $\alpha^*=(a+b)/2=(2.465+2.544)/2=2.505$，极小值 $f(\alpha^*)=1.750$。

表 4-1　　黄金分割法迭代计算表

区间缩短次数	a 坐标	0.382 点		0.618 点		b 坐标	$b-a$
		坐标	函数值	坐标	函数值		
初始区间	1.000 0	3.292 0	2.377 3	4.708 0	6.625 3	7.000 0	6.000 0
1	1.000 0	2.416 5	1.757 0	3.291 5	2.376 5	4.708 0	3.708 0
2	1.000 0	1.875 4	2.140 2	2.416 2	1.757 0	3.291 5	2.291 5
3	1.875 4	2.416 3	1.757 0	2.750 6	1.812 8	3.291 5	1.416 2
4	1.875 4	2.209 7	1.834 3	2.416 2	1.757 0	2.750 6	0.875 2
5	2.209 7	2.416 3	1.757 0	2.544 0	1.751 9	2.750 6	0.540 9
6	2.416 3	2.544 0	1.751 9	2.622 9	1.765 1	2.750 6	0.334 3
7	2.416 3	2.495 2	1.750 0	2.544 0	1.751 9	2.622 9	0.206 6
8	2.416 3	2.465 1	1.751 2	2.495 2	1.750 0	2.544 0	0.127 7
9	2.465 1	2.495 2	1.750 0	2.513 8	1.750 2	2.544 0	0.078 9
10	2.465 1	2.483 7	1.750 3	2.495 2	1.750 0	2.513 8	0.048 8
11	2.483 7	2.495 2	1.750 0	2.502 3	1.750 0	2.513 8	0.030 1

4.5 二次插值法

二次插值法是多项式逼近法的一种。它在目标函数 $f(x)$的搜索区间内，利用 3 个点函数值构造一个二次插值函数值多项式 $\varphi(\alpha)=d_1+d_2\alpha+d_2\alpha^2$，来近似代替推导寻优的复杂目标函数，然后用该值函数的最优解近似代替目标函数的最优解，并结合区间消去的原理，按照一定规律缩短区间，并在新区间内重新构造 3 点二次插值多项式，再求其极值，如此反复直到满足一定精度要求时停止迭代计算。

如图 4-8 所示，在函数 $f(x)$ 的搜索区间 $[a, b]$ 内取 3 个点：$\alpha_1=a$，$\alpha_3=b$，$\alpha_1<\alpha_2<\alpha_3$。令 $f_1=f(\alpha_1)$，$f_2=f(\alpha_2)$，$f_3=f(\alpha_3)$，设经过 (α_1, f_1)，(α_2, f_2) 和 (α_3, f_3) 3 个点的二次插值函数多项式为 $\varphi(\alpha)=d_1+d_2\alpha+d_2\alpha^2$，则其中的待定系数由以下方程求解。

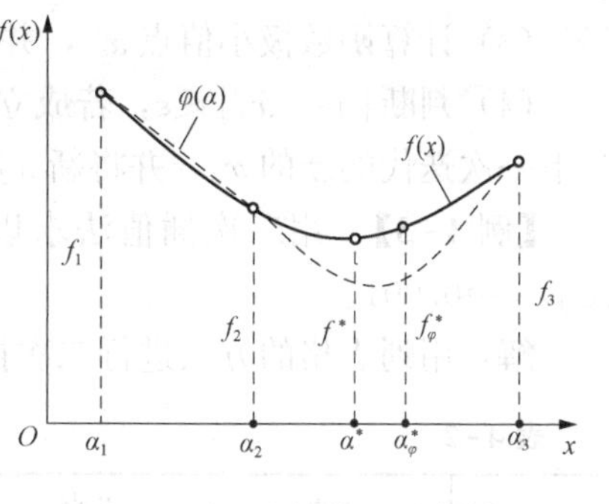

图 4-8　二次插值法示意图

$$\left.\begin{aligned}\varphi(\alpha_1)&=d_1+d_2\alpha_1+d_3\alpha_1^2=f_1\\ \varphi(\alpha_2)&=d_1+d_2\alpha_2+d_3\alpha_2^2=f_2\\ \varphi(\alpha_3)&=d_1+d_2\alpha_3+d_3\alpha_3^2=f_3\end{aligned}\right\}\quad(4-3)$$

解上述方程可得

$$d_1=\frac{\begin{vmatrix}f_1&\alpha_1&\alpha_1^2\\f_2&\alpha_2&\alpha_2^2\\f_3&\alpha_3&\alpha_3^2\end{vmatrix}}{\begin{vmatrix}1&\alpha_1&\alpha_1^2\\1&\alpha_2&\alpha_2^2\\1&\alpha_3&\alpha_3^2\end{vmatrix}},\ d_2=\frac{\begin{vmatrix}1&f_1&\alpha_1^2\\1&f_2&\alpha_2^2\\1&f_3&\alpha_3^2\end{vmatrix}}{\begin{vmatrix}1&\alpha_1&\alpha_1^2\\1&\alpha_2&\alpha_2^2\\1&\alpha_3&\alpha_3^2\end{vmatrix}},\ d_3=\frac{\begin{vmatrix}1&\alpha_1&f_1\\1&\alpha_2&f_2\\1&\alpha_3&f_3\end{vmatrix}}{\begin{vmatrix}1&\alpha_1&\alpha_1^2\\1&\alpha_2&\alpha_2^2\\1&\alpha_3&\alpha_3^2\end{vmatrix}}\quad(4-4)$$

对 $\varphi(\alpha)$ 求导，并令其等于零

$$\frac{\mathrm{d}\varphi(\alpha)}{\mathrm{d}\alpha}=d_2+2d_3\alpha=0\quad(4-5)$$

求得其极小点为

$$\alpha_\varphi^*=-\frac{d_2}{2d_3}\quad(4-6)$$

在极小点处还必须满足

$$\frac{\mathrm{d}^2\varphi(\alpha)}{\mathrm{d}\alpha^2}\geqslant 0\quad(4-7)$$

为计算方便，将式（4-6）重新整理并改写为

$$\left.\begin{aligned}\alpha_\varphi^*&=0.5\left(\alpha_1+\alpha_3-\frac{C_1}{C_2}\right)C_1=\frac{f_3-f_1}{\alpha_3-\alpha_1}\\ C_2&=\frac{(f_2-f_1)/(\alpha_2-\alpha_1)-C_1}{\alpha_2-\alpha_3}\end{aligned}\right\}\quad(4-8)$$

令 $f_\varphi^*=f(\alpha_\varphi^*)$，接下来要根据区间消去的原理缩短搜索区间。比较 f_φ^* 与 f_2，取其中较小者所对应的点作为新的 α_2，再以此点的左、右两邻点作为新的 α_1 和 α_3。这样在保证函数值“两头大，中间小”的前提下，从 α_1，α_2，α_3 和 α_φ^* 4 个点中取 3 个点构成新的区间，并进行参数置换。

通过区间消去与置换，得到新的被缩短的区间 $[\alpha_1, \alpha_3]$ 以及 3 个插值点 (α_1, f_1)，(α_2, f_2) 和 (α_3, f_3)，再构造二次插值多项式并重复上述过程。$|\alpha_2-\alpha_\varphi^*|\leqslant\varepsilon$ 时，则停止迭代计算，获得 $f(x)$ 的极小值点 $x^*=\alpha_\varphi^*$，极小值 $f(x^*)=f(\alpha_\varphi^*)$。

二次插值法的迭代过程如下：

（1）给定初始搜索区间 $[a, b]$ 和精度 ε。

（2）在区间内取三个插值点 $x_1=\alpha_1$，$x_2=\alpha_2$ 和 $x_3=\alpha_3$，并计算 f_1，f_2 和 f_3。

（3）计算函数极小值点 α_φ^*，并将 α_φ^* 记作 x_4，计算 f_4。

（4）判断 $|x_2-x_4|\leqslant\varepsilon$，若成立则停止迭代，否则比较 f_2 和 f_4，取小值所对应的点作为下一次迭代的新的 x_2，并将新 x_2 点临近的两点作为新的 x_1 和 x_3 点，重复步骤（3）。

【例 4-3】 用二次插值法求以下函数极小值：$f(x)=x^3-12x-11$，搜索区间 $[0, 10]$，$\varepsilon=0.001$。

解：用列表格的方法进行二次插值法迭代计算，见表 4-2。

表 4-2　　二次插值法迭代计算表

次数	1点		2点		3点		C_1	C_2	4点		
	x_1	f_1	x_2	f_2	x_3	f_3			x_4	f_4	x_4-x_2
1	0.000	−11.000	5.000	54.000	10.000	869.000	88.000	15.000	2.067	−26.973	2.933
2	0.000	−11.000	2.067	−26.973	5.000	54.000	13.000	7.067	1.580	−26.017	0.486
3	1.580	−26.017	2.067	−26.973	5.000	54.000	23.398	8.647	1.937	−26.977	0.130
4	1.580	−26.017	1.937	−26.977	2.067	−26.973	−1.966	5.584	1.999	−27.000	0.062
5	1.937	−26.977	1.999	−27.000	2.067	−26.973	0.027	6.003	2.000	−27.000	0.000

从表 4-2 迭代结果可以看出，经过 5 步迭代后，$|x_2-x_4|=0.0002<\varepsilon$，可以得出最优化结果为 $x^*=2.0$，$f(x^*)=-27$。

4.6 切　线　法

切线法属于间接法，是牛顿法在一维优化中的应用，它用切线代替弧线来逐渐逼近函数极值。其基本思路是：当目标函数 $f(x)$ 有一阶连续导数且二阶导数大于零时，在曲线 $f'(\alpha)$ 上作一系列切线，使之与 α 轴的交点 α_1、α_2、…，逐渐逼近 $f'(\alpha)=0$ 的根 α^*，如图 4-9 所示。切线法的最大优点是收敛速度快，与其他方法相比，切线法要求目标函数 $f(x)$ 在收缩区间内能用数学表达式写出一、二阶导数，由于要计算目标函数的二阶导数，因而增加了每次迭代的工作量。此外，切线法还要求初始点选择得当。如果离极小值太远，很可能使极小序列发散或收敛到非极小值。

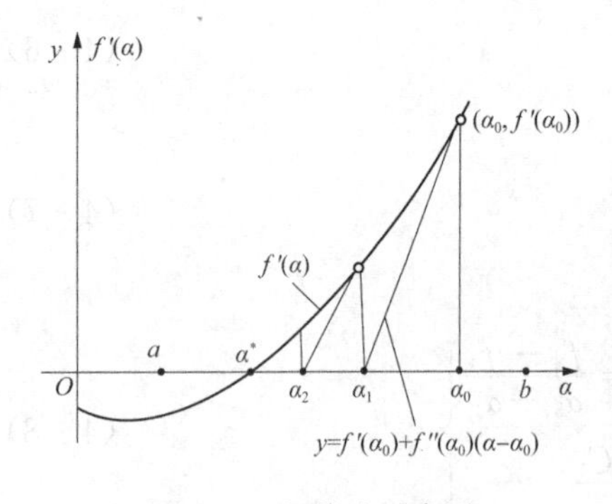

图 4-9　切线法示意图

4.7 格　点　法

格点法是一种思路极为简单的一维优化法。其基本步骤如下：首先利用 m 个等分点 α_1、α_2、…、α_m，将目标函数 $f(\alpha)$ 的初始单峰搜索区间 $[a, b]$ 分成 $m+1$ 个大小相等的子区间，如图 4-10 所示。

计算目标函数 $f(\alpha)$ 在这 m 个等分点的函数值，并比较找出其中的最小值 $f(\alpha_k)$，即

$$f(\alpha_k) = \min[f(\alpha_1), f(\alpha_2), \cdots, f(\alpha_m)] \tag{4-9}$$

那么在连续 3 个点 α_{k-1}、α_k 和 α_{k+1} 处目标函值呈现“两头大、中间小”的情况，因此极小值点 α^* 必然位于区间 $[\alpha_{k-1}, \alpha_{k+1}]$ 内，则置换

$$a = \alpha_{k-1}, b = \alpha_{k+1} \tag{4-10}$$

若 $|\alpha_{k+1} - \alpha_{k-1}| \leqslant \varepsilon$，则将 α_k 作为 α^* 的近似解。否则将新区间等分，并重复上述步骤，直至区间长度缩小至足够小为止。

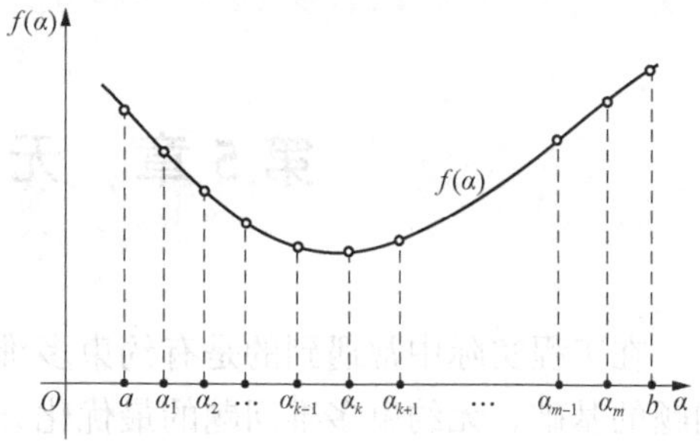

图 4-10　格点法示意图

思考与练习题

1. 试用进退法确定目标函数 $f(\alpha)=\alpha^2-7\alpha+10$ 的一维优化初始搜索区间 $[a, b]$。设初始点 $\alpha_1=0$，初始步长 $h=1$。

2. 试用进退法确定目标函数 $f(\alpha)=\alpha^2-6\alpha+9$ 的一维优化初始搜索区间 $[a, b]$。设初始点 $\alpha_1=1$，初始步长 $h=0.5$。

3. 试用黄金分割法求目标函数 $f(\alpha)=\alpha^2-7\alpha+10$ 的极小值，初始搜索区间 $[1, 7]$，取迭代精度 $\varepsilon=0.2$。

4. 试用黄金分割法求目标函数 $f(\alpha)=\alpha^2-6\alpha+9$ 的极小值，初始搜索区间 $[1, 7]$，取迭代精度 $\varepsilon=0.3$。

5. 试用二次插值法求目标函数 $f(\alpha)=\alpha^2-6\alpha+9$ 的极小值，初始搜索区间 $[1, 7]$，取迭代精度 $\varepsilon=0.01$。

6. 试用格点法求目标函数 $f(\alpha)=\alpha^2-6\alpha+9$ 的极小值，初始搜索区间 $[1, 7]$，取迭代精度 $\varepsilon=0.01$。

第 5 章　无约束多维优化方法

在工程实际中常遇到的是有约束多维优化问题，但无约束最优化问题是求解约束最优化问题的基础。无约束多维问题的最优化方法有两类：①间接方法，它需要对函数求导，可以解析求得极值；②直接方法，有消去法、爬山法等。在无约束多维优化问题中，要解决的主要问题是如何确定搜索方向。

5.1　无约束优化方法概述

无约束最优化问题的一般表达式为求 n 维优化变量 $X=(x_1, x_2, \cdots, x_n)$，使得 $\min f(X)=f(x_1, x_2, \cdots, x_n)$，$X\in E^n$，式中对 X 无约束限制。

多元函数 $f(X)$ 在点 $X^{(k)}$ 取得极值的必要条件是函数在该点的所有方向导数等于零，也就是说函数在该点的梯度等于零，即 $\nabla f(X^{(k)})=0$；多元函数取得极小值的充分条件：$\nabla^2 f(X^{(k)})$ 正定；多元函数取得极大值的充分条件：$\nabla^2 f(X^{(k)})$ 负定；而非极值的情况：$\nabla^2 f(X^{(k)})$ 不定。

以上求极值问题只有理论意义，实际问题而言，由于目标函数比较复杂，二阶导数矩阵不容易求得，且二阶导数矩阵正定性的判断比较困难。所以要获得极值点往往必须借助于某种搜索过程。本章就几种搜索方法进行讨论。

5.2　坐 标 轮 换 法

坐标轮换法是最简单的多维优化方法，它是对一个 n 维优化问题依次轮换选取坐标轴方向作为搜索的方向，如图 5-1 所示。

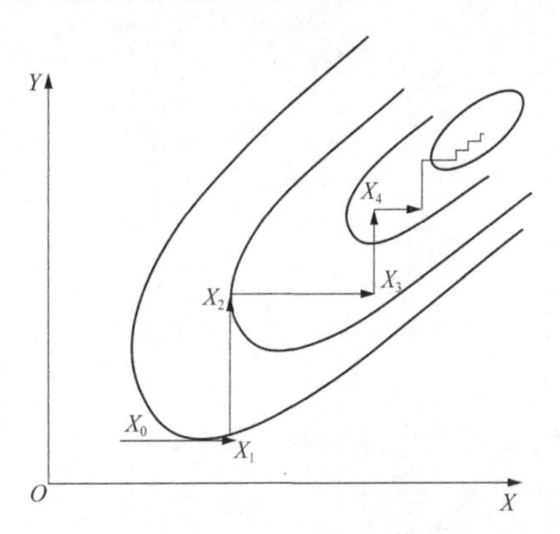

图 5-1　坐标轮换法搜索示意图

若设第 k 轮的当前点为 $X^{(k)}$，则下一轮的坐标点按式（5-1）求得

$$X^{(k+1)} = X^{(k)} + \sum_{i=1}^{n} \alpha_i S_i^{(k)} \qquad (5-1)$$

式中：α_i 为沿第 i 坐标轴搜索时步长；$S_i^{(k)}$ 为第 k 迭代步第 i 次搜索方向，它依次取各坐标轴的方向，对第 k 轮的第 i 次搜索，方向取 $S_i^{(k)}=e_i=[0, 0, \cdots 0, 1, 0, \cdots, 0]$，$i=1, 2, \cdots, n$。

坐标轮换法优点在于概念清楚直观，容易实施。缺点是当搜索接近最优解时，进展会变得十分缓慢。因此在运行时，不能要求精度太高，否则会使搜索不收敛。

5.3 最速下降法

从函数的性能分析可知，沿函数的负梯度方向，函数值下降最多。因此，对存在导数的连续目标函数，可采用该方向作为寻优方向，如图 5-2 所示。图 5-2 在二维平面上表述了最速下降法的搜索过程。值得注意的是，每一轮的搜索方向和下一轮的搜索方向一定为正交，在这点上，最速下降法和坐标轮换法相同。

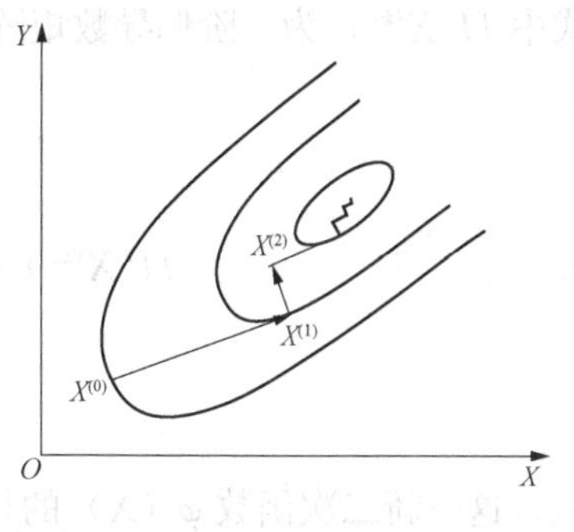

图 5-2　最速下降法搜索示意图

为了方便，可以将目标函数的负梯度量纲化后作为寻优方向，即

$$S^{(k)}=-\frac{\nabla f(X^{(k)})}{\|\nabla f(X^{(k)})\|} \tag{5-2}$$

式中：$S^{(k)}$ 为寻优方向，$\nabla f(X)=\left(\frac{\partial f}{\partial x_1},\ \frac{\partial f}{\partial x_2},\ \cdots,\ \frac{\partial f}{\partial x_n}\right)^{\mathrm{T}}$，即为一价偏导向量。因此当前点为 $X^{(k)}$ 时，下一点的表达式为

$$X^{(k+1)}=X^{(k)}+\alpha^{(k)}S^{(k)}=X^{(k)}-\alpha^{(k)}\frac{\nabla f(X^{(k)})}{\|\nabla f(X^{(k)})\|} \tag{5-3}$$

式中：$\alpha^{(k)}$ 为搜索步长。对于每一轮得到的一个新的负梯度方向，再利用一维搜索方向求 $\alpha^{(k)}$ 的值。

最速下降法的迭代步骤如下：

(1) 选取初始点 $X^{(0)}$ 及判断收敛的正数 ε；

(2) 令 $k=0$；

(3) 计算 $-\nabla f(X^{(k)})$；

(4) 按式 $S^{(k)}=-\frac{\nabla f(X^{(k)})}{\|\nabla f(X^{(k)})\|}$，若 $\|\nabla f(X^{(k)})\|<\varepsilon$，则迭代停止，$X^{(k)}$ 即为所求优化点，否则进行下一步；

(5) 进行一维搜索，求 $\alpha^{(k)}$，使 $\min\limits_{\alpha>0} f\ (X^{(k)}+\alpha^{(k)}S^{(k)})$；

(6) 令 $X^{(k+1)}=X^{(k)}+\alpha^{(k)}S^{(k)}$，并令 $k=k+1$，返回 (3) 步。

最速下降法对一般函数而言，在远离极值点时，对函数值下降很快。最速下降法对椭圆函数十分有效，可以很快搜索到接近极值点。但是当距极值点较近时，特别是存在脊线的目标函数，收敛过程可能会变得十分缓慢，存在与坐标轮换法类似的问题。另外，最速下降法要求目标函数必须具有导数。

5.4 牛顿法和修正牛顿法

牛顿法是利用目标函数的梯度和海赛矩阵所构成的二次函数寻求极值，在极值附近构造新的二次函数进行寻优。

通过泰勒公式在 $X^{(k)}$ 点展开函数 $f(X)$，保留前 3 项，$f(X)$ 得近似的新二次函数 $\varphi(X)$ 有如下形式：

$$f(X)\approx\varphi(X)=f(X^{(k)})+[\nabla f(X^{(k)})]^{\mathrm{T}}(X-X^{(k)})+\frac{1}{2}(X-X^{(k)})^{\mathrm{T}}H(X^{(k)})(X-X^{(k)}) \tag{5-4}$$

式中 $H(X^{(k)})$ 为二阶偏导数矩阵，即

$$H(X^{(k)})=\begin{bmatrix}\frac{\partial^2 f}{\partial x_1^2}, & \frac{\partial^2 f}{\partial x_1 x_2}, & \cdots, & \frac{\partial^2 f}{\partial x_1 x_n}\\ \frac{\partial^2 f}{\partial x_2 x_1}, & \frac{\partial^2 f}{\partial x_2^2}, & \cdots, & \frac{\partial^2 f}{\partial x_2 x_n}\\ \cdots & & & \\ \frac{\partial^2 f}{\partial x_n x_1}, & \frac{\partial^2 f}{\partial x_n x_2}, & \cdots, & \frac{\partial^2 f}{\partial x_n^2}\end{bmatrix}$$

这一新二次函数 φ（X）的梯度为

$$\nabla\varphi(X)=[\nabla f(X^{(k)})]+H(X^{(k)})[X-X^{(k)}] \tag{5-5}$$

令该梯度为零，可求得该函数的极值为

$$X=X^{(k)}+[H(X^{(k)})]^{-1}[\nabla f(X^{(k)})] \tag{5-6}$$

将式（5-6）写成迭代式有

$$X^{(k+1)}=X^{(k)}+[H(X^{(k)})]^{-1}[\nabla f(X^{(k)})] \tag{5-7}$$

就可以不断地寻优下去，直至收敛到最优点为止。

牛顿法因为利用了泰勒展开式，所以当 $\| X^{(0)}-X^{*} \|<1$ 时收敛很快，否则不能保证收敛。为了解决初始点与最优解可能相差较远的问题，可以采用修正的牛顿法，其迭代公式为

$$X^{(k+1)}=X^{(k)}+\alpha^{(k)}[H(X^{(k)})]^{-1}[\nabla f(X^{(k)})] \tag{5-8}$$

即第 k 步取 $S^{(k)}=-[H(X^{(k)})]^{-1}[\nabla f(X^{(k)})]$，或求解线性方程 $[H(X^{(k)})]S^{(k)}=-[\nabla f(X^{(k)})]$，作为寻优方向。这样下一步的迭代值可写成

$$X^{(k+1)}=X^{(k)}+\alpha^{(k)}S^{(k)} \tag{5-9}$$

牛顿法的迭代步骤如下：

(1) 选取初始点 $X^{(0)}$ 及判别收敛的正数 ε；

(2) 令 $k=0$；

(3) 计算 $-[H(X^{(k)})]^{-1}[\nabla f(X^{(k)})]$；

(4) 令 $S^{(k)}=-[H(X^{(k)})]^{-1}[\nabla f(X^{(k)})]$，或求解线性方程 $[H(X^{(k)})]S^{(k)}=-[\nabla f(X^{(k)})]$，若 $\|\nabla f(X^{(k)})\|<\varepsilon$，则迭代停止，$X^{(k)}$ 即为所求优化点，否则进行下一步；

(5) 进行一维寻优，求 $\alpha^{(k)}$ 使 $\min\limits_{\alpha>0} f(X^{(k)}+\alpha^{(k)}S^{(k)})$；

(6) 令 $X^{(k+1)}=X^{(k)}+\alpha^{(k)}S^{(k)}$，并令 $k=k+1$，返回第（3）步。

牛顿法和修正牛顿法虽然可以很快地收敛于最优解，但其最大的缺点是要计算二阶偏导数矩阵 $H(X^{(k)})$，这对变量多的复杂目标函数而言是很难实施的。此外，牛顿法对初始点的选择很敏感。因此，牛顿法在实际应用中有较大的限制。而最速下降法有锯齿现象，收敛速度慢。于是产生了一种共轭方向法。它的收敛速度介于最速下降法和牛顿法之间，不需要计算海赛矩阵，对于二次函数只需迭代有限步就能达到最优点。

5.5 共轭方向法和共轭梯度法

共轭方向法也是设法在搜索过程中将搜索方向尽量地指向极值点，以改进搜索的收敛

性。共轭方向法具有二次收敛性，二次函数表示如下

$$f(X)=\frac{1}{2}X^{\mathrm{T}}QX+b^{\mathrm{T}}X+c \tag{5-10}$$

若 Q 对称正定，则称 $f(X)$ 为正定二次函数。

由于一般目标函数在极小值点附近的性态近似于二次函数，因此，可以设想，一个算法对于二次函数比较有效，就可望对于一般的函数也有较好的效果。对二次函数尚且不佳的算法，很难指望对于一般函数会有较好的效果。共轭方向法正是在研究具有对称正定的二次函数的基础上提出的算法。共轭方向法属于效果好而又实用的一种算法。

5.5.1　向量的共轭性与共轭方向

同心椭圆簇曲线的两平行切线有这样的特性：通过两平行线与椭圆的切线作连线，该直线通过椭圆簇的中心，如图 5-3 所示。因为该连线的方向与两平行线是共轭方向，所以利用这一特性寻优称为共轭方向法。

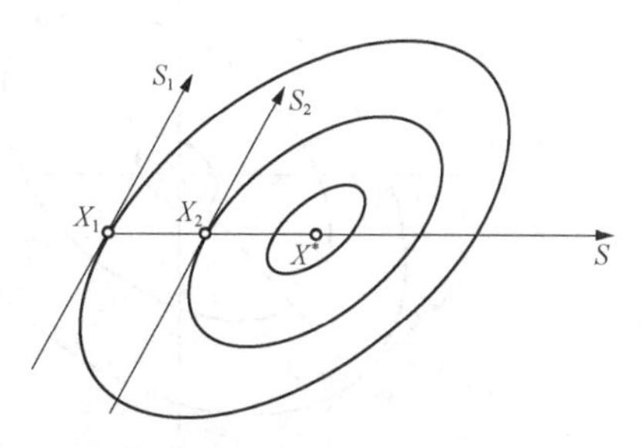

图 5-3　共轭方向的构造示意图

1. 向量的共轭

设 A 为 $n\times n$ 阶实对称正定矩阵，S_1 和 S_2 为 E^n 中的两个非零向量，如果它们满足，$S_1^{\mathrm{T}}AS_2=0$，则称向量 S_1 和 S_2 关于实对称正定矩阵 A 是共轭的。如果有一组 n 个非零向量组 S_1，S_2，…，$S_n\in E^n$ 且这个向量组中的任意两个向量关于 n 阶实对称正定矩阵 A 是共轭的，即满足式 $S_i^{\mathrm{T}}AS_j=0$，i，$j=1$，2，…，n 且 $i\neq j$。则称向量组 S_1，S_2，…，S_n 关于 A 共轭。当矩阵 A 为单位矩阵时，向量的共轭相当于向量的正交。

2. 共轭方向向量组的主要性质

满足共轭的两个向量称为具有实对称正定矩阵 A 的共轭方向，即 $S_1^{\mathrm{T}}AS_2=0$，称 S_1 和 S_2 为具有实对称正定矩阵 A 的共轭方向。

性质 1：设 A 为 $n\times n$ 阶实对称正定矩阵，S_1，S_2，…，S_n 为 A 的共轭的 n 个非零向量，则这一组向量线性无关。

性质 2：设向量 $S_1^{(1)}$，$S_2^{(1)}$，…，$S_n^{(1)}$ 是一线性无关的非零向量组，可以由它们构造出 n 个非零共轭的向量组 $S_1^{(2)}$，$S_2^{(2)}$，…，$S_n^{(2)}$，满足 $(S_i^{(1)})^{\mathrm{T}}A(S_j^{(2)})=0$，$i$，$j=1$，2，…，$n$ 且 $i\neq j$，式中，A 为 $n\times n$ 阶实对称正定矩阵。根据这一性质，可以利用 n 维坐标轴来构造一组 n 个相互共轭的向量组。

性质 3：设 A 为 $n\times n$ 阶实对称正定矩阵，S_1，S_2，…，S_n 是关于 A 的 n 个相互共轭的非零向量组，对二次型目标函数 $f(X)=c+b^{\mathrm{T}}X+\frac{1}{2}X^{\mathrm{T}}AX$，式中 c 为常数，b 为常数向量。若分别从两个初始点 $X_1^{(0)}$ 和 $X_2^{(0)}$ 出发，沿这组向量方向 $S_i(i=1,2,\cdots,n)$ 进行了一轮一维最优搜索后，得到了两点 $X_1^{(1)}$ 和 $X_2^{(1)}$，则连接两点 $X_1^{(1)}$ 和 $X_2^{(1)}$ 做出的向量 $S=X_2^{(1)}-X_1^{(1)}$ 与这一组的每个向量 S_i 关于 A 共轭。

性质 4：共轭方向法具有二次收敛性。设 A 为 $n\times n$ 阶实对称正定矩阵，S_1，S_2，…，S_n 是关于 A 的 n 个相互共轭的非零向量，则对二次型目标函数 $f(X)=c+b^{\mathrm{T}}X+\frac{1}{2}X^{\mathrm{T}}AX$，

从任一初始点 $X^{(0)}$ 出发，依次沿 S_1，S_2，…，S_n 方向进行一维最优化搜索。经有限步（$\leqslant n$）一维搜索，即可收敛到极小点 X^*。

3. 共轭方向的几何性质意义

共轭方向相当于将原来的非正椭圆函数通过矩阵 A 变换为正圆函数，而共轭方向 S_1 和 S_2 变换后的垂直方向 P_1 和 P_2，如图 5-4 所示。

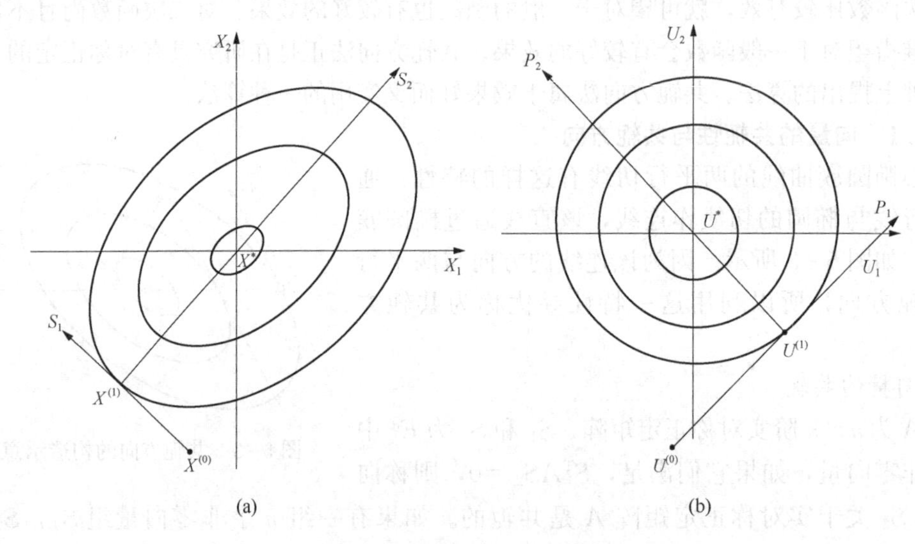

图 5-4 共轭和正交对比

(a) 共轭方向 S_1 和 S_2；(b) 垂直方向 P_1 和 P_2

5.5.2 共轭梯度法

通过函数的梯度来构造共轭方向的方法称为共轭梯度法。

1. 共轭梯度法的方向构造

在极值点 X^* 附近，目标函数可以近似为二次型函数，即

$$f(X) \approx c + b^{\mathrm{T}} X + \frac{1}{2} X^{\mathrm{T}} A X$$

从 $X^{(k)}$ 出发沿负梯度 $S^{(k)} = -\nabla f(X^{(k)})$ 方向寻优，得到新优化点 $X^{(k+1)}$。在按式（5-11）构造与 $S^{(k)}$ 共轭的方向 $S^{(k+1)}$。

$$S^{(k+1)} = -\nabla f(X^{(k+1)}) + \beta^{(k)} S^{(k)} \tag{5-11}$$

式中：$\beta^{(k)} = \frac{\| \nabla f(X^{(k+1)}) \|^2}{\| \nabla f(X^{(k)}) \|^2}$，可满足共轭条件 $(S^{(k+1)})^{\mathrm{T}} A S^{(k)} = 0$。

沿着 $S^{(k+1)}$ 方向继续寻优，直至求出极值 X^*。

上面只是对目标函数为二次函数的情况求得了构成共轭方向的系数 $\beta^{(k)}$。对一般的目标函数，有

$$\beta^{(k)} = \frac{\| \nabla f(X^{(k+1)}) \|^2 - [\nabla f(X^{(k+1)})]^{\mathrm{T}} \nabla f(X^{(k)})}{\| \nabla f(X^{(k)}) \|^2}$$

类似有：$S^{(k+1)} = -\nabla f(X^{(k+1)}) + \beta^{(k)} S^{(k)}$。

2. 共轭梯度法的迭代步骤

（1）当目标函数是二次型函数时，共轭梯度法的迭代步骤：

1）选取初始点 $X^{(1)}$ 及判别收敛的正数 ε；

2）令 $k=1$，$S^{(1)}=-\nabla f\ (X^{(1)})$；

3）算出 $\alpha^{(k)}=-\dfrac{[\nabla f\ (X^{(k)})]^{\mathrm{T}}S^{(k)}}{2\,(S^{(k)})^{\mathrm{T}}AS^{(k)}}$；

4）令 $X^{(k+1)}=X^{(k)}+\alpha^{(k)}S^{(k)}$；

5）若 $\|\nabla f(X^{(k+1)})\|\leqslant\varepsilon$，则迭代停止；否则令 $S^{(k+1)}=-\nabla f(X^{(k)})+\dfrac{\|\nabla f(X^{(k+1)})\|^2}{\|\nabla f(X^{(k)})\|^2}$；

6）令 $k=k+1$，返回步骤 3）。

共轭梯度法对二次型函数只要有限步就可以达到最优点。

（2）当目标函数是一般函数时，共轭梯度法迭代步骤：

1）选取初始点 $X^{(1)}$ 及判别收敛的正数 ε，若 $\|\nabla f\ (X^{(1)})\ \|\leqslant\varepsilon$，则迭代停止，否则进行下一步；

2）令 $k=1$，$S^{(1)}=-\nabla f(X^{(1)})$；

3）进行一维搜索，求 $\alpha^{(k)}$，使 $\min\limits_{\alpha\geqslant0}f(X^{(k)}+\alpha^{(k)}S^{(k)})$；

4）令 $X^{(k+1)}=X^{(k)}+\alpha^{(k)}S^{(k)}$；

5）若 $\|\nabla f(X^{(k+1)})\|\leqslant\varepsilon$，则迭代停止；否则，若 $k=n$，则 $X^{(1)}=X^{(k+1)}$，返回步骤 1），若 $k<n$ 则算出 $\beta^{(k)}=\dfrac{\|\nabla f(X^{(k+1)})\|^2-[\nabla f(X^{(k+1)})]^{\mathrm{T}}\ \nabla f(X^{(k)})}{\|\nabla f(X^{(k)})\|^2}$，令 $S^{(k+1)}=-\nabla f(X^{(k+1)})+\beta^{(k)}S^{(k)}$；

6）令 $k=k+1$，返回步骤 3）。

利用共轭梯度写程序较简单，存储量较小，但当 $\|\nabla f(X^{(k)})\|$ 较小时，因为它在分母处，所以计算 $\beta^{(k)}$ 可能引起因舍入差较大而导致的不稳定情况，需要引起特别注意。另外，对一般（非二次）函数，共轭梯度法不一定经过有限步就能求得优化问题的最优解。

5.5.3　简单共轭方向法

上面介绍的共轭梯度法中，虽然也利用了共轭方向的概念，而且除第 1 次外的每次搜索也是沿着共轭方向进行的，但在构造每次的搜索方向（第 1 次为负梯度方向，以后各次为共轭方向）时，总离不开计算函数的梯度，即必须计算一阶导数，而下面介绍的简单共轭方向法，则无需对函数作求导计算，只计算它的函数值即可直接求出用于搜索的共轭方向。

在共轭梯度法中，利用两个平行方向上的极值点的连线构造共轭方向，基于这一原理，并利用 5.5.1 节中给出的共轭方向的性质 3，可以逐次构造共轭方向向量，且以此方向搜索方向，形成的算法就是共轭方向法。

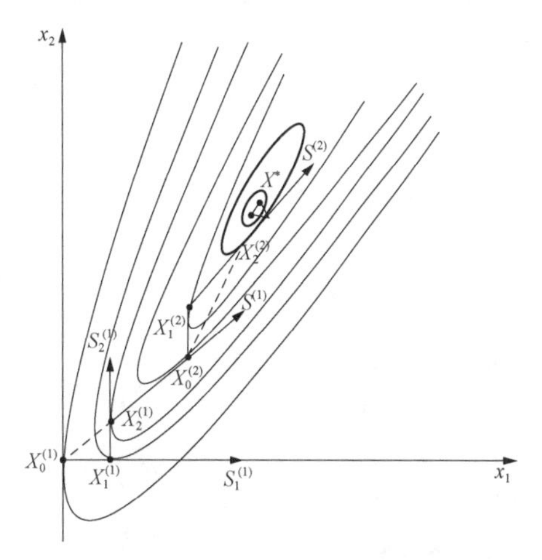

图 5-5　共轭方向法搜索示意图

对于二维目标函数来说，共轭方向法的搜索路线如图 5-5 所示。在一般情况下，对于 n 维目标函数来说，其搜索路线类似于图 5-5。在第 1 轮搜索中首先是从初始点 $X^{(1)}=X^{(0)}$ 出发，以此沿 n 个坐标轴方向共作 n 次一维搜索，最终将找到沿第 n 个坐标轴的搜索点，如图中 $X_2^{(1)}$。再将此点与本轮搜索中的初始点相连，连线则作为一个新的搜索方向如图中的 $S^{(1)}$。沿此方向作第 $n+1$ 次一维搜索，找出这一轮搜索的最后的一点作为下一轮的初始点［如图 5-5 中的 $X_0^{(2)}$ 点］。

下一轮搜索的第 1 个搜索方向则平行于上一轮的第 2 个搜索方向（即去掉上一轮的第 1 个搜索方向，从第 2 个搜索方向开始下一轮的依次搜索）。而下一轮的连线方向［图 5-5 中的 $S^{(2)}$］前的那个搜索方向则平行于上一轮的连线方向 $S^{(1)}$。

按此法搜索，直至找到函数的极小点为止。在各轮中的连线方向，即第 $n+1$ 次搜索方向，如图 5-5 中的 $S^{(1)}$、$S^{(2)}$、……从理论上证明，对于一个二次目标函数中的 $n\times n$ 矩阵 A 是共轭的，因此，本方法称为共轭方向法。

思考与练习题

1. 试用最速下降法求 $f(X)=x_1^2+25x_2^2$ 的最优解。设 $X^{(0)}=[2，2]^T$，$\varepsilon=0.01$。

2. 试用最速下降法求 $f(X)=8x_1^2+4x_1x_2+5x_2^2$ 的最优解。设 $X^{(0)}=[10，10]^T$，$\varepsilon=0.01$。

3. 试用牛顿法求 $f(X)=4(x_1+1)^2+2(x_2-1)^2+x_1+x_2+10$ 的最优解。设 $X^{(0)}=[0，0]^T$，$\varepsilon=0.01$。

4. 试用牛顿法求 $f(X)=8x_1^2+4x_1x_2+5x_2^2$ 的最优解。设 $X^{(0)}=[10，10]^T$，$\varepsilon=0.01$。

5. 试用修正牛顿法求函数 $f(X)=100(x_2-x_1^2)^2+(1-x_1)^2$ 的极小点和极小值。设 $X^{(0)}=[10，10]^T$，$\varepsilon=0.01$。

6. 用共轭梯度法求 $\min f(X)=2x_1^2-2x_1x_2+x_2^2-2x_2$，$X^{(0)}=[1，1]^T$，$\varepsilon=0.01$。

7. 用共轭梯度法求 $\min f(X)=(x_1-1)^2+2(x_2-2)^2$，$X^{(0)}=[3，1]^T$，$\varepsilon=0.01$。

第 6 章 有约束多维优化方法

有约束问题的主要特点是：①要求最小值必须满足约束条件，优化点必须在可行域内；②取得的最优解可能是局部的，并且与初始点有关，特别是当目标函数或约束函数为非凸时，这也是约束问题与无约束问题的主要差别。所以，求解有约束优化问题时最好选择不同初始点进行计算。

有约束最优化问题的一般表达：寻求一组优化变量 $X=(x_1, x_2, \cdots, x_n)$，满足下述约束方程，并使得目标函数 $f(X)$ 最小，即

$$\begin{aligned} &\min f(X), X \in D \subset E^n \\ \text{s.t.}\quad &h_l(X) = 0, l = 1,2,\cdots,L \\ &g_m(X) \leqslant 0, m = 1,2,\cdots,M \end{aligned} \tag{6-1}$$

有约束问题求解方法主要有以下两种：

(1) 间接解法。将约束问题转换成为无约束问题进行最优化求解，包括消元法、拉格朗日乘子法、罚函数法、增广拉格朗日乘子法等。

(2) 直接解法。在可行域内选取各点的目标函数作比较，找到最小点，包括随机试验法、随机方向法、复合形法、可行方向法、线性逼近法等。

一般的有约束最优化问题的求解难度是很大的，目前尚没有一种普遍有效的算法。本章着重介绍几种有约束最优化问题的间接解法和直接解法。

6.1 直接消元法

对等式约束优化问题，最直接的方法就是将等式约束方程部分自变量表示为其他自变量的函数，然后代入目标函数中，消去这部分自变量，从而达到既能降低求解维数，也能除去约束的目的。消元法可直接代入消元，也可以形式上消元。

对等式约束最优化问题，当能够求得某些变量的表达式时，可以采用直接消元法。对下面的等式约束问题

$$\begin{aligned} &\min f(X), X \in D \subset E^n \\ \text{s.t.}\quad &h_l(X) = 0, l = 1,2,\cdots,L \end{aligned} \tag{6-2}$$

可以利用 L 个等式：$h_l(X)=0$，$l=1, 2, \cdots, L$ 求解出或形式上求解出前 L 个自变量，即

$$\left.\begin{aligned} x_1 &= f_1(x_{L+1}, x_{L+2}, \cdots x_n) \\ x_2 &= f_2(x_{L+1}, x_{L+2}, \cdots x_n) \\ &\vdots \\ x_L &= f_L(x_{L+1}, x_{L+2}, \cdots x_n) \end{aligned}\right\} \tag{6-3}$$

将 $x_1, x_2, \cdots, x_L$ 代入目标函数 $f(X)$，原问题转化为新目标函数为 f' 的 $n-L$ 维的无约束

最优化问题，即变成求解式（6-4）的问题。

$$\min f'(x_{L+1},x_{L+2},\cdots,x_n),X\in D\subset E^n \tag{6-4}$$

需要指出，这种解法只限于少数的约束且较简单的场合。

6.2 简约梯度法

实际上，在数值优化计算中并不需要从等式约束中真正解出部分非独立的自变量，只要得到数值计算的表达式，便可以求出它们的数值或导数等。

当非线性规划问题中的约束条件是一组线性代数方程时，可以通过求解线性代数方程组，将部分自变量解出，经消元处理将有约束优化问题形式上转变为无约束优化问题。当求解时需要用到梯度时，利用消元矩阵是常数这一性质很容易地求出目标函数的梯度，从而为梯度寻优过程提供便利，这就是简约梯度法。

对于下面的线性约束最优化问题：

$$\begin{aligned}&\min f(X),X\in D\subset E^n\\ &\text{s.t.}\quad AX\leqslant b\quad(\geqslant b)\\ &\qquad X\geqslant 0\end{aligned}$$

转化为线性约束优化模型的标准形式：

$$\begin{aligned}&\min f(X),X\in D\subset E^n\\ &\text{s.t.}\quad AX=b\\ &\qquad X\geqslant 0\end{aligned} \tag{6-5}$$

一般形式改写成标准形式的方法如下：

（1）当$\sum\limits_{j=1}^{n}a_{ij}x_j\leqslant b_i$时，第一个不等式引入第一个松弛变量$x_{n+1}\geqslant 0$，使$\sum\limits_{j=1}^{n}a_{1j}x_j+x_{n+1}=b_1$，第二个不等式引入第二个松弛变量$x_{n+2}\geqslant 0$，以此类推；

（2）当$\sum\limits_{j=1}^{n}a_{ij}x_j\geqslant b_i$时，第一个不等式引入第一个松弛变量$x_{n+1}\geqslant 0$，使$\sum\limits_{j=1}^{n}a_{1j}x_j-x_{n+1}=b_1$，第二个不等式引入第二个松弛变量$x_{n+2}\geqslant 0$，以此类推。

【例 6-1】 将左边的线性最优化问题化为标准形式。

$$\begin{array}{ccc}\min f(X)=(x_1-3)^2\ (4-x_2) & & \min f(X)=(x_1-3)^2\ (4-x_2)\\ \text{s.t.} & & \text{s.t.}\\ x_1+x_2\leqslant 3 & & x_1+x_2+x_3=3\\ x_1\leqslant 2 & \text{转化为} & x_1+x_4=2\\ x_2\leqslant 2 & & x_2+x_5=2\\ x_i\geqslant 0,\ i=1,\ 2 & & x_i\geqslant 0,\ i=1,\ 2,\ 3,\ 4,\ 5\end{array}$$

假定式（6-5）中A为$m\times n$矩阵，$m<n$，A的秩为m。则总可以取出$m\times m$矩阵B，使B非奇异，即$A=(B,\ C)$，$X=[X_B,\ X_C]^{\mathrm{T}}$，$BX_B+CX_C=b$。其中

$$A=\begin{bmatrix}a_{11}&a_{12}&\cdots&a_{1n}\\a_{21}&a_{22}&\cdots&a_{2n}\\\vdots&\vdots&\vdots&\vdots\\a_{m1}&a_{m2}&\cdots&a_{mn}\end{bmatrix}=[B\quad C],B=\begin{bmatrix}b_{11}&b_{12}&\cdots&b_{1m}\\b_{21}&b_{22}&\cdots&b_{2m}\\\vdots&\vdots&\vdots&\vdots\\b_{m1}&b_{m2}&\cdots&b_{mm}\end{bmatrix}$$

$$C=\begin{bmatrix} c_{11} & c_{12} & \cdots & c_{1m} \\ c_{21} & c_{22} & \cdots & c_{2m} \\ \vdots & \vdots & \vdots & \vdots \\ c_{m1} & c_{m2} & \cdots & c_{mn} \end{bmatrix}, X=\begin{bmatrix} x_1 \\ \vdots \\ x_m \\ x_{m+1} \\ \vdots \\ x_n \end{bmatrix}=\begin{bmatrix} X_B \\ X_C \end{bmatrix}, b=\begin{bmatrix} b_1 \\ \vdots \\ b_m \end{bmatrix}$$

设$|B|\neq 0$，如果$|B|=0$，总可以通过调换A的自变量位置实现$|B|\neq 0$。按式（6-6）计算出对应B矩阵的m个变量X_B

$$X_B=B^{-1}b-B^{-1}CX_C \tag{6-6}$$

从而新的目标函数可写为

$$f(X)=f(X_B,X_C)=f(X_B(X_C),X_C)=f'(X_C)$$

这样原来的最优问题转换为

$$\begin{aligned} &\min f'(X_C) \\ &\text{s.t.}\quad X_C\geqslant 0 \end{aligned} \tag{6-7}$$

如果利用第5章介绍的最速下降法求解式（6-7）问题，则需要计算$f'(X_C)$的梯度（简约梯度）$r(X_C)=\nabla f'(X_C)$，作为寻优方向，即

$$\begin{aligned} r(X_C)&=\frac{\mathrm{d}f'(X_C)}{\mathrm{d}X_C}=\frac{\partial f}{\partial X_C}\frac{\partial X_C}{\partial X_C}+\frac{\partial f}{\partial X_C}\frac{\partial X_B}{\partial X_C}=\frac{\partial f}{\partial X_C}+\frac{\partial f}{\partial X_C}\frac{\partial X_B}{\partial X_C} \\ &=\nabla_{X_C}f(X)+[\nabla_{X_B}f(X_B)^{\mathrm{T}}(-B^{-1}C)] \end{aligned} \tag{6-8}$$

值得注意的是，因为约束条件$X\geqslant 0$，所以当X_C的某一分量为0时，且该梯度分量$r_j>0$时，其负方向为不可行方向。所以实际搜索方向应去除该分量，即

$$S_{C,j}=\begin{cases} 0, & X_{C,j}=0, \dfrac{\mathrm{d}f'(X_C)}{\mathrm{d}(X_C)}>0 \\ -r_j(X_C), & \text{其他} \end{cases} \tag{6-9}$$

式中：$S_{C,j}$是简约后的新自变量$X_{C,j}$分量上的梯度方向值。

优化后下一轮的简约自变量为

$$X_C^{(k+1)}=X_C^{(k)}+\alpha^{(k)}S_C^{(k)} \tag{6-10}$$

式中：k和$k+1$表示当前一轮搜索和下一轮搜索。X_B求解如下

$$X_B^{(k+1)}=B^{-1}b-B^{-1}CX_C^{(k+1)}=X_B^{(k)}-\alpha^{(k)}B^{-1}CS_C^{(k)}=X_B^{(k)}+\alpha^{(k)}S_B^{(k)} \tag{6-11}$$

因此原问题的总自变量为

$$\left.\begin{aligned} X^{(k+1)}&=X^{(k)}+\alpha^{(k)}S^{(k)} \\ S^{(k)}&=\begin{bmatrix} S_B^{(k)} \\ S_C^{(k)} \end{bmatrix} \end{aligned}\right\} \tag{6-12}$$

简约梯度法的算法步骤总结如下：

（1）准备工作：线性约束优化模型的一般形式改写成线性约束优化模型的标准形式；

（2）给出初始可行解$X^{(0)}$，允许误差$\varepsilon>0$，令$k=0$；

（3）可行解$X^{(k)}$分成基本向量和非基本向量$X^{(k)}=(X_B^{(k)}, X_C^{(k)})^{\mathrm{T}}$，要求$X_B^{(0)}>0$；

（4）计算$\nabla f'(X^{(k)})$，求简约梯度$r(X_C^{(k)})=\nabla_{X_C}f(X^{(k)})+[\nabla_{X_B}f(X_B^{(k)})^{\mathrm{T}}(-B^{-1}C)]$；

（5）计算可行下降方向

$$S_{C,j}^{(k)}=\begin{cases} 0, & X_{C,j}^{(k)}=0,\ \dfrac{\mathrm{d}f'(X_C^{(k)})}{\mathrm{d}(X_C^{(k)})}>0 \\ -r_j(X_C^{(k)}), & \text{其他} \end{cases};$$

（6）计算最优步长：$\alpha_1=\min\limits_{\alpha} f(X^{(k)}+\alpha S^{(k)})$，$\alpha_2=\min\limits_{S_{C,j}^{(k)}<0}\left\{\dfrac{x_{C,j}^{(k)}}{-s_{C,j}^{(k)}}\right\}$，$\alpha_3=\min\limits_{S_{B,j}^{(k)}<0}\left\{\dfrac{x_{B,j}^{(k)}}{-s_{B,j}^{(k)}}\right\}$，确定步长：$\alpha^{(k)}=\min(\alpha_1,\alpha_2,\alpha_3)$；

（7）进行迭代，计算 $X^{(k+1)}=X^{(k)}+\alpha^{(k)}S^{(k)}$；

（8）若 $\|X^{(k+1)}-X^{(k)}\|\leqslant\varepsilon$，则 $X^*=X^{(k+1)}$，停止迭代，否则转第（9）步；

（9）若 $X_B^{(k+1)}>0$，基本向量不变，$k=k+1$，转第（3）步。若有某个 l 使 $x_{B,l}^{(k+1)}=0$，则将 $x_{B,l}^{(k+1)}$ 换出基本向量，而以 $X_C^{(k+1)}$ 中最大分量换入基本向量内构成新的基本向量 $X_B^{(k+1)}$ 和非基本向量 $X_C^{(k+1)}$，$k=k+1$ 转第（3）步。

当非线性规划问题中的约束条件是一组非线性代数方程时，其最优化问题可表达如下

$$\begin{aligned} &\min f(X), X\in D\subset E^n \\ &\text{s.t.}\quad h(X)=[h_1(X),h_2(X),\cdots,h_L(X)]=0 \\ &\qquad L_B\leqslant X\leqslant U_B \end{aligned} \tag{6-13}$$

式中：L 为小于优化变量个数的整数。首先从 $h(X)$中解出 L 个 x_i 的分量代入 $f(X)$中，使其成为简约问题，再利用上面的方法求解，称为广义简约梯度法，设

$$X_{B,i}=g_i(X_C),\quad i=1,2,\cdots,L \tag{6-14}$$

简约梯度为

$$r(X_C)=\frac{\partial f(X_C)}{\partial X_C}+\left[\frac{\partial g_1(X_C)}{\partial X_C},\frac{\partial g_2(X_C)}{\partial X_C},\cdots,\frac{\partial g_L(X_C)}{\partial X_C}\right]\begin{bmatrix}\dfrac{\partial f(X)}{\partial X_{B,1}}\\ \dfrac{\partial f(X)}{\partial X_{B,2}}\\ \vdots\\ \dfrac{\partial f(X)}{\partial X_{B,L}}\end{bmatrix} \tag{6-15}$$

由于 $h=0$，所以有

$$\frac{\partial h_i(X)}{\partial X_{C,j}}+\sum_{l=1}^{L}\frac{\partial h_i(X)}{\partial X_{B,l}}\frac{\partial X_{B,l}}{\partial X_{C,j}}=0,\quad l=1,2,\cdots,L;j=1,2,\cdots,n-L \tag{6-16}$$

所以

$$r(X_C^{(k)})=\nabla_{X_C}f(X^{(k)})+\nabla_{X_C}h(X^{(k)})\,[\nabla_{X_B}h(X^{(k)})]^{-1}\,\nabla_{X_B}f(X^{(k)}) \tag{6-17}$$

下面的解法与线性规划问题相同，即判断 $L_B\leqslant X_B{}^{(k+1)}\leqslant U_B$，若满足则取为新点，若不满足则缩短步长继续寻优。

【例 6-2】 用简约梯度法求以下优化问题

$$\begin{aligned} &\min f(x)=x_1^2+x_2^2-2x_1-4x_2+3 \\ &\text{s.t.}\quad -2x_1+x_2\geqslant -1 \\ &\qquad -x_1-x_2\geqslant -2 \\ &\qquad x_1\geqslant 0, x_2\geqslant 0 \end{aligned}$$

解： 首先，引入松弛变量 x_3，$x_4 \geqslant 0$，将原问题转化为如下等价的标准形式：

$$\min f(x) = x_1^2 + x_2^2 - 2x_1 - 4x_2 + 3$$

$$\text{s.t.}\quad 2x_1 - x_2 + x_3 = 1$$

$$x_1 + x_2 + x_4 = 2$$

$$x_1 \geqslant 0, x_2 \geqslant 0, x_3 \geqslant 0, x_4 \geqslant 0$$

首先写出约束矩阵

$$A = \begin{bmatrix} 2 & -1 & 1 & 0 \\ 1 & 1 & 0 & 1 \end{bmatrix}, X = (x_1, x_2, x_3, x_4)^T, b = (1,2)^T$$

目标函数梯度

$$\nabla f(x) = (2x_1 - 2, 2x_2 - 4, 0, 0)$$

第一次迭代：取初始可行点 $X^{(0)} = (0,\ 0,\ 1,\ 2)^T$，$k = 0$，$\varepsilon = 0.01$，$\nabla f(X^{(0)}) = (-2,\ -4,\ 0,\ 0)^T$。

将约束矩阵分解，基变量的下标集 $J^{(0)} = \{3,\ 4\}$，基矩阵 $B = \begin{bmatrix} 1 & 0 \\ 0 & 1 \end{bmatrix}$，非基矩阵 $C = \begin{bmatrix} 2 & -1 \\ 1 & 1 \end{bmatrix}$，基变量 $X_B = \begin{bmatrix} x_3 \\ x_4 \end{bmatrix}$，非基变量 $X_C = \begin{bmatrix} x_1 \\ x_2 \end{bmatrix}$，$X_B^{(0)} = \begin{bmatrix} 1 \\ 2 \end{bmatrix}$，$X_C^{(0)} = \begin{bmatrix} 0 \\ 0 \end{bmatrix}$，$\nabla_C f(X^{(0)}) = \begin{bmatrix} -2 \\ -4 \end{bmatrix}$，$\nabla_B f(X^{(0)}) = \begin{bmatrix} 0 \\ 0 \end{bmatrix}$，计算简约梯度 $r(_C^{(0)})$ 得

$$r(X_C^{(0)}) = \nabla_C f(X^{(0)}) - (B^{-1}C)^T \nabla_B f(X^{(0)}) = \begin{bmatrix} -2 \\ -4 \end{bmatrix} - \left(\begin{bmatrix} 1 & 0 \\ 0 & 1 \end{bmatrix} \begin{bmatrix} 2 & -1 \\ 1 & 1 \end{bmatrix} \right)^T \begin{bmatrix} 0 \\ 0 \end{bmatrix} = \begin{bmatrix} -2 \\ -4 \end{bmatrix}$$

当简约梯度分量 $r_j(X_C^{(0)}) \leqslant 0$ 时，可行方向分量取 $(S_C^{(0)})_j = -r_j(X_C^{(0)})$，故 $S_C^{(0)} = \begin{bmatrix} 2 \\ 4 \end{bmatrix}$，$S_B^{(0)} = -B^{-1}CS_C^{(0)} = -\begin{bmatrix} 1 & 0 \\ 0 & 1 \end{bmatrix} \begin{bmatrix} 2 & -1 \\ 1 & 1 \end{bmatrix} \begin{bmatrix} 2 \\ 4 \end{bmatrix} = \begin{bmatrix} 0 \\ -6 \end{bmatrix}$，从而 $S^{(0)} = (2,\ 4,\ 0,\ -6)^T$。

求步长上界：$\bar{\alpha} = \begin{cases} +\infty, & S \geqslant 0 \\ \min\left\{ -\dfrac{x_j}{S_j} \mid S_j < 0 \right\}, & S < 0 \end{cases}$，则 $\bar{\alpha} = -\dfrac{2}{-6} = \dfrac{1}{3}$，从 $X^{(0)}$ 出发，沿

$S^{(0)}$ 搜索：$X^{(1)} = X^{(0)} + \alpha S^{(0)} = \begin{bmatrix} 0 \\ 0 \\ 1 \\ 2 \end{bmatrix} + \alpha \begin{bmatrix} 2 \\ 4 \\ 0 \\ -6 \end{bmatrix} = \begin{bmatrix} 2\alpha \\ 4\alpha \\ 1 \\ 2 - 6\alpha \end{bmatrix}$，则 $f(X^{(1)}) = 20\alpha^2 - 20\alpha + 3$。

求解一维优化问题：$\min \varphi(\alpha) = 20\alpha^2 - 20\alpha + 3$

$$\text{s.t.}\quad 0 \leqslant \alpha \leqslant \frac{1}{3}$$

得 $\alpha^{(0)} = \dfrac{1}{3}$，从而 $X^{(1)} = X^{(0)} + \alpha^{(0)} S^{(0)} = \left(\dfrac{2}{3},\ \dfrac{4}{3},\ 1,\ 0 \right)^T$。$\| X^{(1)} - X^{(0)} \| = 2.49 > \varepsilon$，进行第二次迭代。

第二次迭代：判断是否修正基变量（若所有基变量都大于零，则基变量不变，若有某个基变量为零，则将该基变量换出，在非基变量中最大分量换入基，构成新的基本向量和非基

本向量）。基变量下标集 $J^{(1)}=\{2,\ 3\}$，$\nabla f(X^{(1)})=\left(-\frac{2}{3},\ -\frac{4}{3},\ 0,\ 0\right)^{\mathrm{T}}$，$X_B^{(1)}=\begin{bmatrix}\frac{4}{3}\\1\end{bmatrix}$，

$X_C^{(1)}=\begin{bmatrix}\frac{2}{3}\\0\end{bmatrix}$，$B=\begin{bmatrix}-1&1\\1&0\end{bmatrix}$，$C=\begin{bmatrix}2&0\\1&1\end{bmatrix}$，$\nabla_C f(X^{(1)})=\begin{bmatrix}-\frac{2}{3}\\0\end{bmatrix}$，$\nabla_B f(X^{(1)})=\begin{bmatrix}-\frac{4}{3}\\0\end{bmatrix}$。

计算简约梯度 $r(X_C^{(1)})$ 得

$$r(X_C^{(1)})=\nabla_C f(X^{(1)})-(B^{-1}C)^{\mathrm{T}}\nabla_B f(X^{(1)})=\begin{bmatrix}-\frac{2}{3}\\0\end{bmatrix}-\left(\begin{bmatrix}-1&1\\1&0\end{bmatrix}^{-1}\begin{bmatrix}2&0\\1&1\end{bmatrix}\right)^{\mathrm{T}}\begin{bmatrix}-\frac{4}{3}\\0\end{bmatrix}=\begin{bmatrix}\frac{2}{3}\\\frac{4}{3}\end{bmatrix}$$

当 $r_j(X_C^{(1)})>0$ 时，可行方向 $(S_C^{(1)})_j=-(X_C^{(1)})r_j(X_C^{(1)})$，故

$$S_C^{(1)}=\begin{bmatrix}-\frac{2}{3}\times\frac{2}{3}\\0\times\frac{4}{3}\end{bmatrix}=\begin{bmatrix}-\frac{4}{9}\\0\end{bmatrix},S_B^{(1)}=-(B^{-1}C)S_C^{(1)}=-\begin{bmatrix}-1&1\\1&0\end{bmatrix}^{-1}\begin{bmatrix}2&0\\1&1\end{bmatrix}\begin{bmatrix}-\frac{4}{9}\\0\end{bmatrix}=\begin{bmatrix}\frac{4}{9}\\\frac{4}{3}\end{bmatrix}$$

从而 $S^{(1)}=\left(-\frac{4}{9},\ \frac{4}{9},\ \frac{4}{3},\ 0\right)^{\mathrm{T}}$，求步长上界 $\bar{\alpha}=-\frac{2/3}{-4/9}=\frac{3}{2}$。

从 $X^{(1)}$ 出发，沿 $S^{(1)}$ 搜索：$X^{(2)}=X^{(1)}+\alpha S^{(1)}=\begin{bmatrix}\frac{2}{3}\\\frac{4}{3}\\1\\0\end{bmatrix}+\alpha\begin{bmatrix}-\frac{4}{9}\\\frac{4}{9}\\\frac{4}{3}\\0\end{bmatrix}=\frac{1}{9}\begin{bmatrix}6-4\alpha\\12+4\alpha\\9+8\alpha\\0\end{bmatrix}$，

$f(X^{(1)}+\alpha S^{(1)})=\frac{32}{81}\alpha^2-\frac{24}{81}\alpha-\frac{117}{81}$。

求解一优化问题：$\min\varphi(\alpha)=\frac{32}{81}\alpha^2-\frac{24}{81}\alpha-\frac{117}{81}$

$$\text{s.t.}\quad 0\leqslant\alpha\leqslant\frac{3}{2}$$

得 $\alpha^{(1)}=\frac{3}{8}$，从而 $X^{(2)}=X^{(1)}+\alpha^{(1)}S^{(1)}=\left(\frac{1}{2},\ \frac{3}{2},\ \frac{4}{3},\ 0\right)^{\mathrm{T}}$。$\|X^{(1)}-X^{(0)}\|=0.71>\varepsilon$，进行第三次迭代。

第三次迭代：判断是否修正基变量（若所有基变量都大于零，则基变量不变，若有某个基变量为零，则将该基变量换出，在非基变量中最大分量换入基本向量，构成新的基本向量和非基本向量）。基变量下标集 $J^{(2)}=\{2,\ 3\}$，$\nabla f(X^{(2)})=(-1,\ -1,\ 0,\ 0)^{\mathrm{T}}$。

$X_B^{(2)}=\begin{bmatrix}\frac{3}{2}\\\frac{4}{3}\end{bmatrix}$，$X_C^{(2)}=\begin{bmatrix}\frac{1}{2}\\0\end{bmatrix}$，$B=\begin{bmatrix}-1&1\\1&0\end{bmatrix}$，$C=\begin{bmatrix}2&0\\1&1\end{bmatrix}$，$\nabla_C f(X^{(2)})=\begin{bmatrix}-1\\0\end{bmatrix}$，

$\nabla_B f(X^{(2)})=\begin{bmatrix}-1\\0\end{bmatrix}$。计算简约梯度 $r(X_C^{(2)})$ 得

$$r(X_C^{(2)})=\nabla_C f(X^{(2)})-(B^{-1}C)^{\mathrm{T}}\nabla_B f(X^{(2)})=\begin{bmatrix}-1\\0\end{bmatrix}-\left(\begin{bmatrix}-1&1\\1&0\end{bmatrix}^{-1}\begin{bmatrix}2&0\\1&1\end{bmatrix}\right)^{\mathrm{T}}\begin{bmatrix}-1\\0\end{bmatrix}=\begin{bmatrix}0\\1\end{bmatrix}$$

当简约梯度分量 $r_j(X_C^{(2)})\leqslant 0$ 时，可行方向分量取 $(S_C^{(2)})_j=-r_j(X_C^{(2)})$，当 $r_j(X_C^{(2)})>0$ 时，可行方向 $(S_C^{(2)})_j=-(X_C^{(2)})\,r_j(X_C^{(2)})$。故

$$S_C^{(2)}=\begin{bmatrix}0\\0\times 1\end{bmatrix}=\begin{bmatrix}0\\0\end{bmatrix},S_B^{(2)}=-(B^{-1}C)S_C^{(2)}=-\begin{bmatrix}-1&1\\1&0\end{bmatrix}^{-1}\begin{bmatrix}2&0\\1&1\end{bmatrix}\begin{bmatrix}0\\0\end{bmatrix}=\begin{bmatrix}0\\0\end{bmatrix}$$

从而 $S^{(2)}=(0,0,0,0)^{\mathrm{T}}$。即 $X^{(2)}=X^{(1)}$，$\|X^{(2)}-X^{(1)}\|=0$，故 $X^{*}=\left(\frac{1}{2},\frac{3}{2}\right)^{\mathrm{T}}$ 是原问题的全局最小值点。

6.3 罚函数法

罚函数法是将约束最优化问题转化为无约束最优化问题的常用方法之一，是对所有的约束条件赋以一个统一的惩罚因子，形成罚函数。通过对惩罚因子的一系列调整求罚函数的无约束极值，来逼近原函数的约束极值。按照构造罚函数的方法不同，分为外罚函数法、内罚函数法和混合罚函数法。

6.3.1 外罚函数法

外罚函数法的基本思想是构造一个复合函数，即

$$P(X,\sigma)=f(X)+\sigma\bar{P}(X)\tag{6-18}$$

它由约束问题的目标函数 $f(X)$ 和一个根据约束函数的特点构造而成的非负函数 $\bar{P}(X)$ 构成，其中 $\bar{P}(X)$ 称为罚函数，σ 为惩罚因子。构造的该罚函数要求在可行域内函数值为零，而在可行域外数值充分大。也就是说当点 X 离开可行域时，给予惩罚，并且离开越远，惩罚越大。于是复合函数在可行域内与原目标函数相等，而在可行域外时复合函数的值远远大于目标函数在同一点的值，这样约束问题的最优解就等同于复合函数的无约束问题的最优解。于是求目标函数的约束问题的最优解转化为求复合函数的无约束问题的最优解。这种方法称之为外罚函数法。

下面通过一个简单的例子来说明罚函数的构造。

【例 6-3】 求解约束优化问题 $\min f(X)=(x_1-1)^2+(x_2-1)^2$

$$\text{s.t.}\quad x_1+x_2=1$$

解： 由等式约束得 $x_2=1-x_1$，代入目标函数得到一个无约束的单变量极小化问题，即

$$\min\varphi(x_1)=(x_1-1)^2+x_1^2$$

其全局极小点为 $x_1^{*}=0.5$，从而得到原问题的全局极小点 $X^{*}=[0.5,0.5]^{\mathrm{T}}$。

现根据约束函数 x_1+x_2-1 构造的罚函数 $\bar{P}(x)$ 满足

$$\bar{P}(X)\begin{cases}=0, & x_1+x_2-1=0\\>0, & x_1+x_2-1\neq 0\end{cases}$$

设 $\bar{P}(X)=(x_1+x_2-1)^2$，先考察目标函数和上述罚函数的组合

$$\bar{P}(X,\sigma)=f(X)+\sigma\bar{P}(X)=(x_1-1)^2+(x_2-1)^2+\sigma(x_1+x_2-1)^2$$

其中 $\sigma>0$ 为充分大的正数，求这个组合的最优值，令

$$\frac{\partial P(X,\sigma)}{\partial x_1}=\frac{\partial P(X,\sigma)}{\partial x_2}=0$$

得$\begin{cases}(1+\sigma)\ x_1+\sigma x_2=1+\sigma\\ \sigma x_1+\ (1+\sigma)\ x_2=1+\sigma\end{cases}$，解方程组得 $x_1=x_2=\frac{\sigma+1}{2\sigma+1}$。若 $\sigma\to\infty$，则有 $X^*=(x_1,\ x_2)^{\mathrm{T}}=\left(\frac{1}{2},\ \frac{1}{2}\right)^{\mathrm{T}}$，即得到与原问题一致的最优化结果。

从上例中看出，当 $X\in D$（可行域），$P(X,\ \sigma)=f(X)$，此时目标函数没有受到额外惩罚；当 $X\notin D$ 时，$P(X,\ \sigma)>f(X)$，此时目标受到额外惩罚。当 σ 越大，受到惩罚越重。当 σ 充分大时，$P(X,\ \sigma)$达到极小值，罚函数 $\bar{P}(X)$充分小才可以使 $P(X,\ \sigma)$的极小值充分逼近可行域。

从上例看出，σ 逼近无穷大时，$P(X,\ \sigma)$的极小点 X 逼近 X^*，但 $x_1+x_2-1=\frac{2\sigma+2}{2\sigma+1}-1=\frac{1}{2\sigma+1}\neq0$，也就是说，$X$ 是从可行域的外部趋于 X^* 的。

外罚函数法的复合函数构造形式为

$$P(X,\sigma)=f(X)+\sigma\sum_{m=1}^{L}\{\max[g_m(X),0]\}^{\alpha}\tag{6-19}$$

式中：α 的选择可改变约束面的性质，一般取 $\alpha=2$。

【例 6-4】 外罚函数法求解。

$$\min f(X)=x_1+x_2$$

$$\text{s. t.}\quad g_1(X)=x_1^2-x_2\leqslant0$$

$$g_2(X)=-x_1\leqslant0$$

解：构造复合函数

$$P(X,\sigma)=x_1+x_2+\sigma\{\max[(x_1^2-x_2),0]\}^2+\sigma\{\max[(-x_1),0]\}^2$$

当 X 在可行域外时，有 $x_1^2-x_2>0$，$-x_1>0$，则复合函数为

$$P(X,\sigma)=x_1+x_2+\sigma(x_1^2-x_2)^2+\sigma(-x_1)^2$$

令$\frac{\partial P\ (X,\ \sigma)}{\partial x_1}=1+2\sigma x_1+4\sigma x_1^3-4\sigma x_1x_2=0$，$\frac{\partial P\ (X,\ \sigma)}{\partial x_2}=1-2\sigma x_1^2+2\sigma x_2=0$，解之得$x_1=-\frac{1}{2\sigma+2}$，$x_2=\frac{1}{(2\sigma+2)^2}-\frac{1}{2\sigma}$。当 $\sigma\to\infty$时，$X^*=[0,\ 0]^{\mathrm{T}}$ 为原约束问题的最优解。

需要说明的是，罚函数的形式是不唯一的，误差允许范围内，只要能确保惩罚项在可行域内为趋于零，在可行域外充分大就可以了。基于复合函数复杂性，常用数值法求解。为确保求解过程中，求出的极值点惩罚项在可行域内趋于零，采用逐步增加惩罚因子的方法进行迭代求解，外罚函数法的数值迭代算法步骤如下：

(1) 给定初始点 $X^{(0)}$，终止误差 $0\leqslant\varepsilon\ll1$，$\sigma^{(1)}>0$，$\gamma>1$（每次迭代惩罚因子 σ 的放大系数），令 $k=1$；

(2) 以 $X^{(k-1)}$ 为初始点求解子问题 $\min P\ (X,\ \sigma)\ =f(X)\ +\sigma\bar{P}\ (X)$，令其极小点为 $X^{(k)}$；

(3) 若 $\sigma^{(k)}\bar{P}\ (X^{(k)})\ \leqslant\varepsilon$，迭代终止，输出 $X^*\approx X^{(k)}$作为近似极小值点；

(4) 否则令 $\sigma^{(k+1)}=\gamma\sigma^{(k)}$，$k=k+1$，转到第（2）步。

【例 6-5】 用外罚函数法迭代求解［例 6-3］优化问题（$X^{(0)}=[1,\ 1]^{T}$，$\varepsilon=0.01$，$\sigma^{(1)}=10$，$\gamma=10$）

解：构造复合函数：

$$P(X,\sigma)=x_1+x_2+\sigma\{\max[(x_1^2-x_2),0]\}^2+\sigma\{\max[(-x_1),0]\}^2$$

当 X 在可行域外时，有 $x_1^2-x_2>0$，$-x_1>0$，则惩罚函数为

$$P(X,\sigma)=x_1+x_2+\sigma(x_1^2-x_2)^2+\sigma(-x_1)^2$$

第一次迭代：$\sigma^{(1)}=10$，求 $P(X,\sigma)=x_1+x_2+10(x_1^2-x_2)^2+10(-x_1)^2$ 的极小值和极小点（可以用无约束优化方法，比如最速下降法）：$\nabla P(X,\sigma)=\begin{bmatrix}1+20x_1+40x_1^3-40x_1x_2\\1-20x_1^2+20x_2\end{bmatrix}$，

$X^{(0)}=[1,\ 1]^{T}$，得 $X^{(1)}=[-0.0455,\ -0.0479]^{T}$，则 $\sigma^{(1)}\bar{P}(X^{(1)})=0.046>\varepsilon$，继续迭代。

第二次迭代：$\sigma^{(2)}=\gamma\sigma^{(1)}=100$，求 $P(X,\sigma)=x_1+x_2+100(x_1^2-x_2)^2+100(-x_1)^2$ 的极小值和极小点，得 $X^2=[-0.005,\ -0.005]^{T}$，$\sigma^{(2)}\bar{P}(X^{(2)})=0.005<\varepsilon$，停止迭代。

6.3.2 内罚函数法

虽然外罚函数法具有一定的优点，但还是有其局限性的，特别是迭代过程中的近似最优解一般在可行域内的外部，这对某些目标函数在可行域外没有定义的约束问题就不适用了。为此提出一种新的优化方法，其基本思想类似于外罚函数法，也是构造一个复合函数［见式(6-20)］，它由约束问题的目标函数 $f(X)$ 和一个障碍项 $\tau\bar{H}(X)$ 构成，其中 $\bar{H}(X)$ 称为障碍函数。复合函数在可行域边界附近的函数值远远大于目标函数值，而在可行域内部尽可能与目标函数接近。对这样的复合函数，主要初始点选择在可行域内部，则其无约束问题的最优解必在可行域内部，而且在可行域内，它与目标函数近似相等。所以障碍函数的无约束问题的最优解就可以近似地看作目标函数的约束问题的最优解。由于迭代过程中的近似解总在可行域内，所以称之为内点法或内罚函数法。

内罚函数法需要构造如下的复合函数

$$H(X,\tau)=f(X)+\tau\bar{H}(X) \tag{6-20}$$

其中，$\bar{H}(X)$ 需要满足如下性质：

(1) $\tau\bar{H}(X)$ 在可行域内连续；

(2) 当 X 在可行域内部趋近于边界点时，$\tau\bar{H}(X)>0$ 且 $\tau\bar{H}(X)\to\infty$，此时 $\tau\bar{H}(X)$ 很大；

(3) 当 X 在可行域内部远离边界时，$\tau\bar{H}(X)$ 很小。

因此，针对式（6-1）的优化问题，可取约束函数的倒数之和作为障碍函数

$$\bar{H}(X)=-\sum_{i=1}^{m}\frac{1}{g_i(X)} \tag{6-21}$$

或取对数障碍函数

$$\bar{H}(X)=-\sum_{i=1}^{m}\ln[-g_i(X)] \tag{6-22}$$

由于约束优化问题的极小点一般在可行域的边界上达到，因此与外罚函数法中的惩罚因子 $\sigma\to\infty$ 相反，内点法中的惩罚因子则要求 $\tau\to0$。

因此求原目标函数的问题就可以转化为求解无约束优化问题

$$\min H(X,\tau)=f(X)+\tau\bar{H}(X) \tag{6-23}$$

【例 6-6】 用内罚函数法求解下面的优化问题。

$$\min f(X)=2x_1+3x_2$$
$$\text{s.t.}\quad 2x_1^2+x_2^2-1\leqslant 0$$

解： 给出复合函数

$$H(X,\tau)=2x_1+3x_2-\tau\ln(1-2x_1^2-x_2^2)$$

令$\dfrac{\partial H}{\partial x_1}=2+\dfrac{4\tau x_1}{1-2x_1^2-x_2^2}=0$，$\dfrac{\partial H}{\partial x_2}=3+\dfrac{2\tau x_2}{1-2x_1^2-x_2^2}=0$，得 $x_2=3x_1$，代入上式，得 $11x_1^2-2\tau x_1-1=0$，解得 $x_1=\dfrac{\tau\pm\sqrt{\tau^2+11}}{11}\rightarrow\pm\dfrac{1}{\sqrt{11}}$，$\tau\rightarrow 0$，故 $x_2=3x_1=\pm\dfrac{3}{\sqrt{11}}$，可得所求问题的全局极小点和全局极小值分别为

$$X^*=\left(-\frac{1}{\sqrt{11}},-\frac{3}{\sqrt{11}}\right)^{\mathrm{T}},f(X^*)=2x_1^*+3x_2^*=-\sqrt{11}$$

上面的问题比较简单，可以将此问题最优解的解析解表达出来，然后对罚参数 $\tau\rightarrow 0$ 取极限而得到原问题的解。一般来说，误差允许的情况下，惩罚因子 τ 足够小，惩罚项趋于零就可以，因而对于较复杂的问题，可用数值迭代法求其极小值，详细算法步骤如下：

(1) 给定初始点 $X^{(0)}$，终止误差 $0\leqslant\varepsilon\ll 1$，$\tau^{(1)}>0$，$\rho\in(0,1)$，令 $k=1$。

(2) 以 $X^{(k-1)}$ 为初始点求解子问题 $\min H(X,\tau)=f(X)+\tau^{(k)}\bar{H}(X)$，令其极小点为 $X^{(k)}$。

(3) 若 $\tau^{(k)}\bar{H}(X^{(k)})\leqslant\varepsilon$，停算，输出 $X^*\approx X^{(k)}$ 作为近似极小值点。

(4) 否则令 $\tau^{(k+1)}=\rho\tau^{(k)}$，$k=k+1$，转到第 (2) 步。

罚函数法的优点是结构简单，适用性强。但是随着迭代过程的进行，惩罚因子 σ 越来越大，τ 将变得越来越小，使得复合函数的病态性越来越严重，这给无约束问题的求解带来了数值上实现的困难，以致迭代的失败。外罚函数法和内罚函数法的异同点如下：

(1) 外罚函数法的初始点可任取，而内罚函数法的初始点必须在可行域内部。

(2) 外罚函数法适用于解等式约束和不等式约束问题，而内罚函数法只适用于解不等式约束问题。

(3) 外罚函数法的罚函数 $\bar{P}(X)$ 一般只具有一阶偏导数，二阶偏导数在边界上一般不存在，而内罚函数法的障碍函数 $\bar{H}(X)$ 在可行域内部可微的阶数与约束函数 $g_i(X)$ 相同，所以便于选择无约束问题的求解方法。

(4) 外罚函数法在迭代过程中得到的近似解往往不属于可行域，直到最后才有可能落入可行域，而内罚函数法在迭代过程中得到的近似解都在可行域内，所以可以随时终止迭代，得到近似解。

(5) 外罚函数法和内罚函数法都对凸函数适用。

在实际工程中一般要根据问题的具体情况来决定采用哪种方法。

6.3.3 混合罚函数法

对不等式约束条件按内点法建立惩罚项，对等式约束条件则按外点法建立惩罚项，得到

惩罚函数

$$\varphi(X,r^{(k)})=f(X)-r^{(k)}\sum_{m=1}^{M}\frac{1}{g_m(X)}+\frac{1}{r^{(k)}}\sum_{l=1}^{L}[h_l(X)]^2 \tag{6-24}$$

或

$$\varphi(X,r^{(k)})=f(X)-r^{(k)}\sum_{m=1}^{M}\ln[-g_m(X)]+\frac{1}{r^{(k)}}\sum_{l=1}^{L}[h_l(X)]^2 \tag{6-25}$$

称为混合罚函数。对应的算法称为混合罚函数法。

当惩罚因子 $r^{(k)}$ 取一组正的递减数列并趋近于零时，对应混合罚函数的极小值就是原约束最优化问题。

【例 6-7】 用混合罚函数法求解如下非线性约束问题。

$$\min f(X)=x_1^2-x_2^2-3x_2$$

$$\text{s.t.}\quad 1-x_1\leqslant 0$$

$$x_2=2$$

解： 建立混合罚函数

$$\varphi(X,r^{(k)})=x_1^2-x_2^2-3x_2-r^{(k)}\ln(x_1-1)+\frac{1}{r^{(k)}}(x_2-2)^2$$

令 $\frac{\partial\varphi}{\partial x_1}=2x_1-\frac{r^{(k)}}{x_1-1}=0$，$\frac{\partial\varphi}{\partial x_2}=-2x_2-3+2(x_2-2)/r^{(k)}=0$，解得 $x_1=\frac{1\pm\sqrt{1+2r^{(k)}}}{2}$，$x_2=\frac{4+3r^{(k)}}{2-2r^{(k)}}$，令 $r^{(k)}\rightarrow 0$，得 $x_1=0$ 或 1，$x_2=2$，因 $x_1=0$ 不满足约束条件舍去，故所求问题的最优解是 $X^*=\begin{bmatrix}1\\2\end{bmatrix}$，$f(X^*)=-9$。

6.4　拉格朗日乘子法

由于在某些情况下罚函数法中的辅助函数的海赛矩阵在迭代过程中会变成病态。并且通常要在惩罚因子趋于无穷大或趋于零的时候才可以得到最优解，这是罚函数法的主要缺点。为克服此缺点，Hestenses 和 Powell 于 1968 年各自独立地提出了乘子法。由于这种方法是罚函数法和拉格朗日乘子法相结合的结果，所以称为增广拉格朗日乘子法。

6.4.1　等式约束的拉格朗日乘子法

乘子法是首先对等式约束提出来的方法，后来推广到求解不等式约束问题。

对于等式约束问题

$$\begin{aligned}&\min f(X)\qquad X\in R^n\\&\text{s.t.}\quad h_j(X)=0\quad j=1,2,\cdots,l\end{aligned} \tag{6-26}$$

其可行域为 $D=\{X\mid h_j(X)=0,\ j=1,2,\cdots,l\}$。其中 $f(X)$、$h_j(X)$（$j=1,2,\cdots,l$）具有连续偏导数。

对此问题可以用拉格朗日乘子法求解。先构造外罚函数的复合函数 $\varphi(X,\sigma)$，替代原问题中的目标函数，即

$$\min\varphi(X,\sigma)=f(X)+\frac{\sigma}{2}\sum_{j=1}^{l}[h_j(X)]^2 \tag{6-27}$$

显然这是一个与原约束问题式（6-26）具有同样最优解的增广极值问题。如果直接对式（6-27）进行求解，会出现海赛矩阵变坏的情况。为此引入式（6-28）的函数

$$L(X,\sigma,\lambda)=\varphi(X,\sigma)-\sum_{j=1}^{l}\lambda_j h_j(X)=f(X)+\frac{\sigma}{2}\sum_{j=1}^{l}[h_j(X)]^2-\sum_{j=1}^{l}\lambda_j h_j(X) \tag{6-28}$$

式（6-28）为凸函数时，对于适当的参数 σ 和 λ，其最优解就是约束问题式（6-26）的最优解。式中，$L(X, \sigma, \lambda)$ 称为增广拉格朗日函数，由于式中含有拉格朗日乘子项 $-\sum_{j=1}^{l}\lambda_j h_j(X)$，也包含罚项 $\frac{\sigma}{2}\sum_{j=1}^{l}[h_j(X)]^2$，故 $L(X, \sigma, \lambda)$ 也称为乘子罚函数。

这里不直接对式（6-26）使用拉格朗日乘子法，而是对式（6-27）使用拉格朗日乘子法，为的是可以在迭代过程中通过调整 σ，使目标函数的海赛矩阵时刻处于正定状态，从而使迭代可以顺利进行。

【例 6-8】 用乘子法求解约束优化问题。

$$\min f(X)=x_1^2-x_2^2$$
$$\text{s. t.}\quad x_2=-1$$

解：首先写出所求问题相应于乘子法的增广目标函数

$$L(X,\sigma,\lambda)=x_1^2-x_2^2+\frac{\sigma}{2}(x_2+1)^2-\lambda(x_2+1)$$

令 $\frac{\partial L}{\partial x_1}=2x_1=0$，$\frac{\partial L}{\partial x_2}=(\sigma-2)x_2-(\lambda-\sigma)=0$，对于 $\sigma>2$，解上述关于 x_1 和 x_2 的二元一次方程组的稳定点为

$$X=\begin{bmatrix}x_1\\x_2\end{bmatrix}=\begin{bmatrix}0\\\dfrac{\lambda-\sigma}{\sigma-2}\end{bmatrix}$$

从上式看出，当 $\lambda=2$ 时，可得 $x_2=-1$，从而 $X^*=(0,\ -1)^T$。

从上例看出，乘子法并不要求惩罚因子 σ 趋于无穷大，只要求它大于某个正数即可。通过相关定理证明，数值迭代过程中只要惩罚因子 $\sigma^{(k)}$ 充分大，$\lambda^{(k)}$ 一定会收敛，因此可根据 $\|h(X^{(k)})\|$ 是否满足小于给定精度作为终止条件。等式约束的增广拉格朗日乘子法的算法如下：

（1）给定初始点 $X^{(0)}\in R^n$，初始乘子向量 $\lambda^{(1)}$，初始惩罚因子 $\sigma^{(1)}>0$，允许误差 $\varepsilon>0$，放大系数 $\alpha>1$（通常取 $\alpha=10$），参数 $\beta\in(0,1)$（通常取 $\beta=0.25$），令 $k=1$；

（2）求解无约束问题，即以 $X^{(k-1)}$ 为初始解无约束问题：$L(X, \sigma, \lambda)=f(X)+\frac{\sigma}{2}\sum_{j=1}^{l}[h_j(X)]^2-\sum_{j=1}^{l}\lambda_j h_j(X)$，设其最优解为 $X^{(k)}$；

（3）检查终止准则：若 $\|h(X^{(k)})\|<\varepsilon$，则迭代终止，$X^*=X^{(k)}$ 为最优解；否则转（4）；

（4）判断收敛快慢：若 $\frac{\|h(X^{(k)})\|}{\|h(X^{(k-1)})\|}\geqslant\beta$，则令 $\sigma^{(k+1)}=\alpha\sigma^{(k)}$，转（5），否则令 $\sigma^{(k+1)}=$

$\sigma^{(k)}$，转（5）；

（5）进行乘子迭代：令 $\lambda_j^{(k+1)}=\lambda_j^{(k)}-\sigma^{(k)}h_j(X^{(k)})$（$j=1, 2, \cdots, l$），$k=k+1$，转（2）。

【例 6-9】 用乘子法求解下式

$$\min f(X)=x_1^2+\frac{1}{2}x_2^2$$

$$\text{s.t.}\quad x_1+x_2-1=0$$

解：令 $L(X, \sigma, \lambda)=x_1^2+\frac{1}{2}x_2^2+\frac{\sigma}{2}(x_1+x_2-1)^2-\lambda(x_1+x_2-1)$；$\sigma^{(1)}=2$，$\lambda^{(1)}=1$，$X^{(0)}=(0, 0)^{\mathrm{T}}$，$\alpha=10$，$\beta=0.25$，$\varepsilon=0.01$。

第一次迭代：求 $L(X, \sigma, \lambda)=L(X, 2, 1)=x_1^2+\frac{1}{2}x_2^2+(x_1+x_2-1)^2-(x_1+x_2-1)$ 极小点，令 $\frac{\partial L}{\partial x_1}=2x_1+2(x_1+x_2-1)-1=0$，$\frac{\partial L}{\partial x_2}=x_2+2(x_1+x_2-1)-1=0$；

用最速下降法得 $X^{(1)}=(0.375, 0.75)^{\mathrm{T}}$，（$k=21$，$\varepsilon=0.0001$）；或解析法得 $x_2=2x_1$，$x_1=\frac{3}{8}=0.375$，$x_2=\frac{3}{4}=0.75$；

即 $X^{(1)}=\left(\frac{3}{8}, \frac{3}{4}\right)^{\mathrm{T}}$，$h(X^{(1)})=\frac{3}{8}+\frac{3}{4}-1=\frac{1}{8}$；

检查终止准则：$\|h(X^{(1)})\|=0.125>\varepsilon=0.01$；

判定收敛快慢：$\frac{\|h(X^{(1)})\|}{\|h(X^{(0)})\|}=\frac{1/8}{1}=0.125<\beta=0.25$，则 $\sigma^{(2)}=\sigma^{(1)}=2$；

进行乘子迭代：$\lambda^{(2)}=\lambda^{(1)}-\sigma^{(1)}h(X^{(1)})=1-2\,\frac{1}{8}=\frac{3}{4}$。

第二次迭代：求 $L(X, \sigma, \lambda)=L\left(X,2, \frac{3}{4}\right)=x_1^2+\frac{1}{2}x_2^2+(x_1+x_2-1)^2-\frac{3}{4}(x_1+x_2-1)$ 的极小点为 $\frac{\partial L}{\partial x_1}=2x_1+2(x_1+x_2-1)-\frac{3}{4}=0$，$\frac{\partial L}{\partial x_2}=x_2+2(x_1+x_2-1)-\frac{3}{4}=0$；

得 $X^{(2)}=\left(\frac{11}{32}, \frac{11}{16}\right)^{\mathrm{T}}$，$h(X^{(2)})=\frac{11}{32}+\frac{11}{16}-1=\frac{1}{32}$；

检查终止准则：$\|h(X^{(2)})\|=0.0315>\varepsilon=0.01$；

判定收敛快慢：$\frac{\|h(X^{(2)})\|}{\|h(X^{(1)})\|}=\frac{1/32}{1/8}=0.25$，令 $\sigma^{(2)}=\sigma^{(1)}$；

进行乘子迭代：$\lambda^{(3)}=\lambda^{(2)}-\sigma^{(2)}h(X^{(2)})=\frac{3}{4}-\frac{2}{32}=\frac{11}{16}$。

第三次迭代：求 $L(X, \sigma, \lambda)=L\left(X,2, \frac{11}{16}\right)=x_1^2+\frac{1}{2}x_2^2+(x_1+x_2-1)^2-\frac{11}{16}(x_1+x_2-1)$ 的极小点为 $\frac{\partial L}{\partial x_1}=2x_1+2(x_1+x_2-1)-\frac{11}{16}=0$，$\frac{\partial L}{\partial x_2}=x_2+2(x_1+x_2-1)-\frac{11}{16}=0$；

得 $X^{(3)}=(0.336, 0.672)^{\mathrm{T}}$，$h(X^{(3)})=0.336+0.672-1=0.008$；

检查终止准则：$\|h(X^{(3)})\|=0.008<\varepsilon=0.01$，迭代终止止。即 $X^*=(0.336, 0.672)^{\mathrm{T}}$ 为原问题的最优解。

6.4.2 不等式约束的拉格朗日乘子法

对于不等式约束问题有

$$\begin{aligned} &\min f(X) \qquad X \in R^n \\ &\text{s. t.} \quad g_i(X) \geqslant 0 \quad i = 1,2,\cdots,m \end{aligned} \tag{6-29}$$

定义拉格朗日函数为

$$\begin{aligned} L(X,\sigma,\lambda) &= f(X) + \frac{\sigma}{2}\sum_{i=1}^{m}[g_i(X) - y_i^2]^2 - \sum_{i=1}^{m}\lambda_i[g_i(X) - y_i^2] \\ &= f(X) + \sum_{i=1}^{m}\left\{\frac{\sigma}{2}[g_i(X) - y_i^2]^2 - \lambda_i[g_i(X) - y_i^2]\right\} \\ &= f(X) + \sum_{i=1}^{m}\frac{\sigma}{2}\left\{[g_i(X) - y_i^2]^2 - \frac{2\lambda_i}{\sigma}[g_i(X) - y_i^2]\right\} \\ &= f(X) + \sum_{i=1}^{m}\frac{\sigma}{2}\left\{\left[g_i(X) - y_i^2 - \frac{\lambda_i}{\sigma}\right]^2 - \left(\frac{\lambda_i}{\sigma}\right)^2\right\} \\ &= f(X) + \sum_{i=1}^{m}\left\{\frac{\sigma}{2}\left[g_i(X) - y_i^2 - \frac{\lambda_i}{\sigma}\right]^2 - \frac{(\lambda_i)^2}{2\sigma}\right\} \\ &= f(X) + \sum_{i=1}^{m}\left\{\frac{\sigma}{2}\left[y_i^2 - \left(g_i(X) - \frac{\lambda_i}{\sigma}\right)\right]^2 - \frac{(\lambda_i)^2}{2\sigma}\right\} \end{aligned} \tag{6-30}$$

显然对固定的 $L(X,\sigma,\lambda)$ 要取极值，必有 $y_i^2-\left(g_i(X)-\frac{\lambda_i^2}{\sigma}\right)$ 取得最小值，为此：当 $g_i(X)-\frac{\lambda_i^2}{\sigma}\geqslant 0$ 时，必有 $y_i^2=g_i(X)-\frac{\lambda_i^2}{\sigma}$；当 $g_i(X)-\frac{\lambda_i^2}{\sigma}<0$ 时，必有 $y_i^2=0$。

即必有 $y_i^2=\max\left\{0,\ g_i(X)-\frac{\lambda_i}{\sigma}\right\}=\frac{1}{\sigma}\max\{0,\ \sigma g_i(X)-\lambda_i\}$；将 y_i^2 代入式（6-30），并注意到 $\max\{0,\ X\}-X=\max\{0,\ -X\}$，得到不含松弛变量 y_i^2 的无约束问题

$$\begin{aligned} L(X,\sigma,\lambda) &= f(X) + \sum_{i=1}^{m}\left\{\frac{\sigma}{2}\left[\max\left\{0, g_i(X) - \frac{\lambda_i}{\sigma}\right\} - \left(g_i(X) - \frac{\lambda_i}{\sigma}\right)\right]^2 - \frac{(\lambda_i)^2}{2\sigma}\right\} \\ &= f(X) + \sum_{i=1}^{m}\left\{\frac{\sigma}{2}\left[\max\left\{0, -\left(g_i(X) - \frac{\lambda_i}{\sigma}\right)\right\}\right]^2 - \frac{(\lambda_i)^2}{2\sigma}\right\} \\ &= f(X) + \sum_{i=1}^{m}\left\{\frac{\sigma}{2}\left[\max\left\{0, \left(\frac{\lambda_i}{\sigma} - g_i(X)\right)\right\}\right]^2 - \frac{(\lambda_i)^2}{2\sigma}\right\} \\ &= f(X) + \sum_{i=1}^{m}\left\{\frac{\sigma}{2}\left[\frac{1}{\sigma}\max\{0, (\lambda_i - \sigma g_i(X))\}\right]^2 - \frac{(\lambda_i)^2}{2\sigma}\right\} \\ &= f(X) + \sum_{i=1}^{m}\left\{\frac{1}{2\sigma}[\max\{0, (\lambda_i - \sigma g_i(X))\}]^2 - \frac{(\lambda_i)^2}{2\sigma}\right\} \\ &= f(X) + \frac{1}{2\sigma}\sum_{i=1}^{m}\{[\max\{0, (\lambda_i - \sigma g_i(X))\}]^2 - (\lambda_i)^2\} \end{aligned}$$

即

$$L(X,\sigma,\lambda) = f(X) + \frac{1}{2\sigma}\sum_{i=1}^{m}\{[\max\{0, (\lambda_i - \sigma g_i(X))\}]^2 - (\lambda_i)^2\} \tag{6-31}$$

这样将不等式约束问题转化为等式约束问题，可以利用等式约束的增广拉格朗日乘子法求解。此时根据等式约束问题的增广拉格朗日乘子法，乘子 λ 的迭代公式为

$$\lambda_i^{(k+1)} = \lambda_i^{(k)} - \sigma[g_i(x^{(k)}) - y_i^2] \tag{6-32}$$

将 $y_i^2 = \frac{1}{\sigma}\max\{0,\ \sigma g_i(X) - \lambda_i\}$ 代入式（6 - 32）得

$$\lambda_i^{(k+1)} = \lambda_i^{(k)} - \sigma\left[g_i(X^{(k)}) - \frac{1}{\sigma}\max\{0, \sigma g_i(X^{(k)}) - \lambda_i^{(k)}\}\right]$$

即

$$\begin{aligned}\lambda_i^{(k+1)} &= \lambda_i^{(k)} - \sigma g_i(X^{(k)}) + \max\{0, \sigma g_i(X^{(k)}) - \lambda_i^{(k)}\} \\ &= \max\{0, \sigma g_i(X^{(k)}) - \lambda_i^{(k)}\} - [\sigma g_i(X^{(k)}) - \lambda_i^{(k)}] \\ &= \max\{0, \lambda_i^{(k)} - \sigma g_i(X^{(k)})\}\end{aligned}$$

即

$$\lambda_i^{(k+1)} = \max\{0, \lambda_i^{(k)} - \sigma g_i(X^{(k)})\}$$

终止准则为

$$\left\{\sum_{i=1}^{m}[\max(g_i(X^{(k)}), \lambda_i^{(k)}/\sigma)]^2\right\}^{1/2} < \varepsilon$$

其中，$\varepsilon > 0$ 为给定的计算精度。

【例 6 - 10】 用乘子法求解下式

$$\min f(X) = x_1^2 + \frac{1}{2}x_2^2$$

$$\text{s.t.}\quad x_1 + x_2 - 1 \geqslant 0$$

解： 构造增广目标函数

$$\begin{aligned}L(X,\sigma,\lambda) &= x_1^2 + \frac{1}{2}x_2^2 + \frac{1}{2\sigma}[\max\{0, \lambda - \sigma(x_1 + x_2 - 1)\}^2 - \lambda^2] \\ &= \begin{cases} x_1^2 + \frac{1}{2}x_2^2 + \frac{\sigma}{2}[\{\lambda - \sigma(x_1 + x_2 - 1)\}^2 - \lambda^2] & x_1 + x_2 - 1 \leqslant \frac{\lambda}{\sigma} \\ x_1^2 + \frac{1}{2}x_2^2 + \frac{1}{2\sigma}[-\lambda^2] & x_1 + x_2 - 1 > \frac{\lambda}{\sigma} \end{cases} \\ &= \begin{cases} x_1^2 + \frac{1}{2}x_2^2 + \frac{\sigma}{2}(x_1 + x_2 - 1)^2 - \lambda(x_1 + x_2 - 1) & x_1 + x_2 - 1 \leqslant \frac{\lambda}{\sigma} \\ x_1^2 + \frac{1}{2}x_2^2 - \frac{\lambda^2}{2\sigma} & x_1 + x_2 - 1 > \frac{\lambda}{\sigma} \end{cases}\end{aligned}$$

令

$$\frac{\partial L}{\partial x_1} = \left.\begin{cases} 2x_1 + \sigma(x_1 + x_2 - 1) - \lambda & x_1 + x_2 - 1 \leqslant \frac{\lambda}{\sigma} \\ 2x_1 & x_1 + x_2 - 1 > \frac{\lambda}{\sigma} \end{cases}\right\} = 0$$

$$\frac{\partial L}{\partial x_2} = \left.\begin{cases} x_2 + \sigma(x_1 + x_2 - 1) - \lambda & x_1 + x_2 - 1 \leqslant \frac{\lambda}{\sigma} \\ x_2 & x_1 + x_2 - 1 > \frac{\lambda}{\sigma} \end{cases}\right\} = 0$$

当 $x_1+x_2-1>\frac{\lambda}{\sigma}$ 时，$x_1^*=0$，$x_2^*=0$；

当 $x_1+x_2-1\leqslant\frac{\lambda}{\sigma}$ 时，得 $\begin{cases} x_1=\dfrac{\lambda+\sigma}{2+3\sigma} \\ x_2=\dfrac{2\lambda+2\sigma}{2+3\sigma} \end{cases}$；

从而有 $x_1+x_2-1=\frac{3\lambda-2}{2+3\sigma}\leqslant\frac{\lambda}{\sigma}$；$\lambda^{(k+1)}=\max\{0,\ \lambda^{(k)}-\sigma g\ (X^{(k)})\}=\max\left\{0,\ \lambda^{(k)}-\sigma\frac{3\lambda^{(k)}-2}{2+3\sigma}\right\}=\max\left\{0,\ \frac{3\lambda^{(k)}+2\sigma}{2+3\sigma}\right\}$

因 $\lambda^{(k+1)}=\frac{3\lambda^{(k)}+2\sigma}{2+3\sigma}>0$，取 $\sigma=10$，则 $\lambda^{(k+1)}=\frac{1}{16}\lambda^{(k)}+\frac{5}{8}$，又因 $\lambda^{(k+1)}<\lambda^{(k)}$，故 $\lambda^{(k)}$ 单调递减，且 $\lambda^{(k)}>0$，所以 $\lim\limits_{k\to\infty}\lambda^{(k)}=\lambda^*$。于是 $\lambda^*=\frac{1}{16}\lambda^*+\frac{5}{8}$，$\lambda^*=\frac{2}{3}$，从而得最优解

$$X^*=\begin{bmatrix} \dfrac{\lambda^*+\sigma}{2+3\sigma} \\ \dfrac{2\lambda^*+2\sigma}{2+3\sigma} \end{bmatrix}=\begin{bmatrix} \dfrac{1}{3} \\ \dfrac{2}{3} \end{bmatrix}$$

用迭代法求解，$\sigma=10$，$\lambda=1$，$X^{(0)}=[0,\ 0]^{\mathrm{T}}$，$\varepsilon=0.01$ 于是第一次迭代

$$\lambda^{(1)}=\max\left\{0,\ \frac{3+20}{2+30}\right\}=0.719,\ \begin{cases} x_1=\dfrac{1+10}{2+30}=0.344 \\ x_2=\dfrac{2+20}{2+30}=0.689 \end{cases}$$

终止判断：$\{[\max(0.031,\ 0.072)]^2\}^{1/2}=0.072>\varepsilon$，继续第二次迭代

$$\lambda^{(2)}=\max\left\{0,\ \frac{3\times0.719+20}{2+30}\right\}=0.692,\ \begin{cases} x_1=\dfrac{0.692+10}{2+30}=0.334 \\ x_2=\dfrac{2\times0.692+20}{2+30}=0.668 \end{cases}$$

终止判断：$\{[\max(0.002,\ 0.069)]^2\}^{1/2}=0.069>\varepsilon$，继续迭代下去，迭代点不断向最优点 $[1/3,\ 2/3]^{\mathrm{T}}$ 逼近。当逼近速度变慢时，还可以增大惩罚因子。

综上，不等式约束增广拉格朗日乘子法的算法与等式约束增广拉格朗日乘子法的算法类似。

6.4.3 同时含有等式和不等式约束的拉格朗日乘子法

对于含有等式和不等式约束问题有

$$\begin{aligned} &\min f(X) && x\in R^n \\ \text{s.t.}\ &g_i(X)\geqslant 0 && i=1,2,\cdots,m \\ &h_j(X)=0 && j=1,2,\cdots,l \end{aligned} \tag{6-33}$$

类似地可以构造增广拉格朗日函数，即

$$\begin{aligned} L(X,\sigma,\lambda,\mu)=&f(X)+\frac{1}{2\sigma}\sum_{i=1}^{m}\{[\max\{0,\lambda_i-\sigma g_i(X)\}]^2-\lambda_i^2\} \\ &+\frac{\sigma}{2}\sum_{j=1}^{l}h_j^2(X)-\sum_{j=1}^{l}\mu_j h_j(X) \end{aligned} \tag{6-34}$$

乘子迭代公式为

$$\lambda_i^{(k+1)} = \max\{0, \lambda_i^{(k)} - \sigma^{(k)} g_i(X^{(k)})\} \quad (i = 1, 2, \cdots, m)$$

$$\mu_j^{(k+1)} = \mu_j^{(k)} - \sigma^{(k)} h_j(X^{(k)}) \quad (j = 1, 2, \cdots, l)$$

同时含有等式和不等式约束问题的拉格朗日乘子法的算法与等式约束问题的拉格朗日乘子法的算法类似，这里不再赘述。

6.5　约束最优化问题的直接法

非线性规划问题的直接搜索法，其特点是算法简单直观，对函数无特殊要求，应用时无需繁琐的公式推导，因此不易出错。其缺点是计算工作量大，计算时随变量的增加而急剧增加，所以适用于维数较低的问题。

以下介绍 3 种直接法求解约束最优化问题。

6.5.1　网格法

网格法的基本思路是首先选择一个初始点 $X^{(0)}$，并估计各变量围绕 $X^{(0)}$ 的搜索区域，在这个区域内沿各坐标方向按预设间距布置网点。然后求满足约束条件的各网点处的目标函数值，从中选出一个最优网点 $X^{(1)}$。接着以 $X^{(1)}$ 为新的初始点，并在其周围重新形成间距加密的网点。如此反复进行，直到网点之间的间距小于预先设定的精度要求为止。这时所得到的最优目标函数值的点，就是问题的最优解。

用网格法求解最优解的流程图，如图 6-1 所示。

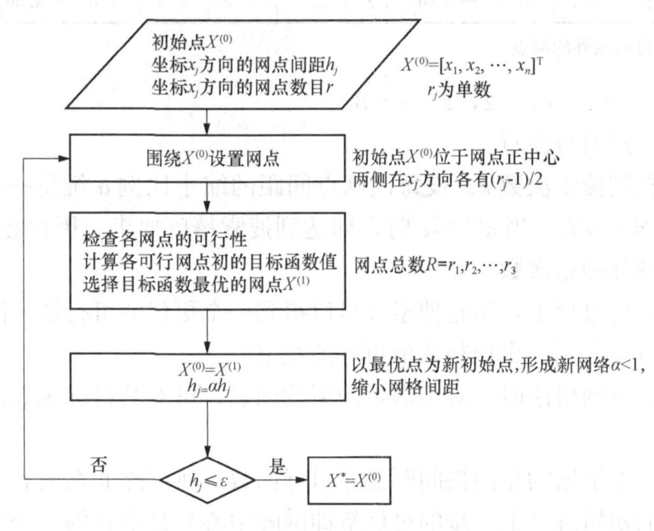

图 6-1　网格法求解最优解的流程图

【例 6-11】 用网格法求解下式

$$\min z = x_1^2 + 2x_1^2 - 4x_1 - 2x_1x_2$$

$$\text{s.t.} \quad x_1 + x_2 \leqslant 6$$

$$x_1 \geqslant 0 \quad x_2 \geqslant 0$$

收敛精度设为 $\varepsilon_1 = \varepsilon_2 = 0.1$，设初始点 $X^{(0)} = [2.6,\ 2.6]^T$，预设网点间距为 $h_1 = h_2 =$

1.6，各坐标方向网点数为 $r_1=r_2=3$。则网点总数为 3×3=9。在这 9 个网点中满足约束条件并目标函数最小的点为 $X^{(1)}=[2.6，1]^T$。

现以 $X^{(1)}$ 为新的初始点，并取 $\alpha=0.5$，即将网格点间距缩小一半。网点数仍取 $r_1=r_2=3$。又可得一个最优可行解 $[3.4，1.8]^T$，见表 6-1 中黑体所示。如此反复进行 5 次，直到网点间距达到搜索精度为止。

表 6-1　　网格法运算表

次数	1			2			3			4			5		
间距	1.6			0.8			0.4			0.2			0.1		
点号	x_1	x_2	z	x_1	x_2	z	x_1	x_2	z	x_1	x_2	z	x_1	x_2	z
1	1.0	1.0	−3.0	1.8	0.2	−4.6	3.0	1.4	−7.48	3.6	1.6	−7.84	3.9	1.9	−7.99
2	1.0	2.6	5.32	1.8	1.0	−5.56	3.0	1.8	−7.32	3.6	1.8	−7.92	3.9	2.0	−7.99
3	1.0	4.2	23.88	1.8	1.8	−3.96	3.0	2.2	−6.52	3.6	2.0	−7.84	3.9	2.1	−7.95
4	2.6	1.0	**−6.84**	2.6	0.2	−4.60	3.4	1.4	−7.64	3.8	1.6	−7.80	4.0	1.9	−7.98
5	2.6	2.6	−3.64	2.6	1.0	−6.84	3.4	1.8	−7.80	3.8	1.8	−7.96	4.0	2.0	**−8.00**
6	2.6	4.2	NF	2.6	1.8	−6.52	3.4	2.2	−7.32	3.8	2.0	−7.96	4.0	2.1	NF
7	4.2	1.0	−5.56	3.4	0.2	−3.32	3.8	1.4	−7.48	4.0	1.6	−7.68	4.1	1.9	−7.95
8	4.2	2.6	NF	3.4	1.0	−6.84	3.8	1.8	**−7.96**	4.0	1.8	−7.92	4.1	2.0	NF
9	4.2	4.2	NF	3.4	1.8	**−7.80**	3.8	2.2	−7.80	4.0	2.0	**−8.00**	4.1	2.1	NF

注　表中 NF 表示在可行域外的网点。

得到最优解：$x_1^*=4$，$x_2^*=2$，$z^*=-8$。

网格法有以下 5 点值得注意：

（1）可以预先控制搜索次数 k。设每次网点间距的缩小比例 α 维持一个常数，则经过 k 次缩减，网点间距缩至 $\alpha^k h$。当 $\alpha^k h \leqslant \epsilon$ 时，即达到搜索精度要求。因此在确定搜索精度后，可以根据这个条件估计搜索次数。

（2）在网格法运行过程中，每轮搜索都可以得到一个更优的可行解。因此，即使在搜索中途终止运算，也可以得到一个比初始值更好的结果。

（3）在计算机运行网格法时，对不满足约束的网点，可对其目标函数赋以一个大值，使之比较中自行淘汰。

（4）由于收敛标准根据的是网格间距而非目标函数，所以除非在最后一轮迭代中，所获得的最优解和所用的初始解（上一步的最优解即网阵中心）是重合的，否则不能保证所得到的是最优解。为了保证所获得的至少是个局部最优解，可以改用移网法。即每一轮迭代后，只有当最优解和所用初始解重合时才加密网格，否则只将最优解作为新的初始点重新布阵，而不是加密网格。

（5）由于计算量和用时随着维数的增加而急剧上升，所以网格法不适用维数较多的问题，但可以用来检查其他方法所得的结果。

6.5.2　随机试验法

随机试验法的基本思路如下：

（1）从可行域中分批抽样，包含若干个可行的方案，对每个可行方案都进行检验，看其是否满足约束条件。若满足约束条件则计算其函数值，若不满足约束条件则重新抽样，按函数值大小排列设计点的顺序。

（2）取出前几个最好点保留，去除其他点再做下一批抽样，做法与（1）相同。

（3）当每批抽样的前几个目标函数值不再明显变化时，则认为它已经按概率收敛于某一个最优方案。

由于此方法是按均匀的概率密度分布随机抽样的，并在可行域内最优点集合，故所求的解很可能是全域最优解。

随机试验法的具体步骤如下：

（1）选定优化变量的上下限。

（2）产生［0，1］区间服从均匀分布的伪随机数序列。

（3）形成随机试验点。

（4）检验约束条件，若满足约束，则执行下一步，若不满足约束，则返回步骤（2）。

（5）计算函数值。

（6）将 N 个试验点按函数值大小排列，找出最好点及函数值。

（7）确定前 m 个最好点均值 $\bar{X}$ 和标准 δ。当小于给定的一个小数时，过程结束，否则转向下一步。

（8）构造新的试验区间$[\bar{X}-3\delta, \bar{X}+3\delta]$，并返回步骤（3）。

6.5.3　随机方向法

随机方向法，在当前点随机选取方向，判断是否满足约束，并不断搜索至最优点。随机方向法的具体步骤如下：

（1）在可行域内选择初始点 $X^{(0)}$ 并检验约束条件，若满足约束条件就进行下一步，否则重新选取。

（2）产生 N 个随机单位向量 $e_j(j=1, 2, \cdots, N)$，在以 $X^{(0)}$ 为中心，以 r 为半径的球面上产生随机点：$x_j=X^{(0)}+re_j(j=1, 2, \cdots, N)$，计算各点的函数值，选出最小点 $X^{(1)}$，判断 $X^{(1)}$ 是否满足约束，且其函数值小于 $f(X^{(0)})$；否则将步长缩短为 $0.7r$ 重新计算。若满足约束条件，则在搜索方向 $S=X^{(1)}-X^{(0)}$ 将步长加大到 $1.3r$ 进行搜索。

（3）新点若满足约束，且函数值下降，则继续加大步长；否则步长缩短至 $0.7r$，直至目标函数不再下降为止，所得点作为下一轮的初始点。

（4）满足 $\left|\dfrac{f(X^{(1)})-f(X^{(0)})}{f(X^{(0)})}\right|\leqslant\varepsilon_1$，或 $\| X^{(1)}-X^{(0)} \|\leqslant\varepsilon_2$ 时结束搜索，否则返回步骤（2）。

就某一次利用随机方向法计算的结果而言，所获得的最优解可能是局部最优解，因此可以多选几个初始点，并在最优解中选取最好的作为最终的最优解。

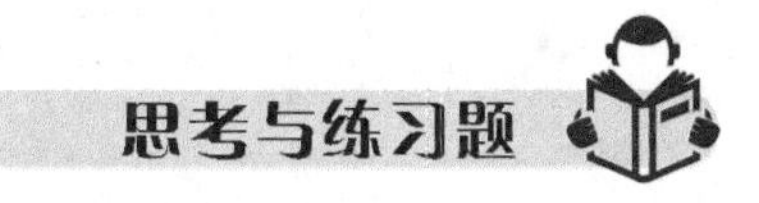

1. 试用直接消元法求解如下约束优化问题：

$$\min f(X) = 2x_1^2 + 2x_2^2 - 2x_1x_2 - 4x_1 - 6x_2$$
$$\text{s. t.} \quad x_1 + x_2 - 2 = 0$$

2. 试用内罚函数法求解以下约束最优化问题：

$$\min f(X) = 10x_1$$
$$\text{s. t.} \quad 5 - x_1 \leqslant 0$$

3. 试用外罚函数法求解以下约束最优化问题：

$$\min f(X) = x_1^2 + 2x_2^2$$
$$\text{s. t.} \quad -x_1 - x_2 + 1 \leqslant 0$$

4. 试用增广拉格朗日乘子法求解如下约束优化问题：

$$\min f(X) = x_1^2 + x_2^2 - x_1x_2 - 10x_1 - 4x_2 + 60$$
$$\text{s. t.} \quad x_1 - 6 = 0$$

5. 试用增广拉格朗日乘子法求解如下约束优化问题（程序求解）：

$$\min f(X) = x_1^2 + 4x_2^2$$
$$\text{s. t.} \quad -x_1 - 2x_2 + 1 \leqslant 0$$
$$-x_1 + x_2 \leqslant 0$$
$$-x_1 \leqslant 0$$

第7章 多目标优化方法

在实际工程问题中，更多的会遇到需要考虑使多个目标都尽可能好的问题。例如合理分配房屋问题：如何合理的从很多需要房屋的人中按原有居住面积、工龄、年龄和人口等指标中找到标准，使分房更公平合理（即运作经济费用最少、解决住房难的问题最多、民众满意度最高等）。又如房地产投资问题：如何在时间、空间上投资使得投入少、获利最大、资金周转快等。

前面讨论了单目标函数的最优化问题。然而在实际工程问题中常希望有多个目标达到最优解，即多个目标的最优化问题，其最优化数学模型为求 $X=(x_1, x_2, \cdots, x_n)\in D\subset E^n$（$n$ 为自变量 X 的维数）使

$$\min F(X) = (f_1(X), f_2(X), \cdots, f_N(X))$$
$$\text{s.t.}\quad h_l(X) = 0, l = 1,2,\cdots,L$$
$$g_m(X) \leqslant 0, m = 1,2,\cdots,M$$

式中：N 为函数 $F(X)$ 的维数；L 为等式约束的数目；M 为不等式约束的数目。

多目标最优化问题要比单目标最优化问题复杂得多，实际上很少能找出同时使 N 个目标函数达到最优的真正最优解（绝对最优解），一般只能找出相对最优解。下面先介绍多目标优化问题解的特性，然后给出几种求解多目标最优化问题的常用方法。

7.1 多目标最优解的基本特点

1. 向量的比较

由于多目标最优化问题的目标函数 $F(X)$ 是向量，为比较向量的大小，需要引入向量比较方法，称为向量的序。设 $a=(a_1, a_2, \cdots, a_n)$ 和 $b=(b_1, b_2, \cdots, b_n)$ 是两个 n 维向量。

（1）如果 $a_i=b_i$，$i=1, 2, \cdots, n$，则称 a 等于 b，记为 $a=b$。

（2）如果 $a_i\leqslant b_i$，$i=1, 2, \cdots, n$，则称 a 小于等于 b，记为 $a\leqslant b$ 或 $b\geqslant a$。

（3）如果 $a_i<b_i$，$i=1, 2, \cdots, n$，则称 a 严格小于 b，记为 $a<b$ 或 $b>a$。

2. 绝对最优解和有效解

（1）绝对最优解。设一个 N 目标最优化问题的可行域为 D，$X^*\in D$，如果对所有的 $X\in D$，都有 $F(X^*)\leqslant F(X)$，则称 X^* 为这一多目标最优化问题的绝对最优解，并称绝对最优解的全体为绝对最优解集，记为 D_{ab}。

绝对最优解对每一个目标函数而言都是最优的，也即绝对最优解可以同时使所有的目标函数达到最优，因此绝对最优解一定是该问题的最好解。但是最优解不一定是唯一的，也不一定必然存在。

（2）有效解集。设多目标最优化问题的可行域为 D，$X^*\in D$，如果不存在 $X\in D$，使得 $F(X)\leqslant F(X^*)$，则称 X^* 为该目标最优化问题的有效解，也称为 Pareto 最优解。称所有

有效解的集合为有效解集，记为 D_{pa}。

（3）弱有效解集。设多目标最优化问题的可行域为 D，$X^* \in D$，如果不存在 $X \in D$，使得 $F(X) < F(X^*)$，则称 X^* 为该目标最优化问题的弱有效解，也称弱 Pareto 最优解。称所有弱有效解的集合为弱有效解集，记为 D_{wp}。

对多目标最优化问题解集有以下结论：

（1）对于多目标最优化问题总有 $D_{ab} \subseteq D_{pa}$，即绝对最优解必是有效解。且当 $D_{ab} \neq \phi$ 时 $D_{ab} = D_{pa}$。

（2）对于多目标最优化问题总有 $D_{pa} \subseteq D_{wp}$，即有效解必是弱有效解。

（3）如果目标函数的各分量 $f_i(X)$ 的最优解集为 D_i，则有 $D_{ab} = \bigcap_{i=1}^{N} D_i$。

（4）如果记目标函数的各分量 $f_i(X)$ 的最优解集为 D_i，有 $D_i \subseteq D_{wp}$，并且当 $D_{ab} \neq \phi$ 时 $D_{wp} = \bigcup_{i=1}^{N} D_i$。

综合上述结果，各类解集之间的关系为

$$\bigcap_{i=1}^{N} D_i = D_{ab} \subseteq D_{pa} \subseteq D_{wp} = \bigcap_{i=1}^{N} D_i$$

7.2 多目标优化求解方法

多目标最优化问题一般转化为单目标问题求解。常用的方法有主要目标法、统一目标法、理想点法、分层序列法等。

主要目标法是指在所有的技术经济指标中选出一个重要的指标作为设计的目标函数，其他的指标分别给定一个可以接受的范围，转变为一组约束条件，从而构成一个单目标最优化问题，即

$$\begin{aligned} & \min f_z(X) \\ & \text{s.t.} \quad g_m(X) \leqslant 0,\ m = 1,2,\cdots,M \\ & \qquad\quad h_j(X) = 0,\ j = 1,2,\cdots,L \\ & \qquad\quad f_i^1 \leqslant f_i(X) \leqslant f_i^2,\ i = 1,2,\cdots,I \end{aligned} \tag{7-1}$$

统一目标法是处理多目标最优化问题最常用也是较有效的一种方法。它是将多个目标函数统一为一个总目标函数，把多目标问题转化成单目标问题，再利用前面介绍的求单目标问题的方法获得最优解。统一目标法的目标函数构建有多种方法：加权组合法、目标规划法、功效系数法、乘除法等。

理想点法是将对目标最优化问题，构造如下单目标最优化问题

$$\begin{aligned} & \min f(X) = \sum_{i=1}^{N} \frac{f_i(X) - f_i(X^*)}{f_i(X^*)} \\ & \text{s.t.} \quad g_m(X) \leqslant 0,\ m = 1,2,\cdots,M \\ & \qquad\quad h_j(X) = 0,\ j = 1,2,\cdots,L \end{aligned} \tag{7-2}$$

在式（7-2）基础上，引入权因子

$$\min f(X)=\sum_{i=1}^{N}w_i[f_i(X)-f_i(X^*)]$$
$$\text{s.t.}\quad g_m(X)\leqslant 0,\ m=1,2,\cdots,M \tag{7-3}$$
$$h_j(X)=0,\ j=1,2,\cdots,L$$

该问题的最优解即考虑了各个分目标的重要性，又最接近于完全最优解。

分层序列法是把 N 个目标函数按其重要程度排序，再分别求各分目标函数的极值点。优化时，后一目标函数寻优是在前一目标函数的最优解可行域内进行的。

7.2.1　线性加权和法

线性加权和法是统一目标法的其中一种方法。线性加权法，取评价函数：$\varphi[F(X)]=\sum_{i=1}^{N}\lambda_i f_i(X)$，其中 $\lambda_i\geqslant 0$，$i=1$，2，…，N，且 $\sum_{i=1}^{N}\lambda_i=1$。于是把原最优化问题转化为

$$\min\varphi[F(X)]=\min\sum_{i=1}^{N}\lambda_i f_i(X) \tag{7-4}$$

最优解便是在各分目标的重要程度的意义下，使各分目标值尽可能小的解。通常把评价函数中反映重要程度的各个数 $\lambda_i\geqslant 0(i=1,2,\cdots,N)$ 称为对应项的权系数。由一组权系数组成的向量 $V=(\lambda_1,\lambda_2,\cdots,\lambda_N)^{\mathrm{T}}$ 称为权向量。

由于上述方法的主要特点是对各目标加权之后以其线性和作为评价函数，故称为线性加权和法。

【例 7-1】 把横截面为圆形的树干加工成矩形横截面的木梁。为使木梁满足一定的规格、应力和强度的要求，要求木梁高度不超过 H，横截面的惯性矩不小于给定值 W，并且横截面的高度要介于其宽度和宽度的 4 倍之间。问应如何确定木梁的尺寸，可使木梁的质量最小，并且成本最低？

问题分析，设所设计的木梁横截面的高为 x_1、宽为 x_2，则根据题意：

(1) 要使具有一定长度的木梁质量最小，应要求其横截面面积最小，即要使 x_1x_2 最小；

(2) 由于矩形梁横截面的木梁是横截面为圆形的树干加工而成的，所以其成本与树干横截面面积的大小 $\pi r^2=\pi\left[\left(\frac{x_1}{2}\right)^2+\left(\frac{x_2}{2}\right)^2\right]$ 成正比，因此为使梁成本最低，还必须要求 $(x_1^2+x_2^2)$ 最小；

(3) 此外，按问题还有要求 $x_1\leqslant H$，$\frac{x_1^3x_2}{12}\geqslant W$，$x_2\leqslant x_1\leqslant 4x_2$ $\left(\text{惯性矩 } I=\frac{bh^3}{12}\right)$，且 $x_i\geqslant 0$，$i=1$，2。

优化问题写为

$$\begin{aligned}
&\min x_1x_2\\
&\min(x_1^2+x_2^2)\\
\text{s.t.}\quad &H-x_1\geqslant 0\\
&x_1^3x_2-12W\geqslant 0\\
&x_1-x_2\geqslant 0\\
&4x_2-x_1\geqslant 0\\
&x_1\geqslant 0,x_2\geqslant 0
\end{aligned}$$

解：

(1) 设决策者认为成本目标比质量目标重要，给定质量目标的权系数为 $\lambda_1=0.3$，成本目标相对应的权系数为 $\lambda_2=0.7$，于是转化为求解 $\min\{0.3x_1x_2+0.7x_1^2+0.7x_2^2\}$，即为单目标非线性规划问题。若 $W=1$，$H=2.5$，用有约束单目标优化方法得到：$X^*=(2.4486,\ 0.8174)^{\mathrm{T}}$。

(2) 设决策者认为成本目标与质量目标一样重要，给定质量目标的权系数为 $\lambda_1=0.5$，成本目标相对应的权系数为 $\lambda_2=0.5$，于是转化为求解 $\min\{0.5x_1x_2+0.5x_1^2+0.5x_2^2\}$。若 $W=1$，$H=2.5$，用有约束单目标优化方法得到：$X^*=(2.4630,\ 0.8032)^{\mathrm{T}}$。

(3) 设决策者认为质量目标比成本目标重要，给定质量目标的权系数为 $\lambda_1=0.7$，成本目标相对应的权系数为 $\lambda_2=0.3$，于是转化为求解 $\min\{0.7x_1x_2+0.3x_1^2+0.3x_2^2\}$。若 $W=1$，$H=2.5$，用有约束单目标优化方法得到：$X^*=(2.4785,\ 0.7882)^{\mathrm{T}}$。

三种情况分析结果汇总见表 7-1。

表 7-1 线性加权和优化法计算表

方案	权重		X^*		目标函数	
	w_1	w_2	x_1	x_2	f_1	f_2
(1)	0.3	0.7	2.45	0.82	2.01	6.67
(2)	0.5	0.5	2.46	0.80	1.97	6.69
(3)	0.7	0.3	2.48	0.79	1.96	6.77

从［例 7-1］分析看出，给单目标赋以不同的权重时，多目标最优解和目标函数是有差异的。因而需要讨论权系数取值的合理性。

7.2.2 确定权系数的几种方法

在前面介绍的评价函数中，需要给出一组非负的权系数 $\lambda_1,\lambda_2,\cdots,\lambda_m$，且要求 $\sum_{i=1}^{m}\lambda_i=1$，这些权系数标定了各目标函数的相对重要程度。以下将对权系数的确定方法做一些介绍。

1. α 方法

此方法主要根据 m 个分目标的极小点信息，借助于引进一个辅助变量 α 的思想，通过求解由 $m+1$ 个线性方程构成的线性方程组来确定出各分目标的权系数。

先以两个目标 $f_1(X)$，$f_2(X)$ 为例，约束 $R=\{X\mid AX\leqslant b\}$ 做新目标函数

$$U(X)=\lambda_1f_1(X)+\lambda_2f_2(X) \tag{7-5}$$

其中 λ_1，λ_2 由下列方程组来确定

$$\begin{cases}\lambda_1f_1^0+\lambda_2f_2^*=\alpha\\ \lambda_1f_1^*+\lambda_2f_2^0=\alpha\\ \lambda_1+\lambda_2=1\end{cases} \tag{7-6}$$

其中，$f_1^0=\min\limits_{x\in R}f_1(X)=f_1(X^{(1^*)})$，$f_2^*=f_2(X^{(1^*)})$，$f_2^0=\min\limits_{x\in R}f_2(X)=f_2(X^{(2^*)})$，$f_1^*=f_1(X^{(2^*)})$，从而得到 $\dfrac{\lambda_1}{\lambda_2}=\dfrac{f_2^0-f_2^*}{f_1^0-f_1^*}$。

值得注意的：①一般用和函数作新目标函数，其中所有目标必须具有相同量纲，若量纲不同，必须进行统一量纲或无量纲化处理；②假定每个目标函数极小点 $X^{(1^*)}$ 是唯一的，若

不唯一，就必须从中找出使 f_2 达到最优的那个解。同样 $X^{(2^*)}$ 也一样处理。

用 α 方法求解［例 7-1］的权系数。针对目标函数 1

$$\begin{aligned}&\min x_1x_2\\ &\text{s.t.}\quad H-x_1\geqslant 0\\ &\qquad\ \ x_1^3x_2-12W\geqslant 0\\ &\qquad\ \ x_1-x_2\geqslant 0\\ &\qquad\ \ 4x_2-x_1\geqslant 0\\ &\qquad\ \ x_1\geqslant 0,x_2\geqslant 0\end{aligned}$$

求最优解得 $X^{(1^*)}=(2.484\,0,\ 0.782\,9)^{\mathrm{T}}$，$f_1^0=1.944\,8$。针对目标函数 2

$$\begin{aligned}&\min(x_1^2+x_2^2)\\ &\text{s.t.}\quad H-x_1\geqslant 0\\ &\qquad\ \ x_1^3x_2-12W\geqslant 0\\ &\qquad\ \ x_1-x_2\geqslant 0\\ &\qquad\ \ 4x_2-x_1\geqslant 0\\ &\qquad\ \ x_1\geqslant 0,x_2\geqslant 0\end{aligned}$$

求最优解得 $X^{(2^*)}=(2.428\,9,\ 0.837\,4)^{\mathrm{T}}$，$f_2^0=6.601\,0$。则

$$f_1^*=2.428\,9\times 0.837\,4=2.034\,0$$

$$f_2^*=2.484\,0^2+0.782\,9^2=6.783\,2$$

$$\frac{\lambda_1}{\lambda_2}=\frac{f_2^0-f_2^*}{f_1^0-f_1^*}=\frac{6.601\,0-6.783\,2}{1.944\,8-2.034\,0}=2.042\,6$$

得 $\lambda_1=0.67$，$\lambda_2=0.33$。

推广到 N 个目标函数

$$U(X)=\lambda_1f_1(X)+\lambda_2f_2(X)+\cdots+\lambda_mf_m(X)\tag{7-7}$$

$$[\lambda_1,\lambda_2,\cdots,\lambda_m]\begin{bmatrix}f_{11}&f_{12}&\cdots&f_{1m}\\f_{21}&f_{22}&\cdots&f_{2m}\\\vdots&\vdots&\vdots&\vdots\\f_{m1}&f_{m2}&\cdots&f_{mm}\end{bmatrix}=\alpha\tag{7-8}$$

$$\lambda_1+\lambda_2+\cdots+\lambda_m=1\tag{7-9}$$

以上 $m+1$ 维方程组的解即为一组权系数。特别要注意的是，当 $m>2$ 时，用 α 方法求出的权系数不能保证非负，这是 α 方法的主要缺点。

2. 专家打分法

这种方法是邀请一批专家咨询，请他们就权系数的选取发表看法。通常事先设计一定的调查问卷，请他们分别填写。

设 λ_{ij} 表示第 i 个专家对第 j 个目标 $f_i(X)$ 给出的权系数($i=1$，2，…，k；$j=1$，2，…，m)，由此可以计算出权系数的平均

$$\overline{\lambda_j}=\frac{1}{k}\sum_{i=1}^{k}\lambda_{ij},j=1,2,\cdots,m\tag{7-10}$$

对每个专家算出与均值的偏差

$$\Delta_{ij} = |\lambda_{ij} - \overline{\lambda_j}|, j = 1,2,\cdots,m; i = 1,2,\cdots,k \tag{7-11}$$

确定系数的第二轮是进行集中讨论。通过充分讨论以达到对各分目标重要程度的正确认识。

3. 最小平方和法

在许多情况下，一开始就给出各个分目标的权系数比较困难，但可以分目标成对地加以比较，然后再确定权系数。这种两两比较可能不精确，也可能前后不一致，这时可采用最小平方法，在成对比较的基础上给出一组系数。

设第 i 个分目标相对第 j 个分目标的相对重要程度为 a_{ij}，即 $a_{ij}=\frac{\lambda_i}{\lambda_j}$。

(1) $a_{ij}=1$ 时表示 i 目标函数与 j 目标函数同样重要。

(2) $a_{ij}>1$ 时表示 i 目标函数比 j 目标函数更重要。

(3) $a_{ij}<1$ 时表示 j 目标函数比 i 目标函数更重要。

对于 m 个目标两两比较，它们的相对重要程度可用一个矩阵表示

$$A = \begin{bmatrix} a_{11} & a_{12} & \cdots & a_{1m} \\ a_{21} & a_{22} & \cdots & a_{2m} \\ \vdots & \vdots & \vdots & \vdots \\ a_{m1} & a_{m2} & \cdots & a_{mn} \end{bmatrix} \tag{7-12}$$

一般任意给定的 $a_{ij}\lambda_j-\lambda_i\neq 0(i\neq j)$，所以选择一组权系数$(\lambda_1, \lambda_2, \cdots, \lambda_m)$，使得误差平方和最小，即 $\min\sum_{i=1}^{m}\sum_{j=1}^{m}(a_{ij}\lambda_j-\lambda_i)^2$，且受约束于$\sum_{i=1}^{m}\lambda_i=1$，$\lambda_i>0$，$(i=1.2, \cdots, m)$。利用有约束单目标优化问题，可求得权系数$(\lambda_1, \lambda_2, \cdots, \lambda_m)$。

7.3 理 想 点 法

在多目标优化问题中，先求解 p 个单目标问题，即

$$\min_{X\in R} f_i(X), i = 1,2,\cdots,p \tag{7-13}$$

设其单目标的最优值为 f_i^*，$F^*=(f_1^*, f_2^*, \cdots, f_p^*)$ 为值域中的一个理想点。因为一般很难达到，于是在期望的某种度量下，寻求距离 F^* 最近的 F 作为近似值。一种最直接的方法是构造评价函数

$$\varphi(Y) = \sqrt{\sum_{i=1}^{p} (y_i - f_i^*)^2} \tag{7-14}$$

然后极小化 $\varphi(f(X))$，即求解

$$\min_{X\in R}\varphi[f(X)] = \sqrt{\sum_{i=1}^{p} [f_i(X) - f_i^*]^2} \tag{7-15}$$

并将它的最优解 X^* 作为模型在这种意义下的最优解。

7.4 层 次 分 析 法

由于问题中含有大量的主、客观因素，许多要求与期望是模糊的，互相之间还存在一些

矛盾。层次分析法的主要特征是，它合理的把定性和定量的决策结合起来，按照思维、心理的规律把决策过程层次化、数量化。

层次分析法在我国的应用和发展，大约开始于 1982 年。在以后的几十年中，层次分析法在我国发展很快，在系统分析、城乡规划、经济管理、科研评价、企业管理等许多领域中得到广泛应用。

本节主要介绍层次分析法的基本过程及常用的一些处理技术。

7.4.1 层次分析法的基本过程

层次分析法是模仿人们对复杂决策问题的思维、判断过程进行构造的。我们先从一个例子来讨论。

【例 7-2】 某企业准备选购一批工程设备，通过了解市场上有 6 款此类设备。

问题分析：

（1）在决定购买哪一款前，因为存在许多不可比的因素，通常很难进行直接比较。

（2）选取一些中间标准：设备功能、外形、价格、性能、耗能量、外界信誉、售后服务等。

（3）然后再考察各款设备在上述中间标准下的优劣排序。

（4）借助这些排序，最终作出选购决策。

在决策时，由于 6 款设备对于每个中间标准的优劣排序一般是不一致的，决策者首先要对这 7 个标准的重要度作一个估计，并给出一种排序，然后把 6 款设备分别对每一个标准的排序权重找出来，最后把这些信息数据综合，得到针对总目标的排序权重。

根据以上的思维过程，总结出运用层次分析法进行决策时需要经历的 4 个步骤：

（1）建立系统的递阶层次结构。

（2）构造两两比较判断矩阵。

（3）针对某一标准，计算各被支配元素的权重。

（4）计算当前一层元素关于总目标的排序权重。

7.4.2 建立层次分析结构模型

利用层次分析法解决问题，首先是建立层次结构模型。这一步问题必须建立在对问题及其环境充分理解、分析的基础上。因此，这项工作由具体工作者、决策人、专家等密切合作完成。

作为一个工具，层次分析模型的层次结构大体分成三类：

第一类：最高层，又称顶层、目标层。这层只有一个元素，一般是决策问题的预定目标或理想结果。如［例 7-2］中的选购设备。

第二类：中间层，又称标准层。这一层可以有多个子层，每个子层可以有多个元素，它们包括所有为实现目标所涉及的中间环节。这些环节通常是需要考虑的准则、子准则。［例 7-2］中即是设备功能、外形、价格、性能、耗能量、外界信誉、售后服务等中间标准。

第三类：最底层，又称措施层、方案层。这一层的元素是为实现目标可供选择的各种措施、决策或方案，［例 7-2］中即是 6 款设备。

我们称层次分析结构中各项为结构模型的元素。［例 7-2］的层次结构模型图如图 7-1 所示。

在实际建模过程中有以下 4 点需要说明：

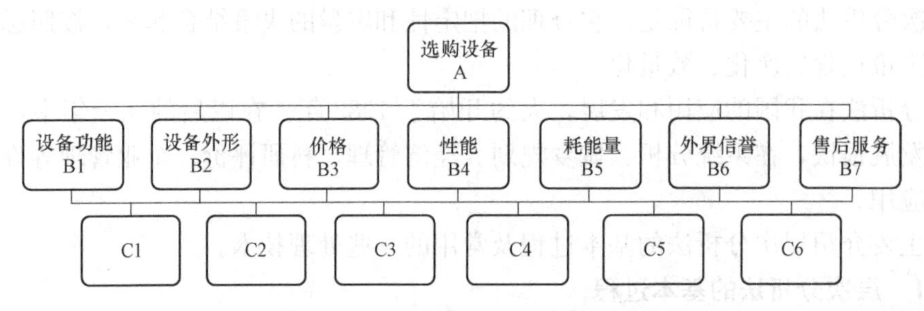

图 7-1 选购设备的层次结构模型图

(1) 除顶层和底层之外，各元素受上层某一元素或某些元素的支配，同时又支配下层的某些元素。

(2) 层次之间的支配关系可以是完全的，也可以是不完全的，即某些元素只支配其下层的元素，有时甚至是隔层支配。

(3) 递阶层次结构中的层次与问题的复杂程度相关，一般不受限制。

(4) 为避免判断上的困难，每层中元素所支配的下层元素一般不超过 9 个。若实际问题被支配元素多于 9 个，可将该层分为若干子层。

根据以上层次结构特征，称这种自上而下的支配关系所形成的层次结构为递阶层次结构。

7.4.3 构造两两比较判断矩阵

当一个递阶层次结构建立以后，需要确定一个上层元素（除底层外）所支配的下一层若干元素 x_1，x_2，…，x_m 关于这个准则的排序权重。这些权重 p_1，p_2，…，p_m 常常表示为百分数，即满足 $0\leqslant p_j\leqslant 1$，且 $\sum_{j=1}^{m} p_j=1$，要直接确定这些权重，一般很困难，因为在此类决策问题中，各被支配元素相对于该准则往往只有一个定性的评价，如“好”“差”等，所以对于多个元素的排序，直接确定是行不通的。

层次分析法提出用两两比较的方式建立判断矩阵，设受该准则支配的 m 个元素为 x_1，x_2，…，x_m，以 a_{ij}，$(i, j=1, 2, \cdots, m)$ 表示 x_i 与 x_j 关于该准则的影响之比值。于是得到矩阵

$$A=\begin{bmatrix} a_{11} & a_{12} & \cdots & a_{1m} \\ a_{21} & a_{22} & \cdots & a_{2m} \\ \vdots & \vdots & \vdots & \vdots \\ a_{m1} & a_{m2} & \cdots & a_{mm} \end{bmatrix} \tag{7-16}$$

称 A 为 x_1，x_2，…，x_m 关于该准则两两比较的判断矩阵，简称为判断矩阵。

为了便于操作，Satty 建议用 1～9 级及其导数共 17 个数作为标度来确定 a_{ij} 的值，习惯称之为 9 度标法。9 度标法的含义见表 7-2。

表 7-2 9 度标法的含义

含义	x_i与y_i同样重要	x_i与y_i稍重要	x_i与y_i重要	x_i与y_i强烈重要	x_i与y_i极重要
a_{ij}取值	1	3	5	7	9
	2	4	6	8	

表 7-2 第一行描述的，x_i 与 y_i 定性比较，关于重要程度的取值，第 3 行描述了介于每两种情况之间的取值。由于 a_{ij} 描述的是重要度的比值，所以 1～9 度的倒数分别描述相反的情况。也就是说，对任意 i、j 有 $a_{ij}=1/a_{ji}$。

9 度标法的选择是在分析了人们的一般心理习惯并参考了心理学研究成果的基础上提出来的，被使用者普遍的接受。在实践中，9 度标法易于操作，并且收到了比较好的效果。当然如果需要，也可以采用其他标度方法，也可以扩大数值范围或缩小数值范围。当重要度的情况用量化的指标进行表示时，可以不设标度限制，而直接用指标之比来得到相应的 a_{ij} 值。

显然，两两比较判断的方法产生的判断矩阵为

$$A=\begin{bmatrix} a_{11} & a_{12} & \cdots & a_{1m} \\ a_{21} & a_{22} & \cdots & a_{2m} \\ \vdots & \vdots & \vdots & \vdots \\ a_{m1} & a_{m2} & \cdots & a_{mm} \end{bmatrix}$$

具有以下性质：

（1）对于任意 i，$j=1$，2，…，n，有 $a_{ij}>0$；

（2）对于任意 i，$j=1$，2，…，n，有 $a_{ij}=1/a_{ji}$；

（3）对于任意 i，$j=1$，2，…，n，$i=j$ 时，有 $a_{ij}=1$。

我们称具有上述性质的矩阵为正互反矩阵。假如［例 7-2］中 6 款设备的价格分别为 1400、1800、2300、1950、3200 元和 2560 元。于是得到 C1、C2、C3、C4、C5、C6 关于价格 B3 的判断矩阵（可直接通过数值比值计算）

$$A_{B3-C}=\begin{bmatrix} 1 & 7/9 & 14/23 & 28/29 & 7/16 & 35/64 \\ 9/7 & 1 & 18/23 & 12/13 & 9/16 & 45/64 \\ 23/14 & 23/18 & 1 & 46/39 & 23/32 & 115/128 \\ 29/28 & 13/12 & 39/46 & 1 & 39/64 & 195/256 \\ 16/7 & 16/9 & 32/23 & 64/39 & 1 & 5/4 \\ 64/35 & 64/45 & 128/115 & 256/195 & 4/5 & 1 \end{bmatrix}$$

6 款设备 C1、C2、C3、C4、C5、C6 关于售后服务 B7 的两两比较判断矩阵（根据主观定性判断，用 9 度标法产生）

$$A_{B7-C}=\begin{bmatrix} 1 & 3 & 1/4 & 1 & 1/2 & 1/3 \\ 1/3 & 1 & 1/8 & 1/2 & 1/5 & 1/7 \\ 4 & 8 & 1 & 3 & 2 & 1 \\ 1 & 2 & 1/3 & 1 & 1/3 & 1/3 \\ 2 & 5 & 1/2 & 3 & 1 & 2 \\ 3 & 7 & 1 & 3 & 1/2 & 1 \end{bmatrix}$$

7.4.4 单一准则下元素相对排序权重计算

在给定准则下，由元素之间两两比较判断矩阵导出相对排序权重的方法有许多种，其中提出最早、应用最广，又有重要理论意义的特征根法受到普遍的重视。

1. 单一准则下元素相对权重的计算过程

特征根法的基本思想是当 A 矩阵为一致性矩阵时，其特征根问题的最大特征值所对应的特征向量归一化后即为排序权向量。

$$Aw = \lambda w \tag{7-17}$$

根据这个基本思想，求单一准则下元素相对排序权重的计算过程如下：

第一步：得到单一准则下元素间两两比较判断矩阵 A；

第二步：求 A 的最大特征值 λ_{max} 及相应的特征向量 $u=(u_1, u_2, \cdots, u_n)^T$；

第三步：将 u 归一化，即 $i=1, 2, \cdots, n$ 求

$$w_i = u_i / \sum_{j=1}^{n} u_j \tag{7-18}$$

由上面过程得到的向量 $w=(w_1, w_2, \cdots, w_n)^T$ 即为单一准则下元素的相对排序权重向量。

［例 7-2］中，B3—C 的权重计算

$$\lambda_{max} = 6.0, \quad u = (0.2511, 0.3228, 0.4125, 0.3497, 0.5739, 0.4592)^T$$

$$w = (0.11, 0.14, 0.17, 0.15, 0.24, 0.19)^T$$

［例 7-2］中，B7—C 的权重计算

$$\lambda_{max} = 6.1764, \quad u = (0.1907, 0.0779, 0.6579, 0.1734, 0.5030, 0.4920)^T$$

$$w = (0.09, 0.04, 0.31, 0.08, 0.24, 0.24)^T$$

2. 判断矩阵的一致性检验

定理：n 阶正反矩阵 $A=(a_{ij})_{n\times n}$ 是一致性矩阵的充分必要条件是 A 的最大特征值 $\lambda_{max}=n$。可以用以上定理来判断正反矩阵 A 是否为一致性矩阵。在实际操作时，由于客观事物的复杂性以及人们对事物判别比较时的模糊性，很难构造出完全一致的判断矩阵。事实上，当矩阵不严重违背重要性的规律，比如，甲比乙强、乙比丙强，不应该出现丙比甲强的情况，人们在判断时还是可以接受的。于是 Satty 在构造层次分析法时，提出满意一致性的概念，即用 λ_{max} 与 n 接近程度来作为一致性程度的尺度。

设两两比较判断矩阵 $A=(a_{ij})_{n\times n}$ 对其一致性检验的步骤如下：

(1) 计算矩阵 A 的最大特征值 λ_{max}；

(2) 求一致性指标 C. I. (consistency index)：$\text{C. I.} = \dfrac{\lambda_{max}-n}{n-1}$；

(3) 查表求相应的平均随机一致性指标 R. I. (rondom index)；

(4) 计算一致性比率 C. R. (consistency ratio)：$\text{C. R.} = \dfrac{\text{C. I.}}{\text{R. I.}}$；

(5) 判断：当 C. R. <0.1 时，认为判断矩阵 A 有满意一致性；若 C. R. $\geqslant 0.1$，应考虑修正判断矩阵 A。

平均随机一致性指标可以预先计算制表，其计算过程如下：取定阶数 n，随机取 9 标度数构造正互反矩阵后求其最大特征值，共计算 m 次（m 足够大），计算这 m 个最大特征值的平均值 $\bar{\lambda}_{max}$，得到 $\text{C. I.} = \dfrac{\bar{\lambda}_{max}-n}{n-1}$，Satty 以 $m=1000$ 得到表 7-3。

表 7-3　判断矩阵一致性检验

矩阵阶数	3	4	5	6	7	8	9	10	11	12	13
R. I.	0.58	0.90	1.12	1.24	1.32	1.41	1.45	1.49	1.51	1.54	1.56

［例 7-2］中，B7—C 的权重计算

$$\lambda_{max} = 6.1764, \quad u = (0.1907, 0.0779, 0.6579, 0.1734, 0.5030, 0.4920)^T$$

$$w = (0.09, 0.04, 0.31, 0.08, 0.24, 0.24)^T$$

$$\text{C.I.} = \frac{6.1764 - 6}{6 - 1} = 0.035, \text{C.R.} = \frac{0.035}{1.24} = 0.028 < 0.1$$

故 A_{B7-C}为一致性矩阵。

7.4.5 各层元素对目标层的合成权重的计算过程

层次分析法的最终目的是求得底层即方案层各元素关于目标层的排序权重。7.4.4 节仅介绍了一组元素对其上一层元素的排序权重向量的介绍，为实现最终目的，需要从上而下逐层进行各层元素对目标的合成权重的计算。

1. 各层元素对目标层的合成权重的计算过程

设已计算出第 $k-1$ 层 n_{k-1}个元素相对于目标的合成权重为

$$w^{(k-1)} = (w_1^{(k-1)}, w_2^{(k-1)}, \cdots, w_{n_{k-1}}^{(k-1)})^T \tag{7-19}$$

再设 k 层的 n_k个元素关于第 $k-1$ 层第 j 个元素（$j=1, 2, \cdots, n_{k-1}$）的单一准则排序权重向量为

$$u_j^{(k)} = (u_{1j}^{(k)}, u_{2j}^{(k)}, \cdots, u_{n_kj}^{(k)})^T \tag{7-20}$$

式（7-20）中的权重向量可以对 k 层的 n_k 个元素完全对应，也可以不完全对应。当某些元素不受 $k-1$ 层第 j 个元素支配时，相应位置用零补充，于是得到 $n_k \times n_{k-1}$矩阵

$$U^{(k)} = \begin{bmatrix} u_{11}^{(k)} & u_{12}^{(k)} & \cdots & u_{1n_{k-1}}^{(k)} \\ u_{21}^{(k)} & u_{22}^{(k)} & \cdots & u_{2n_{k-1}}^{(k)} \\ \vdots & \vdots & \vdots & \vdots \\ u_{n_k1}^{(k)} & u_{n_k2}^{(k)} & \cdots & u_{n_kn_{k-1}}^{(k)} \end{bmatrix} \tag{7-21}$$

利用式（7-19）和式（7-21）可得到第 k 层 n_k个元素关于目标层的合成权重

$$w^{(k)} = U^{(k)} w^{(k-1)} \tag{7-22}$$

式（7-22）写成分量形式

$$w_i^{(k)} = \sum_{j=1}^{n_{k-1}} u_{ij}^{(k)} w_j^{(k-1)}, i = 1, 2, \cdots, n_k \tag{7-23}$$

注：$w^{(2)}$是第 2 层元素对目标层的排序权重向量，实际上也是单准则下的排序权重（因第 1 层为目标层，只有一个）。

2. 整体一致性检验

各层元素对目标层合成排序权重向量是否可以满意接受，同单一准则下的排序问题一样，需要进行综合一致性检验。

在实际工程中，整体一致性检验常常不予以进行，主要原因是对整体进行考虑是十分困难的；若每个单一准则下的判断具有满意一致性，而整体达不到一致性时，调整起来非常困难。这个整体满意一致性的背景不如单一准则下的背景清晰，它的必要性也有待进一步研究。

【例 7-3】 有一递阶层次结构如图 7-2 所示。

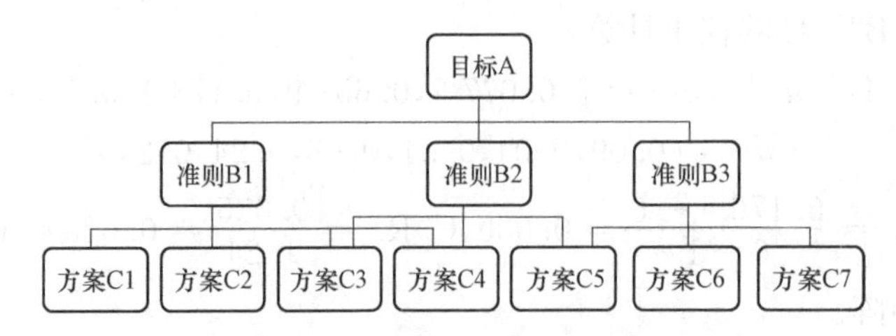

图 7-2 ［例 7-3］层次结构图

经专家讨论分析得到下列两两判断矩阵：

A	B1	B2	B3
B1	1	3	6
B2	1/3	1	2
B3	1/6	1/2	1

B1	C1	C2	C3	C4
C1	1	1/3	1/5	1/9
C2	3	1	1/2	1/7
C3	5	2	1	1/4
C4	9	7	4	1

B2	C3	C4	C5
C3	1	2	7
C4	1/2	1	4
C5	1/7	1/4	1

B3	C5	C6	C7
C5	1	2	5
C6	1/2	1	3
C7	1/5	1/3	1

解：第 2 层对目标 A 的排序权重计算：相应判断矩阵的最大特征值 $\lambda_{max}=3$，故为一致性矩阵，特征向量 $u=(0.937\,0,\ 0.312\,3,\ 0.156\,2)^T$，归一化后得

$$w=(0.666\,7, 0.222\,2, 0.111\,1)^T$$

第 3 层对第 2 层各元素相对排序计算：

(1) C1、C2、C3、C4 对准则 B1 的排序权重向量计算：相应判断矩阵的最大特征值 $\lambda_{max}=4.088\,7$，得 $C.I._1^{(3)}=\dfrac{4.088\,7-4}{4-1}=0.029\,6$，$R.I._1^{(3)}=0.90$，$C.R._1^{(3)}=0.032\,9<0.1$，故为一致性矩阵。特征向量 $u=(0.069\,8,\ 0.158\,6,\ 0.291\,8,\ 0.940\,6)^T$，归一化后得

$$v_{B1}=(0.047\,8, 0.108\,6, 0.199\,8, 0.643\,9)^T$$

(2) C3、C4、C5 对准则 B2 的排序权重向量计算：相应判断矩阵的最大特征值 $\lambda_{max}=3.002$，得 $C.I._2^{(3)}=\dfrac{3.002-3}{3-1}=0.001$，$R.I._2^{(3)}=0.58$，$C.R._2^{(3)}=0.001\,7<0.1$，故为一致性矩阵。特征向量 $u=(0.879\,8,\ 0.459\,9,\ 0.120\,2)^T$，归一化后得

$$v_{B2}=(0.602\,6, 0.315\,0, 0.082\,3)^T$$

(3) C5、C6、C7 对准则 B3 的排序权重向量计算：相应判断矩阵的最大特征值：$\lambda_{max}=3.004$，得 $C.I._3^{(3)}=\dfrac{3.004-3}{3-1}=0.002$，$R.I._3^{(3)}=0.58$，$C.R._3^{(3)}=0.003\,4<0.1$，故为一致性矩阵。特征向量 $u=(0.871\,1,\ 0.462\,9,\ 0.164\,0)^T$，归一化后得 $v_{B2}=(0.581\,5,\ 0.309\,0,\ 0.109\,5)^T$。

将上述的排序权重用零补齐空位，得到 U 矩阵为

$$U^{(3)} = \begin{bmatrix} 0.047\,8 & 0 & 0 \\ 0.108\,6 & 0 & 0 \\ 0.199\,8 & 0.602\,6 & 0 \\ 0.643\,9 & 0.315\,0 & 0 \\ 0 & 0.082\,4 & 0.581\,5 \\ 0 & 0 & 0.309\,0 \\ 0 & 0 & 0.109\,5 \end{bmatrix}$$

于是可得到方案层各元素关于目标 A 的合成权重向量为

$$w^{(3)} = U^{(3)}w^{(2)} = (0.031\,5, 0.073\,0, 0.268\,8, 0.497\,4, 0.082\,9, 0.034\,3, 0.012\,2)$$

7.5 目标规划法

目标规划在实践中应用十分广泛，它的重要特点是对各目标分级加权与逐级优化，这符合人们处理问题要分清轻重缓急、保证重点的思考方式。

7.5.1 问题提出

为了便于理解目标规划数学模型的特征及建模思路，首先举一个简单的例子说明。

【例 7-4】 某工程机械生产单位用一条生产线生产两种机械产品 A 和 B，每周生产线运行时间为 60h，生产一台 A 产品需要 4h，生产一台 B 产品需要 6h。根据市场预测，A、B 产品平均销售量分别为每周 9 台、8 台，它们销售利润分别为 12 万元、18 万元。在制定生产计划时，经理考虑下述 4 项目标：

（1）产量不能超过市场预测的销售量；

（2）工人加班时间最少；

（3）希望总利润最大；

（4）尽可能满足市场需求，当不能满足时，市场认为 B 产品的重要性是 A 产品的 2 倍。试建立这个问题的数学模型。

问题分析： 若把总利润最大看作目标，而把产量不能超过市场预测的销售量、工人加班时间最少和要尽可能满足市场需求的目标看作约束，则可建立一个单目标线性模型。

设决策变量 x_1、x_2 分别为 A、B 产品的产量

$$\max z = 12x_1 + 18x_2$$

$$\text{s.t.} \quad \begin{cases} 4x_1 + 6x_2 \leqslant 60 \\ x_1 \leqslant 9 \\ x_2 \leqslant 8 \\ x_1, x_2 \geqslant 0 \end{cases}$$

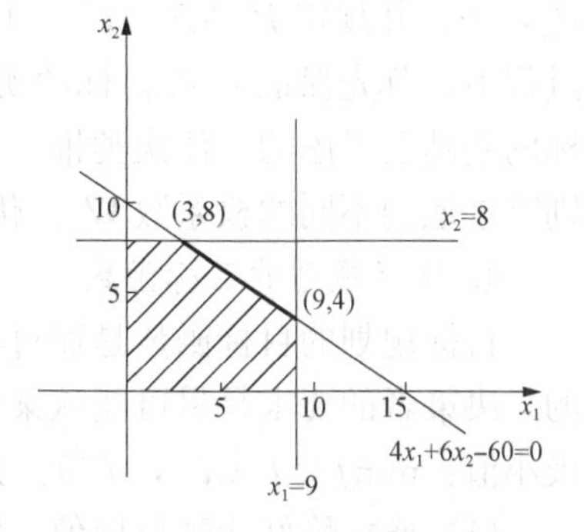

图 7-3 ［例 7-4］单目标最优解

容易求得上述模型的最优解为 $(9,4)^{\mathrm{T}}$ 到 $(3,8)^{\mathrm{T}}$ 所在线段上的点，最优目标值为 $z^* = 180$ 万元，即可选方案有多种，如图 7-3 所示。

实际上，这个结果并非完全符合决策者的要求，它只实现了第一、第二、第三条目标，而没有达到最后一个目标。进一步分析可知，在单目标优化模型基础上要实现全体目标是不可能的。

7.5.2 目标规划模型的基本概念

仍设决策变量 x_1、x_2分别为产品 A、B 的产量，把上例中的 4 个目标表示为不等式：

(1) 第一个目标：$x_1 \leqslant 9$，$x_2 \leqslant 8$；

(2) 第二个目标：$4x_1+6x_2 \leqslant 60$；

(3) 第三个目标：希望总利润最大，要表示成不等式，需要找到一个目标上界，这里可以估计为 252 万元（12 万元×9＋18 万元×8），于是就有 $12x_1+18x_2 \leqslant 252$；

(4) 第四个目标：待定。

下面引入与建立目标规划数学模型有关的概念。

1. 正、负偏差变量 d^+，d^-

用正偏差变量 d^+ 表示决策值超过目标值的部分；负偏差变量 d^- 表示决策值不足目标值的部分。决策值不可能既超过目标值同时又未达到目标值，即出现了 d^+，就不会出现 d^-，反之亦然。

2. 绝对约束和目标约束

把所有等式、不等式约束分为两部分：绝对约束和目标约束。

绝对约束是指必须严格满足的等式约束和不等式约束，如在线性规划问题中考虑的约束条件，不能满足这些约束的解称为非可行解，所以它们是硬约束。如果［例 7-4］中生产 A、B 产品所需原材料数量有限制，并且无法从其他渠道予以补充，则构成绝对约束。

目标约束是目标规划特有的，可以把约束右端项看作要努力追求的目标值，但允许发生正、负偏差，用在约束中加入正、负偏差变量来表示，于是称它们是软约束。对于上例，有如下目标约束

$$x_1+d_1^- - d_1^+ = 9, x_2+d_2^- - d_2^+ = 8$$

$$4x_1+6x_2+d_3^- - d_3^+ = 60$$

$$12x_1+18x_2+d_4^- - d_4^+ = 252$$

3. 优先因子和权系数

对于多目标问题，设有 L 个目标函数 f_1，f_2，…，f_L，决策者在要求达到这些目标时，一般有主次之分。为此，引入优先因子 P_i，$i=1$，2，…，L。如果设预期的目标函数顺序为 f_1，f_2，…，f_L，把要求第一位达到的目标赋予优先因子 P_1，次位的目标赋予优先因子 P_2，…，并规定 $P_i \gg P_{i+1}$，$i=1$，2，…，$L-1$。这里符号“≫”表示远远大于。即在计算过程中，首先保证 P_1级目标的实现，这时可不考虑次级目标；而 P_2级目标是在实现 P_1级目标的基础上考虑的，依次类推。当需要区别具有相同优先因子的若干个目标的差别时，可分别赋予他们不同的权系数 W_j。优先因子及权系数的值，均由决策者按具体情况来确定。

4. 目标规划的目标函数

目标规划的目标函数是通过各目标约束的正、负偏差变量和赋予相应的优先等级来构造的。决策者的要求是尽可能从某个方向缩小偏离目标的数值。于是目标规划的目标函数是求极小值：$\min f=f(d^+, d^-)$。其基本形式有三种：

(1) 要求恰好达到目标值，即使相应目标约束的正、负偏差变量都要尽可能地小，这时取 $\min(d^+ + d^-)$。

(2) 要求不超过目标值，即使相应目标约束的正偏差变量要尽可能地小，这时取 $\min(d^+)$。

(3) 要求不低于目标值，即使相应目标约束的负偏差变量要尽可能地小，这时取 $\min(d^-)$。

针对上例，根据决策者的考虑：

(1) 第一优先级要求 $\min(d_1^+ + d_2^+)$。

(2) 第二优先级要求 $\min(d_3^+)$。

(3) 第三优先级要求 $\min(d_4^-)$。

(4) 第四优先级要求 $\min(d_1^- + 2d_2^-)$，这里，当不能满足市场需求时，市场认为B产品的重要性是A产品的2倍。因此引入了1∶2的权系数。

综上分析，可得到下列目标规划模型

$$\min f = P_1(d_1^+ + d_2^+) + P_2 d_3^+ + P_3 d_4^- + P_4(d_1^- + 2d_2^-)$$

$$\text{s.t.}\quad \begin{aligned} x_1 + d_1^- - d_1^+ &= 9 \\ x_2 + d_2^- - d_2^+ &= 8 \\ 4x_1 + 6x_2 + d_3^- - d_3^+ &= 60 \\ 12x_1 + 18x_2 + d_4^- - d_4^+ &= 252 \\ x_1, x_2, d_i^-, d_i^+ \geqslant 0, i &= 1,2,3,4 \end{aligned}$$

7.5.3 目标规划的几何意义及图解法

对只具有两个决策变量的目标规划的数学模型，可以用图解法来分析求解。通过图解示例，可以看到目标规划中的优先因子，正、负偏差变量及权系数等的几何意义。

下面用图解法来求解［例7-4］。

先在平面直角坐标系的第一象限内，作出与各约束所对应的直线，然后在这些直线旁分别标上其所代表的约束 $G-i(i=1, 2, 3, 4)$。图中 x，y 分别表示上例问题的 x_1 和 x_2；各直线移动使之函数值变大、变小的方向用+、−表示为 d_i^+、d_i^-（如图7-4所示）。

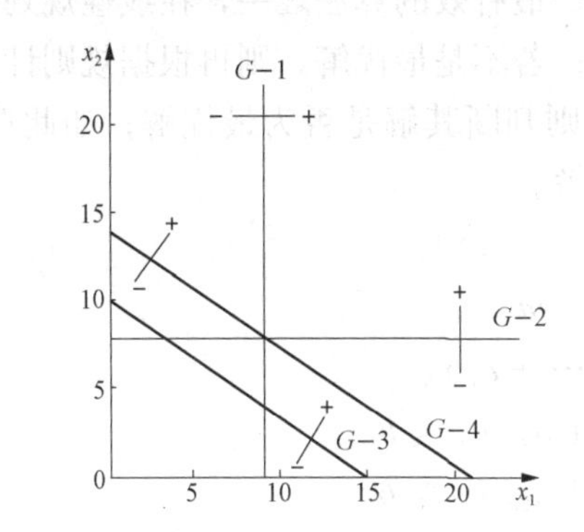

图7-4 ［例7-4］图解法约束表示

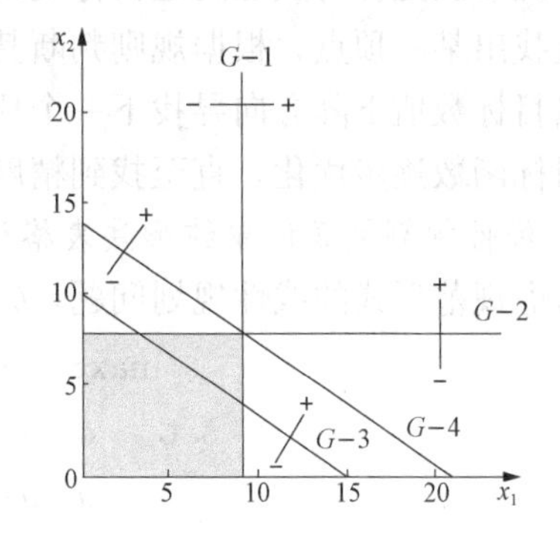

图7-5 满足 P_1 级目标最优解集

下面根据目标函数的优先因子来分析求解。首先考虑第一级具有 P_1 优先因子的目标的实现，在目标函数中要求实现 $\min(d_1^+ + d_2^+)$，取 $d_1^+ = d_2^+ = 0$。图7-5中阴影部分即表示该最优解结合的所有点。

进一步在第一级目标的最优解集合中找到满足第二优先级要求 $\min(d_3^+)$ 的最优解。取 $d_3^+ = 0$，可得到图7-6中阴影部分即是满足第一、第二优先级要求的最优解结合。

第三优先级要求 min（d_4^-）。根据图7-6可知，d_4^- 不可能取0值，取使 d_4^- 最小的值72得到图7-7所示的黑色粗线段，其表示满足第一、第二及第三优先级要求的最优解组合。

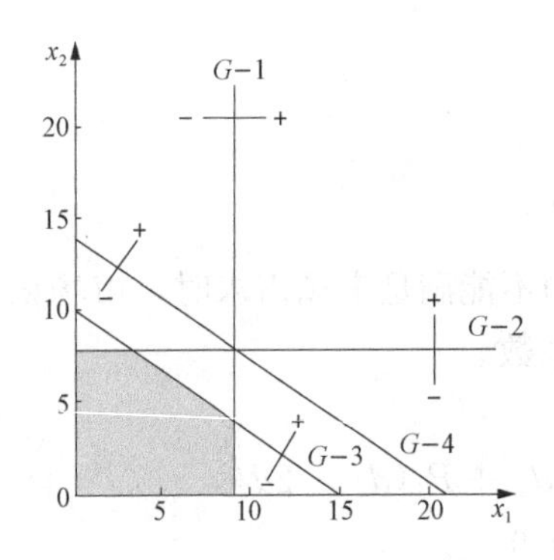

图7-6　满足 P_1 和 P_2 级目标最优解集

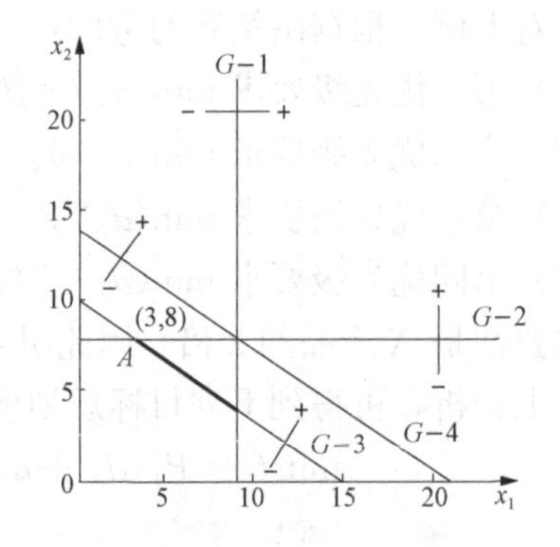

图7-7　满足 P_1、P_2 和 P_3 级目标最优解集

最后考虑第四优先级，要求 $\min(d_1^- + 2d_2^-)$，即要在黑色粗线段中找出最优解。由于 d_1^- 的权因子小于 d_2^-，因此在这里可以考虑取 $d_2^-=0$。于是解得 $d_1^-=6$，最优解为A点：$x=3$，$y=8$。虽然这组解并没有满足决策者的所有目标，但已经是符合决策者各优先级思路的最好结果了。

目标规划的数学模型，特别是约束的结构与线性规划模型没有本质的区别，只是它的目标不止一个，虽然其利用优先因子和权系数把目标写成一个函数的形式，但在计算中无法按单目标处理，所以可用单纯形法进行适当改进后求解。

7.5.4　求解目标规划法的单纯形法

1. 单纯形法的基本思想

单纯形法是针对线性问题目标规划求解的最常用、最有效的算法之一，在线性规划可行域中先找出某一顶点，根据规则判断其解是否为最优；若不是最优解，则再根据规则计算步长，沿目标数值下降方向寻找下一个顶点，再根据规则判断其解是否为最优解；如此迭代，使所目标函数逐步优化，直至找到精度范围内的最优解。

2. 线性规划问题的单纯形法表格计算

考虑规范形式的线性规划问题：$b_i > 0 \quad i=1, \cdots, m$

$$\begin{aligned}
& \max z = c_1 x_1 + c_2 x_2 + \cdots + c_n x_n \\
\text{s.t.} \quad & a_{11} x_1 + a_{12} x_2 + \cdots + a_{1n} x_n \leqslant b_1 \\
& a_{21} x_1 + a_{22} x_2 + \cdots + a_{2n} x_n \leqslant b_2 \\
& \qquad \vdots \\
& a_{m1} x_1 + a_{m2} x_2 + \cdots + a_{mn} x_n \leqslant b_m \\
& x_1, x_2, \cdots, x_n \geqslant 0
\end{aligned}$$

加入松弛变量，化为标准形式

$$\begin{aligned}
& \max z = c_1 x_1 + c_2 x_2 + \cdots + c_n x_n \\
\text{s.t.} \quad & a_{11} x_1 + a_{12} x_2 + \cdots + a_{1n} x_n + x_{n+1} = b_1 \\
& a_{21} x_1 + a_{22} x_2 + \cdots + a_{2n} x_n + x_{n+2} = b_2 \\
& \qquad \vdots \\
& a_{m1} x_1 + a_{m2} x_2 + \cdots + a_{mn} x_n + x_{n+m} = b_m \\
& x_1, x_2, \cdots, x_n, x_{n+1}, \cdots, x_{n+m} \geqslant 0
\end{aligned}$$

考虑上式，显然 x_{n+1}，x_{n+2}，…，x_{n+m}对应的基是单位矩阵，得到一个基本可行解为 $X=(0,\ \cdots,\ 0,\ b_1,\ b_2,\ \cdots,\ b_m)^T$。用非基变量 $\boldsymbol{X_N}=(x_1,\ x_2,\ \cdots,\ x_n)^T$来表示基变量 $X_B=(x_{n+1},\ x_{n+2},\ \cdots,\ x_{n+m})^T$则 $X_B=Ib-AX_N=b-AX_N$。构造初始单纯形表（见表7-4）。

表7-4　初始单纯形表

$\boldsymbol{C_B}$	$\boldsymbol{X_B}$	$\boldsymbol{b}$	c_1	c_2	…	c_n	c_{n+1}	c_{n+2}	…	c_{n+m}	θ
			x_1	x_2	…	x_n	x_{n+1}	x_{n+2}	…	x_{n+m}	
c_{n+1}	x_{n+1}	b_1	a_{11}	a_{12}	…	a_{1n}	1	0	…	0	θ_1
c_{n+2}	x_{n+2}	b_2	a_{21}	a_{22}	…	a_{2n}	0	1	…	0	θ_2
⋮	⋮	⋮	⋮	⋮	⋮	⋮	⋮	⋮	⋮	⋮	⋮
c_{n+m}	x_{n+m}	b_m	a_{m1}	a_{m2}	…	a_{mn}	0	0	…	1	θ_m
$-z$		$-z'$	σ_1	σ_2	…	σ_n	0	0	…	0	

注：$z'=\sum_{i=1}^{m}c_{n+i}b_i$，表中 $z'=0$；$\sigma_j=c_j-\sum_{i=1}^{m}c_{n+i}a_{ij}$为检验数，表中$\sigma_j=c_j$；同时 $c_{n+i}=0$，$i=1,\ \cdots,\ m$，$a_{n+i,i}=1$，$a_{n+i,j}=0\ (j\neq i)$，$i,\ j=1,\ \cdots,\ m$。

这一变化过程的实质是利用消元法把目标函数中的基变量消去，用非基变量来表示目标函数。因此，所得到的最后一行中非基变量的系数即为检验数σ_j，而常数列则是$-z$的取值$-z'$。把这些信息设计成表格，即称为初始单纯形表。表7-4中：$\boldsymbol{X_B}$列填入基变量，这里是 x_{n+1}，x_{n+2}，…，x_{n+m}；$\boldsymbol{C_B}$列填入基变量的系数，这里是 c_{n+1}，c_{n+2}，…，c_{n+m}；$\boldsymbol{b}$列中填入约束方程右端的常数，代表基变量的取值；第2行填入所有的变量名，第1行填入相应变量的价值系数值 c_j；第4列至倒数第2列、第3行至倒数第2行之间填入整个约束系数矩阵；最后一行为检验数行，对应于各个非基变量的检验数为σ_j，而基变量的检验数均为零。

在运算过程中，$\boldsymbol{C_B}$列的基变量相对应的价值系数随基变量的变化而改变。填入这一列的目的是为了计算检验数σ_j，由表7-4中检验数行（最后一行）可以看出

$$\sigma_j=c_j-\sum_{i=1}^{m}c_{n+i}\,a_{ij}$$

恰好是由 x_j的价值系数 c_j减去$\boldsymbol{C_B}$列的各元素与 x_j列各对应元素的乘积。

θ_i列的数字是在确定了换入变量 x_k以后，分别由 $\boldsymbol{b}$ 列的元素 b_j除以 x_k列对应元素 a_{ik}，计算出来以后填上的，即当 $a_{ik}>0$ 时，$\theta_i=b_i/a_{ik}$；否则，$\theta_i=\infty$。

在初始单纯形表中，前 m 行是用非基变量表示基变量的表达式，也是所有的约束条件（除非负约束外）。第 $m+1$ 行是用非基变量表示的目标函数，而原来的目标函数可由 c_j行得到。当前基变量是θ_i列的变量，当前 $\boldsymbol{X_B}$的取值在$\boldsymbol{b}$ 列。因此该表中既包含原问题的信息，也包含了当前基本可行解的信息，以及最优性检验所需的信息，因而可以利用它来进行单纯形法的迭代。

值得注意的是，变量非负约束是单纯形表中所隐含的，任何时候 $\boldsymbol{b}$ 列的值都应是非负的，如果出现负值，则表示当前基本解不是可行解，求解也就无法进行。造成的原因可能是初始基本解不是可行解，或者迭代过程中在选出基变量或在主元变换时出现错误。

在上述初始单纯形表的基础上，按下列规则过程进行迭代，可以得到一般形式的单纯形表。经过有限步迭代，将寻求到线性规划问题的解。计算中注意以下 5 点：

（1）在单纯形表中，若所有$\sigma_i \leqslant 0$，则当前基本可行解是最优解；否则，若存在$\sigma_k > 0$，对应的变量 x_k就可作为换入基的变量，当有一个以上的检验数大于零时，一般从中找出最大的σ_k。

（2）若表中 x_k列的所有系数 $a_{ik} \leqslant 0$，则没有有限最优解，计算结束；否则，按 $\theta = \min\left\{\frac{b_i}{a_{ij}} \mid a_{ij} > 0\right\}$计算$\theta_i$，填入$\theta_i$列。

（3）在θ_i列取 $\min\{\theta_i\} = \theta_r$，则以 $\boldsymbol{X_B}$列 r 行的变量为出基变量。取 a_{rk}为主元，这时显然有 $a_{rk} > 0$。

（4）建立与原表相同格式的空表，把第 r 行乘以 $1/a_{rk}$之后的结果填入新表的第 r 行；对于 $i \neq r$ 行，把第 r 行乘以$-(a_{ik}/a_{rk})$之后与原表中第 i 行相加，结果填入新表的第 i 行；在 $\boldsymbol{X_B}$列中 r 行位置填入 x_k，其余行不变；在 $\boldsymbol{C_B}$列中用 c_k代替 r 行原来的值，其余的行与原表中相同。

注意：在计算过程中，第 3 行至倒数第 2 行中部（第 3 列至倒数第 2 列）的每一行表示了一个等式

$$a_{i1}x_1 + a_{i2}x_2 + \cdots + a_{in}x_n + a_{in+1}x_{n+1} + a_{in+2}x_{n+2} + \cdots + a_{in+m}x_{n+m} = b_i, i = 1,2,\cdots,m$$

这组等式是与原问题的约束等价的线性方程组。

（5）用 x_j的价值系数 c_j减去 $\boldsymbol{C_B}$列的各元素与 x_j列各对应元素的乘积，把计算结果填入 x_j列的最后一行，得到检验数σ_j，计算并填入$-z'$的值（以零减去 $\boldsymbol{C_B}$列各元素与 $\boldsymbol{b}$ 列各元素的乘积）。

这两个过程［(4)、(5)］，实质上是通过矩阵初等行变换，使表格第 k 列的第 3 行至最后一行的元素，除第 r 行第k 列元素为 1 外，其余均为 0。

经上述过程，可以得到一张新的单纯形表，对应一个新的基本可行解。重复上述迭代过程，就可得到最优解或判断出没有有限最优解。

【例 7-5】 用单纯形法求如下标准化后的线性规划问题。

$$\max z = 1500x_1 + 2500x_2$$

$$\text{s.t.}\quad 3x_1 + 2x_2 + x_3 = 65$$

$$2x_1 + x_2 + x_4 = 40$$

$$3x_2 + x_5 = 75$$

$$x_1, x_2, x_3, x_4, x_5 \geqslant 0$$

解：本例中设$P_3 = \begin{bmatrix}1\\0\\0\end{bmatrix}$，$P_4 = \begin{bmatrix}0\\1\\0\end{bmatrix}$，$P_5 = \begin{bmatrix}0\\0\\1\end{bmatrix}$，令非基变量 $x_1 = x_2 = 0$，得到一个基可行解 $x_1 = x_2 = 0$，$x_3 = 65$，$x_4 = 40$，$x_5 = 75$，它的基是（$\boldsymbol{P}_3, \boldsymbol{P}_4$，$\boldsymbol{P}_5$）$= I$（单位矩阵）。于是，得到初始单纯形表（见表 7-5）。

表 7-5 [例 7-5] 初始单纯形表

C_B	X_B	b	1500	2500	0	0	0	θ	
			x_1	x_2	x_3	x_4	x_5		
0	x_3	65	3	2	1	0	0	32.5	(1)
0	x_4	40	2	1	0	1	0	40	(2)
0	x_5	75	0	[3]	0	0	1	25	(3)
$-z$		0	1500	2500	0	0	0		(4)

表 7-5 中有大于零的检验数，所以表中的基可行解不是最优解。因$\sigma_2>\sigma_1$，故确定 x_2 为换入基的变量。为了确定换出基的变量，根据 $\theta=\min\left\{\dfrac{b_i}{a_{ij}} \mid a_{ij}>0\right\}$ 求得 $\min\theta$，

$$\theta=\min\left(\frac{65}{2},\frac{40}{1},\frac{75}{3}\right)=25$$

因此 x_5 为换出基的变量，3 是主元素，将其加上“[]”号标记，将换入变量 x_2 替换基变量中的 x_5，得到新单纯形表（一），见表 7-6。

表 7-6 [例 7-5] 新单纯形表（一）

C_B	X_B	b	1500	2500	0	0	0	θ	
			x_1	x_2	x_3	x_4	x_5		
0	x_3	15	[3]	0	1	0	−2/3	5	(1)′
0	x_4	15	2	0	0	1	−1/3	7.5	(2)′
2500	x_2	25	0	1	0	0	1/3	∞	(3)′
$-z$		−62 500	1500	0	0	0	−2500/3		(4)′

注：表中∞表示无穷大。

为了清楚的说明计算过程，表 7-5 中各行分别标以（1）、（2）、（3）、（4），表 7-6 中相应行标（1）′、（2）′、（3）′、（4）′。首先将主元素行除以主元素，故有（3）′=（3）/3，即（3）′行数字由表 7-5 中第（3）行数字除以主元素 3 得来。（1）′=（1）−2/3（3）；（2）′=（2）−1/3（3）；（4）′=（4）−2500/3（3）。

表 7-6 中仍存在大于零的检验数σ_1，故确定 x_1 为换入基的变量，又因 $\theta=\min\left\{\dfrac{15}{3},\dfrac{15}{2},\infty\right\}=5$，故 3 为主元素，$x_3$ 为换出基的变量。用 x_1 代替 x_3，得到新单纯形表（二），见表 7-7。

表 7-7 [例 7-5] 新单纯形表（二）

C_B	X_B	b	1500	2500	0	0	0	θ	
			x_1	x_2	x_3	x_4	x_5		
1500	x_1	5	1	0	1/3	0	−2/9	—	(1)″
0	x_4	5	0	0	−2/3	1	1/9	—	(2)″
2500	x_2	25	0	1	0	0	1/3	—	(3)″
$-z$		−70 000	0	0	−500	0	−500		(4)″

表 7-7 中各行的计算过程同表 7-6，所有检验数都小于等于零，表明已经找到问题的最优解 $x_1=5$，$x_2=25$，$x_3=0$，$x_4=5$，$x_5=0$。

3. 目标规划问题的单纯形法的计算步骤

考虑到目标规划数学模型的些特点，使用单纯形法时，作以下规定：

（1）因为目标规划问题的目标函数都是求最小化，所以检验数的最优准则与线性规划是相同的。

（2）因为非基变量的检验数中含有不同等级的优先因子，$P_i \geqslant P_{i+1}$（$i=1$，2，…，$L-1$）。于是从每个检验数的整体来看：P_{i+1}（$i=1$，2，…，$L-1$）优先级第 k 个检验数的正、负首先决定于P_1，P_2，…，P_i优先级第 k 个检验数的正、负。若P_1级第 k 个检验数为 0，则此检验数的正、负取决于P_2级第 k 个检验数；若P_2级第 k 个检验数仍为 0，则此检验数的正、负取决于P_3级第 k 个检验数，依次类推。换一句话说，当某P_i级第 k 个检验数为负数时，计算中不必再考察P_j（$j>i$）级第 k 个检验数的正、负情况。

（3）根据（LGP）模型特征，当不含绝对约束时，d_i^-（$i=1$，2，…，K）构成了一组基本可行解。在寻找单纯形法初始可行点时，这个特点是很有用的。

求解目标规划问题的单纯形法的计算步骤如下：

（1）建立初始单纯形表。在表中将检验数行按优先因子个数分别列成 K 行。初始的检验数需根据初始可行解计算出来，方法同基本单纯形法。当不含绝对约束时，d_i^-（$i=1$，2，…，K）构成了组基本可行解，这时只需利用相应单位向量把各级目标行中对应d_i^-（$i=1$，2，…，K）的量消成 0，即可得到初始单纯形表，置 $k=1$。

（2）检查确定进基变量。当前第 k 行中是否存在大于 0，且对应的前 $k-1$ 行的同列检验数为零的检验数。若有，则取其中最大者对应的变量为换入变量转步骤（3）。否则，若无这样的检验数，则转步骤（5）。

（3）确定出基变量。按单纯形法中的最小比值规则确定换出变量。当存在两个和两个以上相同的最小比值时，选取具有较高优先级别的变量为换出变量，转步骤（4）。

（4）换基运算。按单纯形法的相关步骤进行基变换运算，建立新的单纯形表（注意：要对所有的目标行进行转轴运算），返回步骤（2）。

（5）终止或迭代。当 $k=K$ 时，计算结束。表中的解即为满意解。否则置 $k=k+1$，返回步骤（2）。

4. 目标规划问题单纯形法计算例题

试用单纯形法来求解 [例 7-4] 目标规划模型：

$$\min f = P_1(d_1^+ + d_2^+) + P_2\, d_3^+ + P_3\, d_4^- + P_4(d_1^- + 2\, d_2^-)$$

$$\text{s.t.} \quad x_1 + d_1^- - d_1^+ = 9$$

$$x_2 + d_2^- - d_2^+ = 8$$

$$4x_1 + 6\,x_2 + d_3^- - d_3^+ = 60$$

$$12x_1 + 18\,x_2 + d_4^- - d_4^+ = 252$$

$$x_1, x_2, d_i^+, d_i^- \geqslant 0, i = 1,2,3,4$$

解： 对目标规划问题建立下列表格（见表 7-8）。其中 RHS 表示约束右端项。

表 7-8　建立目标规划问题

目标分项	x_1	x_2	d_1^-	d_1^+	d_2^-	d_2^+	d_3^-	d_3^+	d_4^-	d_4^+	RHS	θ
P_1	0	0	0	−1	0	−1	0	0	0	0	0	
P_2	0	0	0	0	0	0	0	−1	0	0	0	
P_3	0	0	0	0	0	0	0	0	−1	0	0	
P_4	0	0	−1	0	−2	0	0	0	0	0	0	
d_1^-	1	0	1	−1	0	0	0	0	0	0	9	
d_2^-	0	1	0	0	1	−1	0	0	0	0	8	
d_3^-	4	6	0	0	0	0	1	−1	0	0	60	
d_4^-	12	18	0	0	0	0	0	0	1	−1	252	

首先处理初始基本可行解对应的各级检验数。由于P_1，P_2优先级对应的目标函数中不含d_i^-，所以其检验数只需取系数负值。分别为（0，0，0，−1，0，−1，0，0，0，0；0）和（0，0，0，0，0，0，0，−1，0，0；0）。P_3优先级对应的目标函数中含d_4^-，所以该行不是典式表示，应将第 4 个约束行加到这一行上，使得基变量对应的检验数为 0。得到（12，18，0，0，0，0，0，0，0，−1；252），见表 7-9。

表 7-9　初始基本可行解及各级检验数

目标分项	x_1	x_2	d_1^-	d_1^+	d_2^-	d_2^+	d_3^-	d_3^+	d_4^-	d_4^+	RHS	θ
P_1	0	0	0	−1	0	−1	0	0	0	0	0	
P_2	0	0	0	0	0	0	0	−1	0	0	0	
P_3	12	18	0	0	0	0	0	0	0	−1	252	
P_4	0	0	−1	0	−2	0	0	0	0	0	0	
d_1^-	1	0	1	−1	0	0	0	0	0	0	9	
d_2^-	0	1	0	0	1	−1	0	0	0	0	8	
d_3^-	4	6	0	0	0	0	1	−1	0	0	60	
d_4^-	12	18	0	0	0	0	0	0	1	−1	252	

P_4优先级对应的目标函数中含（$d_1^- + 2d_2^-$），所以该行也不是典式表示，应将第 1 约束行与第 2 个约束行的 2 倍加到这一行上，使得基变量对应的检验数为 0，得到（1，2，0，−1，0，−2，0，0，0，0；25），于是，得到此目标规划的初始单纯形表（见表 7-10）。

表 7-10　目标规划的初始单纯形表

目标分项	x_1	x_2	d_1^-	d_1^+	d_2^-	d_2^+	d_3^-	d_3^+	d_4^-	d_4^+	RHS	θ
P_1	0	0	0	−1	0	−1	0	0	0	0	0	
P_2	0	0	0	0	0	0	0	−1	0	0	0	
P_3	12	18	0	0	0	0	0	0	0	−1	252	
P_4	1	2	0	−1	0	−2	0	0	0	0	25	
d_1^-	1	0	1	−1	0	0	0	0	0	0	9	—

续表

目标分项	x_1	x_2	d_1^-	d_1^+	d_2^-	d_2^+	d_3^-	d_3^+	d_4^-	d_4^+	RHS	θ
d_2^-	0	[1]	0	0	1	−1	0	0	0	0	8	8
d_3^-	4	6	0	0	0	0	1	−1	0	0	60	10
d_4^-	12	18	0	0	0	0	0	0	1	−1	252	14

（1）$k=1$，在初始单纯形表中基变量为$(d_1^-, d_2^-, d_3^-, d_4^-)^{\mathrm{T}}=(9, 8, 60, 252)^{\mathrm{T}}$。

（2）因为P_1与P_2优先级的检验数均已经为非正，所以这个单纯形表对P_1与P_2优先级是最优单纯形表。

（3）下面考虑P_3优先级，第二列的检验数为 18，此为进基变量，计算相应的比值b_i/a_{ij}，写在θ列。通过比较，得到d_2^-对应的比值最小，于是取a_{22}（标为［］）为转轴元进行矩阵行变换，得到新的单纯形表（见表 7 - 11）。

表 7 - 11　　第二轮的单纯形表

目标分项	x_1	x_2	d_1^-	d_1^+	d_2^-	d_2^+	d_3^-	d_3^+	d_4^-	d_4^+	RHS	θ
P_1	0	0	0	−1	0	−1	0	0	0	0	0	
P_2	0	0	0	0	0	0	0	−1	0	0	0	
P_3	12	0	0	0	−18	18	0	0	0	−1	108	
P_4	1	0	0	−1	−2	0	0	0	0	0	9	
d_1^-	1	0	1	−1	0	0	0	0	0	0	9	9
x_2	0	1	0	0	1	−1	0	0	0	0	8	—
d_3^-	[4]	0	0	0	−6	6	1	−1	0	0	12	3
d_4^-	12	0	0	0	−18	18	0	0	1	−1	108	9

（4）继续考虑P_3优先级，第一列的检验数为 12，此为进基变量，计算相应的比值b_i/a_{ij}，写在θ列。通过比较，得到d_3^-对应的比值最小，于是取a_{31}（标为［］）为转轴元进行矩阵行变换，得到新的单纯形表（见表 7 - 12）。

表 7 - 12　　第三轮的单纯形表

目标分项	x_1	x_2	d_1^-	d_1^+	d_2^-	d_2^+	d_3^-	d_3^+	d_4^-	d_4^+	RHS	θ
P_1	0	0	0	−1	0	−1	0	0	0	0	0	
P_2	0	0	0	0	0	0	0	−1	0	0	0	
P_3	0	0	0	0	0	0	−3	3	0	−1	72	
P_4	0	0	0	−1	−0.5	−1.5	−0.25	0.25	0	0	6	
d_1^-	0	0	1	−1	1.5	−1.5	−0.25	0.25	0	0	6	
x_2	0	1	0	0	1	−1	0	0	0	0	8	
x_1	1	0	0	0	−1.5	1.5	0.25	−0.25	0	0	3	
d_4^-	0	0	0	0	0	0	−3	−3	1	−1	72	

（5）当前的单纯形表各优先级的检验数均满足了上述条件，故为最优单纯形表。得到最

优解$x_1=3$，$x_2=8$。

思考与练习题

1. 某化工厂生产两种产品A或B，他们都将造成环境污染，其公害损失可以折算成成本费用。其公害损失费用、生产设备费用和产品的最大生产能力见表7-13。

表7-13 公害损失费用、生产设备费用和最大生产能力

产品	公害损失费用（万元/t）	生产设备费用（万元/t）	最大生产能力（t/月）
A	4	2	5
B	1	5	6

已知市场的需求总量不少于7t。问工厂应如何安排每月的生产计划，在满足市场需要的前提下，使公害损失和设备投资均达到最小。

2. 某企业有一笔企业留成利润，需要决定如何分配使用。已决定有三个去向：用作奖金、集体福利设施以及引入设备技术。考虑的准则也有三个：是否能调动职工的积极性、是否有利于提高技术水平以及考虑改善职工生活条件。由此建立层次分析模型（如图7-8所示）：

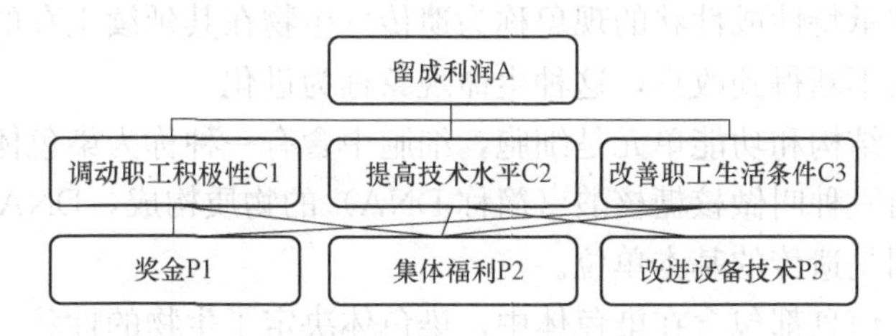

图7-8 层次分析模型

两两判断矩阵：

（1）C层关于目标A的判断矩阵：

A	C1	C2	C3
C1	1	1/5	1/3
C2	5	1	3
C3	3	1/3	1

（2）P层关于C1元素的判断矩阵：

C1	P1	P2
P1	1	1/3
P2	3	1

（3）P层关于C2元素的判断矩阵：

C2	P2	P3
P2	1	1/5
P3	5	1

（4）P层关于C3元素的判断矩阵：

C3	P1	P2
P1	1	2
P2	1/2	1

试用层次分析法给出最优留成利润分配方案。

第8章 智能优化方法

随着仿生学、遗传学和人工智能科学的发展，从20世纪70年代以来，研究人员相继将遗传学、神经网络科学的原理和方法应用到最优化领域，形成了一系列的最优化方法，如人工神经网络算法、遗传算法、蚁群算法等。这些算法不需要构造精确的搜索方向，不需要进行繁杂的一维搜索，而是通过大量简单的信息传播和演变方法来得到问题的最优解。这些算法具有全局性、自适应性、离散化的特点。

8.1 遗传算法

遗传算法是模拟生物在自然环境中的遗传和进化过程而形成的一种自适应全局最优化概率搜索算法。最早由美国密执安大学的Holland教授提出，20世纪80年代由Goldberg归纳总结形成遗传算法的基本框架。

8.1.1 生物的遗传与进化

生物从其亲代继承特性或性状的现象称为遗传。生物在其延续生存的过程中，逐渐适应生存环境，使其品质不断得到改良，这种生命现象称为进化。

构成生物的基本结构和功能单元是细胞，细胞中含有一种称为染色体的微小的丝状化合物。染色体主要是由一种叫做核糖核酸（简称DNA）的物质构成，DNA按一定规则排列的长链称为基因，基因是遗传的基本单位。

生物的所有遗传信息都包含在染色体中，染色体决定了生物的性状。生物的遗传和进化过程都是发生在染色体内。细胞在分裂时，遗传物质DNA通过复制转移到新的细胞中，新细胞就继承了旧细胞的基因。有性生殖生物在繁殖下一代时，两个同源染色体之间通过交叉而重组，即在两个染色体的某一相同位置处DNA被切断，然后分别交叉组合形成两个新的染色体。另外在进行细胞复制时，也可能产生某些差错，从而使DNA发生某些变异，产生新的染色体。可见，同源染色体之间的复制、交叉或变异会使基因或染色体发生各种各样的变化，从而使生物呈现新的性状，产生新的物种。

8.1.2 基本遗传算法

在遗传算法中，将设计变量X用n个同类编码，即X：X_1，X_2，…，X_n表示。其中每一个X_i都是一个q位编码字符串，符号串的每一位称为一个遗传基因，基因的所有可能的取值称为等位基因，基因所在的位置称为该基因的基因座。于是，X就可以看作$n\times q$个遗传基因组成的染色体，也称为个体X。由m个个体组成一个群体，记作$P(t)$（$t=1, 2, \cdots, m$）。最简单的等位基因由0和1这两个整数组成，相应的染色体或个体就是一个二进制符号串，称为个体的基因型，与之对应的十进制数称为个体的表现型。

与传统优化算法一样，根据目标函数的大小判断解的优劣，并通过迭代运算逐渐向最优解逼近。遗传算法使用适应度这个概念来度量群体中各个个体的优劣程度，并比较个体适应度的大小，通过选择运算决定哪些个体被淘汰，哪些个体遗传到下一代。

再经过交叉和变异运算得到性能更加优良的新的个体和群体，从而实现群体的遗传和更新，最终得到最佳的个体，及最优化问题的最优解。遗传算法术语与遗传学中的基础术语对比见表 8-1。

表 8-1 遗传算法术语与遗传学中的基础术语对比

染色体（phenotype）	数据、数组、序列
基因（gene）	单个元素、位
等位基因（allele）	数据值、属性、值
基因座（locus）	位置、iterator 位置
表现型（phenotype）	参数集、解码结构、候选解
遗传隐匿（epistasis）	非线性

为更好地理解遗传算法的运算过程，下面用手工计算来简单地模拟遗传算法的各个主要执行步骤。

【例 8-1】 求下述二元函数的最大值

$$
\begin{aligned}
&\max f(x_1,x_2)=x_1^2+x_2^2\\
&\text{s.t.}\quad x_1\in\{1,2,3,4,5,6,7\}\\
&\qquad\quad x_2\in\{1,2,3,4,5,6,7\}
\end{aligned}
$$

（1）个体编码。遗传算法的运算对象是表示个体的符号串，所以必须把变量 x_1、x_2 编码为一种符号串。本题中，用无符号二进制整数来表示。

因 x_1、x_2 为 0～7 之间的整数，所以分别用 3 位无符号二进制整数来表示，将它们连接在一起所组成的 6 位无符号二进制数就形成了个体的基因型，表示一个可行解。例如，基因型 $X=101110$ 所对应的表现型是 $X=[5, 6]$。个体的表现型 X 和基因型 X 之间可通过编码和解码程序相互转换。

（2）初始群体的产生。遗传算法是对群体进行的进化操作，需要给其准备一些表示起始搜索点的初始群体数据。本例中，群体规模的大小取为 4，即群体由 4 个个体组成，每个个体可通过随机方法产生。如：011101，101011，011100，111001。

（3）适应度计算。遗传算法中以个体适应度的大小来评定各个个体的优劣程度，从而决定其遗传机会的大小。本例中，目标函数取非负值，并且是以求函数最大值为优化目标，故可直接利用目标函数值作为个体的适应度。

（4）选择运算。选择运算（或称为复制运算）把当前群体中适应度较高的个体按某种规则或模型遗传到下一代群体中。一般要求适应度较高的个体将有更多的机会遗传到下一代群体中。本例中，我们采用与适应度成正比的概率来确定各个个体复制到下一代群体中的数量。其具体操作过程是：

1）先计算出群体中所有个体的适应度的总和Σf_i（$i=1, 2, \cdots, M$）；

2）其次计算出每个个体的相对适应度的大小 $f_i/\Sigma f_i$ 即为每个个体被遗传到下一代群体中的概率；

3）每个概率值组成一个区域，全部概率值之和为 1；

4）最后再产生一个 0～1 之间的随机数，依据该随机数出现在上述哪一个概率区域内来确定各个个体被选中的次数。

选择运算及选择结果见表 8-2。

表 8-2 选择运算及选择结果

个体编码	初始群体 p (0)	$[x_1, x_2]$	适值	占比	选择次数	选择结果
1	011101	[3, 5]	34	0.24	1	011101
2	101011	[5, 3]	34	0.24	1	111001
3	011100	[3, 4]	25	0.17	0	101011
4	111001	[7, 1]	50	0.35	2	111001
总和			143	1		

(5) 交叉运算。交叉运算是遗传算法中产生新个体的主要操作过程，它以某一概率相互交换某两个个体之间的部分染色体。本例采用单点交叉的方法，其具体操作过程是：

1) 先对群体进行随机配对；

2) 其次随机设置交叉点位置；

3) 最后再相互交换配对染色体之间的部分基因。

交叉运算及交叉结果见表 8-3。

表 8-3 交叉运算及交叉结果

个体编码	选择结果	配对情况	交叉点位置	交叉结果
1	011101			011001
2	111001	1-2	1-2：2	111101
3	101011	3-4	3-4：4	101001
4	111001			111011

可以看出，其中新产生的个体“111101”“111011”的适应度较原来两个个体的适应度都要高。

(6) 变异运算。变异运算是对个体的某一个或某一些基因座上的基因值按某一较小的概率进行改变，它也是产生新个体的一种操作方法。本例中，我们采用基本位变异的方法来进行变异运算，其具体操作过程是：

1) 首先确定出各个个体的基因变异位置，表 8-4 所示为随机产生的变异点位置，其中的数字表示变异点设置在该基因座处；

2) 然后依照某一概率将变异点的原有基因值取反。

变异运算及变异结果见表 8-4。

表 8-4 变异运算及变异结果

个体编码	选择结果	变异点	变异结果	子代群体 p (1)
1	011001	4	011101	011101
2	111101	5	111111	111111
3	101001	2	111001	111001
4	111011	6	111010	111010

对群体 $P(t)$ 进行一轮选择、交叉、变异运算之后可得到新一代的群体 $p(t+1)$，对新一代的群体进行适值计算见表 8-5。

表 8-5　　新一代的群体适值计算

个体编码	初始群体 p (1)	$[x_1, x_2]$	适值	占比
1	011101	[3, 5]	34	0.14
2	111111	[7, 7]	98	0.42
3	111001	[7, 1]	50	0.21
4	111010	[7, 2]	53	0.23
总和			235	1

从表 8-5 中可以看出，群体经过一代进化之后，其适应度的最大值、平均值都得到了明显的改进。事实上，这里已经找到了最佳个体“111111”。

需要说明的是，表中有些栏的数据是随机产生的。这里为了更好地说明问题，我们特意选择了一些较好的数值以便能够得到较好的结果，而在实际运算过程中有可能需要一定的循环次数才能达到这个最优结果。

以下针对遗传算法的几个关键问题进行详细论述。

1. 遗传编码

遗传算法的运行不直接对设计变量本身进行操作，而是对表示可行解的个体编码进行选择、交叉和变异等遗传运算，由此达到最优化的目的。在遗传算法中，把原问题的可行解转化为个体符号串的方法称为编码。

编码是应用遗传算法时要解决的首要问题。编码除了决定个体染色体排列形式之外，还决定了将个体符号串转化为原问题的可行解的解码方法。解码方法也影响遗传算子的运算效率。现有的编码方法可以分为 3 类，分别是二进制编码、浮点数编码和符号编码。

二进制编码所用的符号集是由 0 和 1 组成的二值符号集 {0, 1}，它构成的个体基因型是一个二进制符号串，如 [例 8-1] 中个体编码。符号的长度与所要求的求解精度有关。假设某一参数的取值范围是一个 $[U_{\min}, U_{\max}]$，若用长度为 l 的二进制符号串来表示，总共能够产生 2^l 个不同的编码。假设某一个体的编码是

$$X: b_l b_{l-1} b_{l-2} \cdots b_2 b_1 \tag{8-1}$$

则对应的解码公式为

$$x = U_{\min} + \left(\sum_{i=1}^{l} b_i \cdot 2^{i-1}\right) \cdot \frac{U_{\max} - U_{\min}}{2^l - 1} \tag{8-2}$$

例如，对于变量 $x \in [0, 1023]$，若采用 10 位二进制编码时，可代表 $2^{10}=1024$ 个不同的个体。例如 X：0010101111，就表示一个个体，称为个体的基因型，对应的十进制数 175 就是个体的表现型。

2. 个体适应度

在研究自然界中的生物的遗传和进化现象时，生物学家使用适应度这个术语来度量物种对生存环境的适应程度。在遗传算法中也使用适应度这个概念来度量群体中各个个体的优劣程度。适应度较高的个体遗传到下一代的概率较大，反之则较小。为了正确计算这个概率，这里所有个体的适应度必须为正数或零。度量个体适应度的函数为适应度函数 $F(X)$，一般

由目标函数 $f(X)$ 转化而来。例如对于极大化问题：$\max f(X)$，则

$$f(X)=\begin{cases}f(X)+C_{\min}, & f(X)+C_{\min}>0\\0, & f(X)+C_{\min}\leqslant 0\end{cases} \tag{8-3}$$

式中：$C_{\min}$为一适当小的正数。

对于极小值问题：$\min f(X)$。

$$f(X)=\begin{cases}C_{\max}-f(X), & f(X)<C_{\max}\\0, & f(X)\geqslant C_{\max}\end{cases} \tag{8-4}$$

式中：$C_{\max}$为一较大的正数。

3. 适应度尺度变换

在遗传算法中，各个个体被遗传到下一代群体中的概率是由该个体的适应度来确定的。应用实践表明，仅使用式（8-3）和式（8-4）来计算个体适应度时，有些遗传算法会收敛得很快，也有些遗传算法会收敛得很慢。由此可见，如何确定适应度对遗传算法的性能有较大的影响。

例如，在遗传算法运行的初期阶段，群体中可能会有少数几个个体的适应度相对其他个体来说非常高。若按照常用的比例选择算子来确定个体的遗传数量时，则这几个相对较好的个体将在下一代群体中占有很高的比例，在极端情况下或当群体规模较小时，新的群体甚至完全由这样的少数几个个体组成。这时产生新个体作用较大的交叉算子起不了什么作用，因为相同或相近的个体不论在何处交叉操作都很难产生出新的个体，这样会使群体多样性降低，容易导致遗传算法发生早熟现象（或称早期收敛）。为了克服这种现象，我们希望在遗传算法运行的初期阶段，算法能够对一些适应度较高的个体进行控制。

又例如，在遗传算法运行的后期阶段，群体中所有个体的平均适应度可能会接近于群体中最佳个体的适应度。也就是说，大部分个体的适应度和最佳个体的适应度差异不大，他们之间无竞争力，都会以相接近的概率被遗传到下一代，从而使得进化过程无竞争性可言，只是一种随机的选择过程，这将导致无法对某些重点区域进行重点搜索，从而影响遗传算法的运行效率。为了克服这种现象，我们希望在遗传算法运行的后期阶段，算法能够对个别适应度进行适当的放大，扩大最佳个体适应度与其他个体适应度之间的差异程度，以提高个体之间的竞争力。

由此看来，不能仅仅依靠式（8-3）和式（8-4）就完全确定出个体的适应度，有时在遗传算法运行的不同阶段，还需要对个体的适应度进行适当的扩大或缩小。这种对个体适应度所做的扩大或缩小变换就称为适应度尺度变换（fitness scaling）。

目前常用的个体适应度尺度变换方法主要有 3 种：线性尺度变换、乘幂尺度变换和指数尺度变换。

4. 遗传运算

生物的进化是以集合为主体进行的。与此对应，遗传算法的运算对象也是由 M 个个体组成的集合，称为群体。第 t 代群体记作 $P(t)$，遗传算法的运算就是群体的反复演变过程。群体不断地进行遗传和进化操作，并按优胜劣汰的规则将适应度较高的个体尽可能多地遗传到下一代，这样最终会在群体中形成一个优良的个体 X，它的表现型达到或接近最优化问题的最优解。

生物的进化过程主要是通过染色体之间的遗传、交叉和变异来完成。与此对应，遗传算

法模拟生物在自然界遗传和进化机理，将染色体中的基因的复制、交叉和变异归结为各自的运算规则或遗传算子，并反复将这些遗传算子作用于群体 $P(t)$，对其进行选择、交叉和变异运算，以求得最优的个体，即问题的最优解。

(1) 选择运算。遗传算法使用选择算子来对群体中的个体进行优胜劣汰的操作。适应度较高的个体有较大的概率遗传到下一代，适应度较低的个体遗传到下一代的概率则较小。目前有许多不同的选择运算方法，其中最常用的一种称为比例选择运算。但对不同的问题，比例选择算子并不是最适合的一种选择算子，所以人们提出了其他一些选择算子。

1) 比例选择。比例选择（proportional model）操作的基本思想：个体被选中并遗传到下一代的概率与它的适应度的大小成正比，如［例8-1］中采用的选择运算。

设群体中的大小为 M，个体 i 的适应度为 f_i，则个体 i 被选中的概率为 P_{is} 为

$$P_{is} = f_i / \sum_{i=1}^{M} f_i \quad (i = 1,2,\cdots,M) \tag{8-5}$$

每个概率值组成一个区间，全部概率值之和为1。产生一个0～1之间的随机数，依据概率值出现的区间来决定对应的个体被选中和被遗传的次数，此法也称轮盘法。

2) 最优保存策略。在遗传算法中的运行过程中，通过对个体进行交叉、变异等遗传操作而不断地产生出新的个体。虽然随着群体的进化过程会产生出越来越多的优良个体，但由于选择、交叉、变异等遗传操作的随机性，它们也有可能破坏掉当前群体中适应度最好的个体。而这不是我们所希望发生的，因为它会降低群体的平均适应度，并且对遗传算法的运行效率、收敛性都有不利的影响。所以我们希望适应度最好的个体要尽可能地保留到下一代群体中。为达到这个目的，可以使用最优保存策略进化模型（elitist model）来进行优胜劣汰的操作，即当前群体适应度最高的个体不参与交叉和变异运算，而是用它来替代掉本代群体中经过交叉、变异等遗传操作后所产生的适应度最低的个体。

最优保存策略可视为选择操作的一部分。该策略的实施可保证当前所得到的最优个体不会被交叉、变异等遗传运算所破坏。但另一方面它也容易使得某个局部最优个体不易被淘汰反而快速扩散，从而使得算法的全局搜索能力不强。所以方法一般要与其他一些选择操作方法配合起来使用，方有良好的效果。

除以上两种选择算法之外还有确定式采样选择（deterministic sampling）、期望值选择（expected value model）、无放回余数随机选择（remainder stochastic sampling with replacement）、排序选择（rank-based model）、随机联赛选择（stochastic tournament model），这里不再赘述。

(2) 交叉运算。交配重组是生物遗传进化过程中的一个重要环节。模仿这一过程，遗传算法使用交叉运算，即在两个相互配对的个体间按某种方式交换其部分基因，从而形成两个新生的个体。运算前需要对群体中的个体进行随机配对，即将群体中的 M 个个体以随机的方式分成 $M/2$ 个个体组。然后以不同的方式确定对个体交叉点的位置，并在这些位置上进行部分基因的交换，形成不同的交叉运算方法。

交叉算子的设计和实现与所研究的问题密切相关，一般要求它既不要太多地破坏个体编码串中表示优良性状的优良模式，又要能够有效地产生一些较好的新个体模式。最常用的交叉算子是单点交叉算子。但单点交叉操作有一定的适用范围。下面介绍几种适合二进制编码个体或浮点编码个体的交叉算子。

1）单点交叉。单点交叉（one - point crossover）又称为简单交叉，它是指在个体编码串中只随机设置一个交叉点，然后在该点相互交换两个配对个体的部分染色体。如［例 8 - 1］中的交叉运算，就是采用这种方法。

2）双点交叉与多点交叉。双点交叉（two - point crossover）是指在个体编码串中随机设置了两个交叉点，然后再进行两个交叉点之间的基因交换。

将单点交叉与双点交叉的概念加以推广，可得到多点交叉（multi - point crossover）的概念。即多点交叉是指在个体编码串中随机设置了多个交叉点，然后进行基因交换。多点交叉又称为广义交叉，其操作过程与单点交叉和双点交叉相类似。需要说明的是，一般不太使用多点交叉算子，因为它有可能破坏一些好的模式。事实上，随着交叉点数的增多，个体的结构被破坏的可能性也逐渐增大，这样就很难有效地保存较好的模式，从而影响遗传算法的性能。

3）均匀交叉。均匀交叉（uniform crossover）是指两个配对个体的每一个基因座上的基因都以相同的交叉概率进行交换，从而形成两个新的个体。均匀交叉实际上可归属于多点交叉的范畴，其具体运算可通过设置一屏蔽字来确定新个体的各个基因如何由哪一个父代个体来提供。

4）算术交叉。算术交叉（arithmetic crossover）是指由两个个体的线性组合而产生出两个新的个体。为了能够进行线性组合运算，算术交叉的操作对象一般是由浮点数编码所表示的个体。

（3）变异运算。生物的遗传和进化过程中，在细胞的分裂和复制环节上可能产生一些差错，从而导致生物的某些基因发生某种变异，产生新的染色体，表现新的生物性状。模仿这一过程，遗传算法采用变异运算，将个体编码串中的某些基因座上的基因值用它的不同等位基因来替换，从而产生新的个体。

从遗传运算过程中产生新个体的能力方面来说，交叉运算是产生新个体的主要方法，它决定了遗传算法的全局搜索能力；而变异运算只是产生新个体的辅助方法，但它也是必不可少的一个运算步骤。因为它决定了遗传算法的局部搜索能力。交叉算子与变异算子的相互配合，共同完成对搜索空间的全局搜索和局部搜索，从而使得遗传算法能够以良好的搜索性能完成最优化问题的寻优过程。

有很多变异的运算方法，最简单的是基本位变异。为适应各种不同应用问题的求解需要，人们也开发出了其他一些变异算子。

1）基本位变异。基本位变异操作（simple mutation）是在个体编码串中依据变异概率 P_m 随机指定某一位或某几位基因座上的基因值作变异运算。基本位变异操作改变的只是个体编码串中的个别几个基因座上的基因值，并且变异发生的概率也比较小，所以其发挥的作用比较慢，作用的效果也不明显。

2）均匀变异。均匀变异（uniform mutation）操作是指分别用符合某一范围内均匀分布的随机数，以某一较小的概率来替换个体编码串中各个基因座上的原有基因值。

均匀变异的具体操作过程是：①依次指定个体编码串中的每个基因座为变异点；②对每一个变异点，以变异概率 P_m 从对应基因的取值范围内取一随机数来替代原有基因值。

均匀变异操作特别适合应用于遗传算法的初期运行阶段，它使得搜索点可以在整个搜索空间内自由地移动，从而可以增加群体的多样性。

3）边界变异。边界变异（boundary mutation）操作是上述均匀变异操作的一个变形遗传算法。在进行边界变异操作时，随机地取基因座的两个对应边界基因值之一去替代原有基因值。当变量的取值范围特别宽，并且无其他约束条件时，边界变异会带来不好的作用。但它特别适用于最优点位于或接近于可行解的边界时的一类问题。

4）非均匀变异。均匀变异操作取某一范围内均匀分布的随机数来替代原基因值，可使得个体在搜索空间内自由移动。但它却不便于对某一重点区域进行局部搜索。为改进这个性能，可以不取均匀分布的随机数去替换原有的基因值，而是对原有基因值作一随机扰动，以扰动后的结果作为变异点的新基因值。对每个基因座都以相同的概率进行变异运算之后，相当于整个解向量在解空间中做了一个轻微的变动。这种变异操作方法就称为非均匀变异（non - uniform mutation）。

非均匀变异算法要考虑遗传算法在初期运行阶段进行均匀随机搜索，而在其后期运行阶段进行局部搜索，所以它产生的新基因值比均匀变异所产生的基因值更接近于原有基因值。故随着遗传算法的运行，非均匀变异就使得最优解的搜索过程更加集中在某一最有希望的重点区域中。

5）高斯变异。高斯变异（gaussian mutation）操作也是改进了遗传算法对重点搜索区域的局部搜索性能。高斯变异操作时，用符合均值μ和方差σ^2的正态分布的一个随机数来替换原有基因值。高斯变异也是重点搜索原个体附近的某个局部区域。高斯变异的具体操作过程与均匀变异相类似。

5. 基本遗传算法的运算过程

结合［例 8 - 1］，总结遗传算法的基本运算过程如下：

（1）初始化，设定最大进化代数 T，群体的个体数 M。

（2）编码，并构成初始群体 $P(t)$，设置进化代数计数器 $t=0$。

（3）个体评价，计算群体 $P(t)$ 中各个体的适应度。

（4）遗传运算，将选择算子、交叉算子和变异算子依次作用于群体，得到下一代群体$P(t+1)$。

（5）终止判断，若$t<T$，则转（3）；否则 $P(t+1)$ 中具有最大适应度的个体解码作为最优解输出，终止计算。

遗传算法提供了一种求解复杂问题全局最优解的求解方法，应用范围十分广泛。函数优化是遗传算法的经典应用领域。无论连续函数或离散函数、凸函数或凹函数、确定函数或随机函数、低维函数或高维函数，用遗传算法都能得到满意的结果。特别对一些其他最优化方法难于求解的非线性、离散型、多目标问题，更能显示出遗传算法的独特优势。

8.1.3 遗传算法的运行参数

遗传算法中需要选择的运行参数主要有个体编码串长度 l、群体大小 M、交叉概率 p_c、变异概率 p_m、终止代数 T、代沟 G 等。这些参数对遗传算法的运行性能影响较大，须认真选取。

1. 编码串长度 l

使用二进制编码来表示个体时，编码串长度 l 的选取与问题所要求精度有关。使用浮点数编码来表示个体时，编码串长度 l 与决策变量的个数 n 相等。使用符号编码来表示个体时，编码串长度 l 由问题的编码方式来确定。另外，也可使用变长度的编码表示个体。

2. 群体大小 M

群体大小 M 表示群体中所含个体的数量。当 M 取值较小时，可提高遗传算法的运算速度，但却降低了群体的多样性，有可能会引起遗传算法的早熟现象。而当 M 值较大时，又会使得遗传算法的运行效率降低。一般建议的取值范围是 20～100。

3. 交叉概率 p_c

交叉操作是遗传算法中产生新个体的主要方法，所以交叉概率一般应取较大值。但若取值过大的话，它又会破坏群体中的优良模式，对进化运算反而产生不利影响。若取值过小的话，产生新个体的速度又较慢。一般建议的取值范围是 0.4～0.99。另外，也可使用自适应的思想来确定交叉概率 p_c。

4. 变异概率 p_m

若变异概率 p_m 取值较大的话，虽然能够产生出较多的新个体，但也有可能破坏掉很多较好的模式，使得遗传算法的性能近似于随机搜索算法的性能。若变异概率 p_m 取值太小的话，则变异操作产生新个体的能力和抑制早熟现象的能力就会较差。一般建议的取值范围是 0.000 1～0.1。另外也可以使用自适应的思想来确定变异概率 p_m。

5. 终止代数 T

终止代数 T 是表示遗传算法运行结束的一个参数，它表示遗传算法运行到指定的进化代数之后就停止运行，并将当前群体中的最佳个体作为所求问题的最优解输出。一般建议的取值范围是 100～1000。

至于遗传算法的终止条件，还可以利用某种判定准则，当判定出群体已经进化成熟且不再有进化趋势时就可终止算法的运行过程。常用的判定准则有下面两种：

(1) 连续几代个体平均适应度的差异小于某一个极小的阈值；

(2) 群体中所有个体适应度的方差小于某一个极小的阈值。

6. 代沟 G

代沟 G 是表示各代群体之间个体重叠程度的一个参数，它表示每一代群体中被替换掉的个体在全部个体中所占的百分率，即每一代群体中有（$M\times G$）个个体被替代换掉。例如 $G=1.0$ 表示群体中的全部个体都是新产生的，这也是最常见的一种情况；$G=0.7$ 则表示 70％的个体是新产生的，而随机保留了上一代群体中 30％的个体。

8.1.4 遗传算法的多目标优化

由于遗传算法是对整个群体所进行的进化运算操作，它着眼于个体的集合，而多目标优化问题的 Pareto 最优解一般也是一个集合，因而可以预计遗传算法是求解多目标优化问题 Pareto 最优解集合的一个有效手段。

求解多目标优化问题的遗传算法的基本结构与求解单目标优化问题的遗传算法的基本结构相类似。在利用遗传算法进行多目标优化问题求解时，需要考虑如何评价 Pareto 最优解，如何设计适合于多目标优化问题的选择算子、交叉算子、变异算子等问题，所以算法在实现时也有其独特的地方。在算法的实现中，我们可以基于各个子目标函数之间的优化关系进行个体的选择运算；也可以对各个子目标函数进行独立的选择运算；也可以运用小生境技术；还可以把原有的多目标优化问题求解方法与遗传算法相结合构成混合遗传算法。对于具体的应用问题，选用哪种方法，是取决于对该问题的理解程度及决策人员的偏好。

对于如何求多目标优化问题的 Pareto 最优解，目前已经提出了多种基于遗传算法的求解方法。下面介绍几种主要的方法。

1. 权重系数变化法

对于一个多目标优化问题，若给其各个子目标函数 $f_i(x)$ ($i=1, 2, \cdots, p$) 赋以不同的权重 w_i($i=1, 2, \cdots, p$)，其中权重大小代表相应目标在多目标优化问题中的重要程度。用线性加权和作为多目标优化问题的评价函数，则多目标优化问题可转化为单目标优化问题。线性加权和法在 7.2 节中有详细论述，在此不再赘述。

2. 并列选择法

并列选择的基本思想是，先将群体中的全部个体按子目标函数的数目均等地划分一些子群体，对每个子群体分配一个子目标函数，各个子目标函数在其相应的子群体中独立地进行选择运算，各自选择出一些适应度较高的个体组成一个新的子群体，然后再将所有这些新生成的子群体合并为一个完整的群体。在这个完整的群体中进行交叉运算和变异运算，从而生成下一代的完整群体，如此这样不断地进行“分割——并列选择—合并”过程，最终可求出多目标优化问题的 Pareto 最优解。

这种方法很容易产生个别子目标函数的极端最优解，而要找到所有目标函数在某种程度上较好的协调最优解却比较困难。

3. 排序选择法

排序选择法的基本思想是，基于“Pareto 最优个体”的概念来对群体中的各个个体进行排序，依据这个个体排序来进行进化过程中的选择运算，从而使得排在前面的 Pareto 最优个体将有更多的机会遗传到下一代群体中。如此这样经过一定代数的循环之后，最终就可求出多目标优化问题的 Pareto 最优解。

这里所谓的 Pareto 最优个体，是指群体中的这样一个或一些个体，群体中的其他个体都不比它或它们更优越。需要说明的是，在群体进化过程中所产生的 Pareto 最优个体并不一定就对应于多目标优化问题的 Pareto 最优解。当然，当遗传算法运行结束时，我们需要取排在前面的几个 Pareto 最优个体，以它们所对应的解来作为多目标优化问题的 Pareto 最优解。

4. 共享函数法

求解多目标优化问题时，一般希望所得到的解能够尽可能地分散在整个 Pareto 最优解集合内，而不是集中在其 Pareto 最优解集合内的某一较小的区域上。为达到这个要求，可以利用小生镜遗传算法的技术来求解多目标优化问题。这种求解多目标优化问题的方法称为共享函数法，它将共享函数的概念引入求解多目标优化问题的遗传算法中。

在利用通常的遗传算法求解最优化问题时，算法并未限制相同个体或类似个体的数量。但当在遗传算法中引入小生镜技术之后，算法对它们的数量就要加以限制，以便能够产生出种类较多的不同的最优解。对于某一个个体 X 而言，在它的附近还存在有多少种、多大程度相似的个体，这是可以度量的，这种度量值称之为小生镜数（niche count）。小生镜数有多种不同的度量计算方法，在此不再赘述。

5. 混合法

前面所介绍的几种求解多目标优化问题的遗传算法各有各的优缺点。例如，并列选择法易于生成单目标数的极端最优解，而较难生成一种多个目标在某种程度上都比较满意的折中解。共享函数法虽然易于生成分布较广的 Pareto 最优解集合，但其搜索效率却比较低。如果混合使用上述几种求解多目标优化问题的方法，则可尽可能克服各自的缺点，充分发挥各自的优点。例如，选择算子的主体使用并列选择法，然后通过引入保留最佳个体和共享函数的思想来弥补仅仅只使用并列选择法的不足之处。

8.2 神经网络算法

人工神经网络的大部分模型是非线性模型。如果将设计问题的目标函数与网络的某种能量函数对应起来，网络状态向能量函数极小值移动的过程可视作最优化问题的解题过程。网络的动态稳定点就是问题的全局或局部最优解。这种算法特别适合于离散变量的组合最优化问题和约束最优化问题的求解。

8.2.1 生物神经系统

生物神经网络系统是一个有高度组织和相互作用的数目庞大的细胞组织群体。这些细胞又称为神经细胞，也称为神经元。其结构可以用图 8-1 描述。多个神经元以突触连接构成完整的神经网络。复杂的神经网络正是依靠众多突触所建立的链式通路反馈环路来传递信息，并在神经元之间建立密切的形态和功能联系的。研究表明，生物神经网络的功能不是单个神经元生理和信息处理功能的简单叠加，而是一个有层次、多单元的动态信息处理系统。它们有其独特的运行方式和控制机制，可以接受生物内外环境的输入信息，通过综合分析、处理、进而调节和控制机体对环境做出适当的反应。

8.2.2 人工神经网络模型

人工神经元是构成人工神经网络的基本单元。是对生物神经元特性及功能的一种数学抽象，通常为一个多输入单输出器件。基本的人工神经元结构模型如图 8-2 所示。

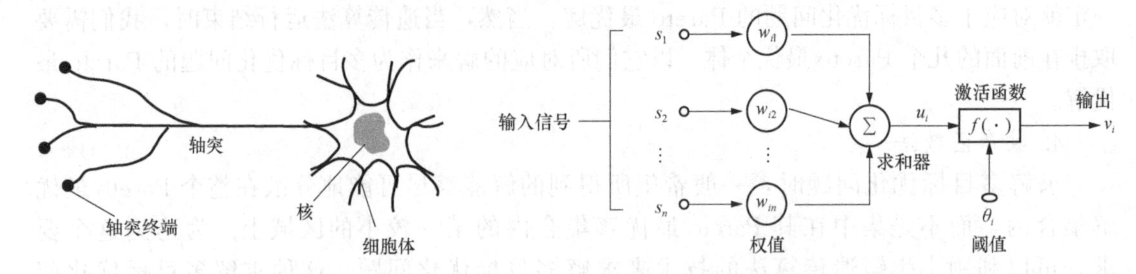

图 8-1 生物神经元结构　　图 8-2 基本的人工神经元结构模型

基本的人工神经元模型包括以下 5 个基本要素：

（1）输入输出信号，图 8-2 中，s_1、s_2、…、s_n，为输入，v_i为输出；

（2）权值，给不同的输入信号一定的权值，用 w_{ij} 为表示，一般情况下，权重为正时表示激活，为负时表示抑制；

（3）求和器，用Σ表示，以计算各输入信号的加权和，其效果等同于一个线性组合；

（4）激活函数，主要起非线性映射作用，此外还可以作为限幅器将神经元输出幅度限制在一定范围内；

（5）阈值，控制激活函数输出的开关量，用 θ_i表示。

上述作用可用数学方式表示如下

$$\begin{cases} u_i = \sum_{j=1}^{n} w_{ij} s_j \\ x_i = u_i - \theta_i, i = 1, 2, \cdots, n \\ v_i = f(x_i) \end{cases} \tag{8-6}$$

式中：s_j为输入信号；w_{ij}为神经元i输入信号的权值；u_i为现象组合结果；θ_i为阈值；$f(x_i)$为激活函数；v_i为神经元i的输出。

常用的激活函数有以下3种形式：

（1）阶跃函数，如图8-3（a）所示。常称此种神经元为MP模型，它是构成大多数神经网络的基础，表示为

$$f(x) = \operatorname{sgn}(x) = \begin{cases} 1, x \geqslant 0 \\ 0, x < 0 \end{cases} \tag{8-7}$$

于是神经元i的相应输出为

$$v_i = \begin{cases} 1, x_i \geqslant 0 \\ 0, x_i < 0 \end{cases} \tag{8-8}$$

式中：$x_i = \sum_{j=1}^{n} w_{ij} s_j - \theta_i$。如果式（8-7）中的$f(x)$取［1，−1］值，则称为双极硬限函数。

（2）分段线性函数，如图8-3（b）所示。它类似于系数为1的非线性放大器，当工作于线性区时它是一个线性组合器，放大系数趋于无穷大时变成一个阈值单元，表示为

$$f(x) = \begin{cases} 1, & x \geqslant 1 \\ \frac{1}{2}(1+x), & -1 < x < 1 \\ 0, & x \leqslant -1 \end{cases} \tag{8-9}$$

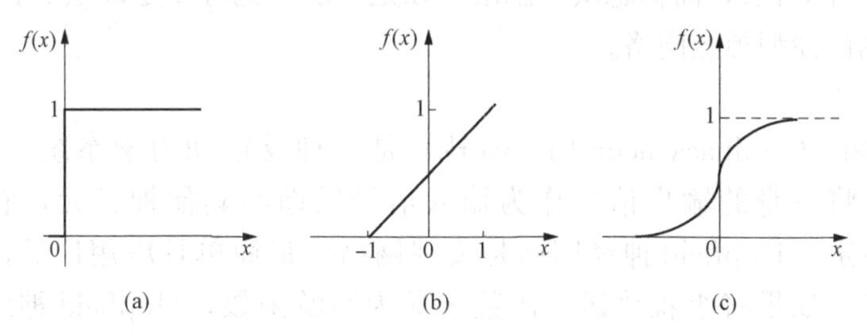

图8-3 常用的激活函数

（a）阶跃函数；（b）分段线性函数；（c）Sigmoid函数

（3）Sigmoid函数，如图8-3（c）所示。常用的函数形式为

$$f(x) = \frac{1}{1 + \exp(-cx)} \tag{8-10}$$

式中：c为大于0的参数，可以用来控制曲线斜率。

为了更好地了解基本的神经网络模型的工作流程，下面举个简单的例子来说明。

【例8-2】 有这样一种情形：寒冷的冬天，我们伸手到火炉边烤火，慢慢地，你觉得自

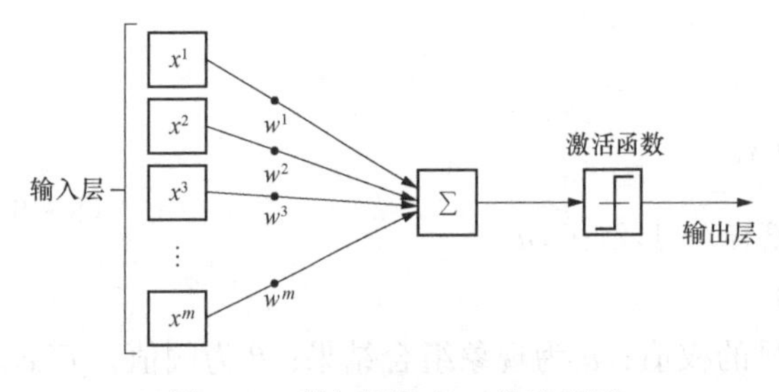

图 8-4 神经网络的工作流程图

己快要睡着了，这个时候，突然发现自己伸在火炉边的手特别烫感觉疼，然后马上将手缩回去。这就是一个神经网络的工作实例，火对手产生的温度就是图 8-4 的输入层（Input），而缩手或不缩手就是图8-4 的输出层（Output）。但是缩手只有在手的温度达到一定的程度才发生的，比如说 40℃。

图 8-4 中，x_i为火对手产生的温度；w_i为火对手产生的温度的权值（火对手产生的温度的放大或是缩小）；f 为激活函数（active function）：如果$\sum w_i x_i > 40$ 激活（缩手），否则抑制（不缩手）。

8.2.3 人工神经网络的互连模式

大量人工神经元以一定的方式广泛互连形成的系统称为人工神经网络。迄今为止研究开发的较为典型的 40 多种神经网络模型，基本上都是针对某些特定方面的应用。它们对这些特殊的问题有很强的计算能力。虽然人们在不懈地寻找和构造通用的神经网络模型，但目前要研究一种统一的神经网络和计算能力是比较困难的。可以根据连接方式的不同，将现有的各类神经网络分为以下两种形式：前馈型网络和反馈型网络。

1. 前馈型网络

前馈神经网络（feedforward neural network），简称前馈网络。在此种神经网络中，各神经元从输入层开始，接收前一级输入，并输出到下一级，直至输出层，整个网络中无反馈。

前馈神经网络采用一种单向多层结构。其中每一层包含若干个神经元，同一层的神经元之间没有互相连接，层间信息的传送只沿一个方向进行。其中第一层称为输入层。最后一层为输出层，中间为隐含层，简称隐层。隐层可以是一层，也可以是多层。目前常用的 BP 网络和 RBF 网络属前馈型神经网络。

2. 反馈型网络

反馈神经网络（feedback neural network）是一种反馈动力学系统。在这种网络中，每个神经元同时将自身的输出信号作为输入信号反馈给其他神经元，它需要工作一段时间才能达到稳定。Hopfield 神经网络是反馈网络中最简单且应用广泛的模型，它具有联想记忆的功能，如果将李雅普诺夫函数定义为巡游函数，Hopfield 神经网络还可以用来解决快速寻优问题，Hopfield 网络可以分为离散型 Hopfield 网络和连续型 Hopfield 网络。

8.2.4 BP 网络

BP 网络是一种输入信号前向传播、误差信号反向传播的多层前馈型网络。BP 网络广泛应用于函数拟合、信息处理和模式识别（图形、符号、文字及语言等信号的识别和联想记忆）等领域。

1. BP 网络结构

BP 网络由多个输入结点、多个隐含层和一个输出层组成。每层包含多个神经元（结点）。前后层之间实现全连接，层内各结点之间无连接。当一个学习样本的信息经输入结点提供给网络后，第一隐含层神经元的激活值经后面的隐含层向输出层传播，在输出层的各神经元获得网络的输入响应。接着按照减少响应值和期望值误差的要求，返回去逐层修正各个连接权值。随着误差逆向传播和修正的不断进行。网络对输入信息响应的准确率不断得到提高。

BP 网络的激活函数必须是连续可微的，隐含层神经元的激活函数一般采用 Sigmoid 型的对数函数或正切函数，输出层神经元通常采用线性激活函数。图 8-5 表示为单隐层 BP 网络的结构示意图。

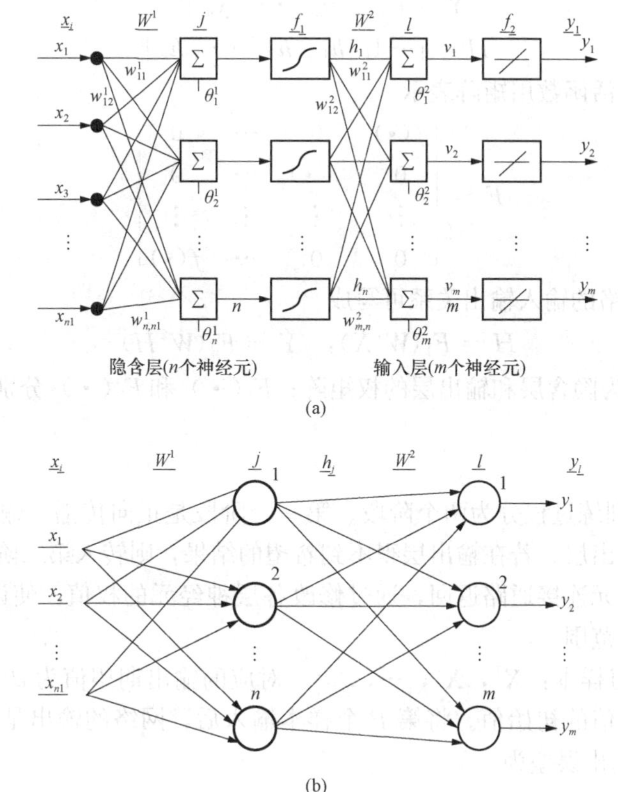

图 8-5　单隐层 BP 网络结构示意图

(a) 结构图；(b) 网络结构示意图

网络中隐含各层和输出层神经元的输出为

$$\left.\begin{aligned} h_j &= f_1\left(\sum_{i=1}^{n1} w_{ji}^1 x_i - \theta_j^1\right) \quad (j = 1,2,\cdots,n) \\ y_l &= f_2\left(\sum_{j=1}^{n} w_{lj}^2 h_j - \theta_l^2\right) \quad (l = 1,2,\cdots,m) \end{aligned}\right\} \tag{8-11}$$

若将神经元的阈值也视为一个连接权值，即令 $\theta_j{}^1 = w_{j0}{}^1$，$\theta_j{}^2 = w_{l0}{}^2$，$x_0 = h_0 = -1$，则式（8-11）可写成式（8-12），即

$$\left.\begin{aligned} h_j &= f_1(u_j) = f_1\left(\sum_{i=0}^{n1} w_{ji}^1 x_i\right) \quad (j=1,2,\cdots,n) \\ y_l &= f_2(v_l) = f_2\left(\sum_{j=0}^{n} w_{lj}^2 h_j\right) \quad (l=1,2,\cdots,m) \end{aligned}\right\} \tag{8-12}$$

若将网络的输入和各层状态用向量表示

$$X = [-1 \quad x_1 \quad x_2 \quad \cdots \quad x_{n1}]^{\mathrm{T}}$$

$$Y = [y_1 \quad y_2 \quad \cdots \quad y_m]^{\mathrm{T}}$$

$$H = [-1 \quad h_1 \quad h_2 \quad \cdots \quad h_n]$$

将各神经元的激活函数用矩阵表示

$$F = \begin{bmatrix} f(\cdot) & 0 & \cdots & 0 \\ 0 & f(\cdot) & \cdots & 0 \\ \vdots & \vdots & \vdots & \vdots \\ 0 & 0 & \cdots & f(\cdot) \end{bmatrix}$$

则单隐层 BP 网络的输入输出关系可写成

$$H = F_1(W^1 X), \quad Y = F_2(W^2 H) \tag{8-13}$$

式中：W^1、W^2分别为隐含层和输出层的权矩阵；$F_1(\cdot)$ 和 $F_2(\cdot)$ 分别为隐含层和输出层的激活函数矩阵。

2. BP 学习算法

BP 网络的学习训练过程分为两个阶段。第一个阶段是正向传播，输入信息从输入层经隐含层处理后传向输出层。若在输出层得不到希望的结果，则转入第二阶段反向传播，将误差信号沿原来的神经元连接通路返回，通过修改各层神经元的权值，使误差信号不断减小，最后达到误差允许的范围。

设共有 N 个学习样本：X^1，X^2，…，X^N，对应的输出期望值为 d^1，d^2，…，d^N，给定网络的所有连接权值的初始值。将第 P 个样本输入后，网络的输出是 y_l^p（$l=1$，2，…，m）。与期望值相比输出误差为

$$E_p = \frac{1}{2}\sum_{l=1}^{m} (d_l^p - y_l^p)^2 \tag{8-14}$$

将 N 个样本全部输入，并按式（8-14）作正向传递运算后，网络的总误差为

$$E_z = \sum_{p=1}^{N} E_p = \frac{1}{2}\sum_{p=1}^{N}\sum_{l=1}^{m} (d_l^p - y_l^p)^2 \tag{8-15}$$

若此误差值大于给定的精度 ε，则要设法改变网络的各个连接权值，以便网络误差减小，并最终满足给定的精度要求。

取误差函数的负梯度作为误差函数的调整方向，对于任意权系数 w_{uv}，权值的调整量和新的权值分别为

$$\Delta w_{uv} = -\eta \frac{\partial E_z}{\partial w_{uv}} = -\sum_{p=1}^{N} \eta \frac{\partial E_p}{\partial w_{uv}} \tag{8-16}$$

$$w_{uv}(n+1) = w_{uv}(n) + \Delta w_{uv}(n) = w_{uv}(n) - \sum_{p=1}^{N} \eta \frac{\partial E_p}{\partial w_{uv}} \tag{8-17}$$

式中：n 为修正或调整的次数；η 为学习速率。这就是 BP 网络学习训练的基本原理，对应

的算法称为BP算法。

3. BP算法的计算公式

对输出层的权值 w_{lj}^2，误差函数的调整根据式（8-16）和式（8-12）可写成

$$\Delta w_{lj}^2=-\sum_{p=1}^{N}\eta\frac{\partial E_p}{\partial w_{lj}^2}=-\sum_{p=1}^{N}\eta\frac{\partial E_p}{\partial y_l^p}\frac{\partial y_l^p}{\partial v_l^p}\frac{\partial v_l^p}{\partial w_{lj}^2}=\eta\sum_{p=1}^{N}(d_l^p-y_l^p)f_2'(v_l^p)h_j^p \tag{8-18}$$

令

$$\delta_{2l}^p=(d_l^p-y_l^p)f_2'(v_l^p) \tag{8-19}$$

式中：δ_{2l}^p 为等效误差；$d_l^p-y_l^p$ 为实际误差。

则有

$$\Delta w_{lj}^2=\eta\sum_{p=1}^{N}\delta_{2l}^p h_j^p \tag{8-20}$$

式中：η 为学习速率，通常 $\eta=0.01\sim1.0$。

和权值的修正算式

$$w_{lj}^2(n+1)=w_{lj}^2(n)+\eta\sum_{p=1}^{N}\delta_{2l}^p h_j^p,\quad j=1,2,\cdots,n;l=1,2,\cdots,m \tag{8-21}$$

同理对于隐含层权值 w_{ji}^2 有

$$\begin{aligned}\Delta w_{ji}^1&=-\sum_{p=1}^{N}\eta\frac{\partial E_p}{\partial w_{ji}^2}=-\sum_{p=1}^{N}\eta\frac{\partial E_p}{\partial y_l^p}\frac{\partial y_l^p}{\partial v_l^p}\frac{\partial v_l^p}{\partial h_j^p}\frac{\partial h_j^p}{\partial u_j^p}\frac{\partial u_j^p}{\partial w_{ji}^1}\\&=\eta\sum_{p=1}^{N}\sum_{l=1}^{m}(d_l^p-y_l^p)f'_2(v_l^p)w_{lj}^2f'_1(u_j^p)x_i^p\end{aligned} \tag{8-22}$$

令等效误差

$$\delta_{lj}^p=f'_1(u_j^p)\sum_{l=1}^{m}\delta_{2l}^p w_{lj}^2 \tag{8-23}$$

隐含层的权值调整量和权值的修正算式分别为

$$\Delta w_{ji}^1=\eta\sum_{p=1}^{N}\delta_{lj}^p x_i^p \tag{8-24}$$

$$w_{ji}^1(n+1)=w_{ji}^1(n)+\eta\sum_{p=1}^{N}\delta_{lj}^p x_i^p,\ i=1,2,\cdots,n1;j=1,2,\cdots,n \tag{8-25}$$

多个隐含层BP网络中，其他隐含层的权值调整量和修正算式可以按同样的方法推出。

综上所述，BP算法的执行步骤如下：

（1）给定初始权值 $w^1(0)$、$w^2(0)$ 和阈值 $\theta^1(0)$、$\theta^2(0)$ 的随机数矩阵和向量，给定计算精度 ε。

（2）输入训练样本 X^P 和期望输出 $d^p(p=1,2,\cdots,N)$。

（3）对各个样本，按式（8-11）和式（8-12）计算网络隐含层的状态和输出层的输出。

（4）精度判断：若有 $|d_l^p-y_l^p|\leqslant\varepsilon$，$(p=1,2,\cdots,n;l=1,2,\cdots,m)$ 成立，则网络的学习完成，否则转（5）。

（5）按式（8-19）和式（8-23）计算输出层和隐含层的等效误差，并按式（8-21）和式（8-25）对所有权值进行修正后转（3）。

BP算法是以梯度法寻求误差数极小化的迭代算法。训练的依据是提前给定的某一过程的若干组数据构成的试验样本（x，d），训练的结果是一组符合该过程运行规律的网络权值

w 和阈值 θ。有了这一组权值和阈值，就可以方便地模拟和仿真该过程，得到任意一组给定数据所对应的预测结果。

8.2.5 神经网络中隐层数和隐层节点数问题的讨论

一般认为，增加隐层数可以降低网络误差（也有文献认为不一定能有效降低），提高精度，但也使网络复杂化，从而增加了网络的训练时间和出现过拟合的倾向。一般来讲设计神经网络应优先考虑 3 层网络（即有 1 个隐层）。一般地，靠增加隐层节点数来获得较低的误差，其训练效果要比增加隐层数更容易实现。对于没有隐层的神经网络模型，实际上就是一个线性或非线性（取决于输出层采用线性或非线性转换函数形式）回归模型。因此，一般认为，应将不含隐层的网络模型归入回归分析中，技术已很成熟，没有必要在神经网络理论中再讨论之。

在 BP 网络中，隐层节点数的选择非常重要，它不仅对建立的神经网络模型的性能影响很大，而且是训练时出现过拟合的直接原因，但是目前理论上还没有一种科学的和普遍的确定方法。目前多数文献中提出的确定隐层节点数的计算公式都是针对训练样本任意多的情况，而且多数是针对最不利的情况，一般工程实践中很难满足，不宜采用。事实上，各种计算公式得到的隐层节点数有时相差几倍甚至上百倍。为尽可能避免训练时出现过拟合现象，保证足够高的网络性能和泛化能力，确定隐层节点数的最基本原则是：在满足精度要求的前提下取尽可能紧凑的结构，即取尽可能少的隐层节点数。研究表明，隐层节点数不仅与输入/输出层的节点数有关，更与需解决的问题的复杂程度和转换函数的形式以及样本数据的特性等因素有关。

在确定隐层节点数时必须满足下列条件：

(1) 隐层节点数必须小于 $N-1$（其中 N 为训练样本数），否则，网络模型的系统误差与训练样本的特性无关而趋于零，即建立的网络模型没有泛化能力，也没有任何实用价值。同理可推得：输入层的节点数（变量数）必须小于 $N-1$。

(2) 训练样本数必须多于网络模型的连接权数，一般为 2～10 倍，否则，样本必须分成几部分并采用“轮流训练”的方法才可能得到可靠的神经网络模型。

总之，若隐层节点数太少，网络可能根本不能训练或网络性能很差；若隐层节点数太多，虽然可使网络的系统误差减小，但一方面使网络训练时间延长，另一方面，训练容易陷入局部极小点而得不到最优点，也是训练时出现过拟合的内在原因。因此，合理隐层节点数应在综合考虑网络结构复杂程度和误差大小的情况下用节点删除法和扩张法确定。

【例 8-3】 用 BP 网络进行室内温度预测。

问题分析：首先考察影响室内温度变化的主要因素，以确定所要建立的 BP 网络的输入参数。根据传热学原理，墙体和房间的传热过程主要包括：有室内外温差引起的墙壁热传导 Q_a；由太阳辐射引起的热传导 Q_b；由室内人体、照明及其他发热设备散发的热量 Q_c；由空调输入的热量 Q_d 等。其中，Q_a 与传热系数、传热面积、室内温度有关；Q_b 与节气、气候、建筑物朝向、日期及时间等有关；Q_c 由辐射和对流组成，其中人体的散热与性别、年龄、体重及人数有关；而设备的散热与使用方式、时间、设备的功率和数量等有关；Q_d 与空调带入的热量和风量以及室内外空气的焓值，空气的焓值与地区有关。

考虑到建筑物的蓄热效应，辐射热对室内温度的影响存在时间滞后，因此还需要有关因素的过去状态。试验表明，室外温度的变化需要考虑前 2h 的状态，太阳辐射需要考虑前 1h

的情况。

综上所述，影响室内温度的因素可归纳为以下 12 个主要参数：

(1) 某一时刻的室外温度 $t(k)$，$k=0$，1，…；前 2h 的室外温度 $t(k-1)$、$t(k-2)$；

(2) 人员密度 P_p；

(3) 灯具功率密度 L_p；

(4) 设备功率密度 E_p；

(5) 新风标准 N_b；

(6) 传热系数 k_f；

(7) 窗地比 C_p；

(8) 墙地比 W_p；

(9) 室内容积 V；

(10) 室内初始温度 t_0。

这些参数构成了网络的 12 类输入数据。网络的输出数据只有一个，即某时刻的室内预测温度。取单隐层 BP 网络模拟室内温度的变化，隐层结点数 15，输出结点 1，由此建立的 BP 网络结构如图 8-6 所示。

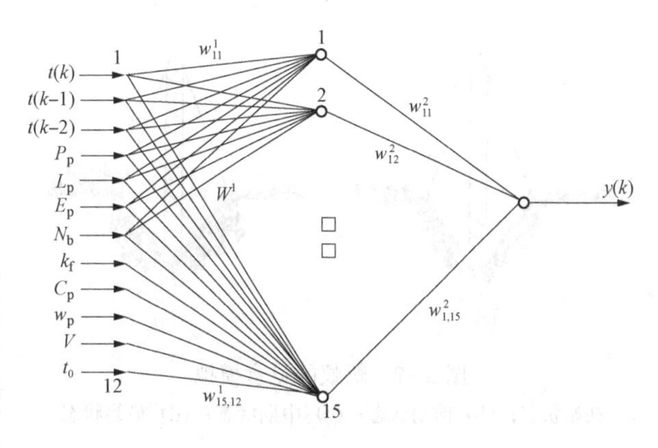

图 8-6 ［例 8-3］的网络结构图

8.3 蚁群算法

从蚂蚁群体寻找最短路径觅食行为受到启发，意大利学者 Dorigo 等人 1991 年提出了一种迷你自然界蚁群行为的模拟进化算法——人工蚁群算法，简称蚁群算法。这种算法具有分布计算、信息正反馈和启发式搜索的特征，本质上是进化算法中的一种新型启发式优化算法。蚁群算法虽然是从研究求解旅行商（TSP）提出的，但它在求解多种组合优化问题中获得了广泛的应用。它不仅用于离散系统的优化，而且也用于连续时间系统的优化。

8.3.1 蚁群行为描述

根据仿生学家的长期研究，蚂蚁虽然没有视觉，但运动时会通过在路径上释放出特殊的分泌物——信息素来寻找路径。当它们碰到一个还没有走过的路口时，就随机挑选一条路径前行，同时释放出与路径长度相关的信息素。蚂蚁走的路径越长，则释放的信息量越小。当后来的蚂蚁再次碰到这个路口的时候，选择信息量较大的路径的概率相对较大。这样便形成了一个正反馈机制。最优路径上的信息素越来越大，而其他路径上的信息素却随着时间的流逝而逐渐消减，最终整个蚁群会找出最优路径。

同时蚁群还能够适应环境的变化，当蚁群的运动路径上突然出现障碍物时，蚂蚁也能很快重新找到最优路径。可见，在整个寻径过程中，虽然单只蚂蚁的选择能力有限，但是通过信息素的作用使整个蚁群行为具有非常高的自组织性，蚂蚁之间交换着路径信息，最终通过蚁群的集体自催化行为找出最优路径。这里用图 8-7 形象图例来进一步说明蚁群的搜索原理。

图 8-7 中，设 A 点是蚁巢，D 点是食物源，EF 为一障碍物。由于障碍物的存在，蚂蚁

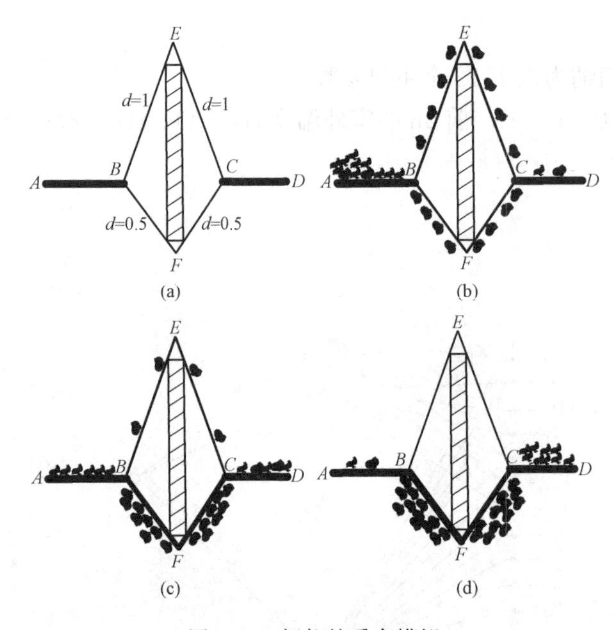

图 8-7 蚂蚁的觅食模拟

(a) 初始状态；(b) 前期状态；(c) 中期状态；(d) 最终状态

只能通过两条路径到达食物源，即 A-B-E-C-D 或 A-B-F-C-D。各点之间的距离如图 8-7 所示。在初始时刻，由于路径上均无信息存在，蚂蚁可以随机选择路径。经过一段时间后，在路径 B-F-C 上的信息量是 B-E-C 上信息量的 2 倍。随着时间的推移，蚂蚁将会以越来越大的概率选择路径 B-F-C，最终将会完全选择路径 B-F-C，从而找到由蚁巢到食物源的最短路径。

8.3.2 人工蚁群算法的基本思想

在蚁群算法中，提出了人工蚁的概念。人工蚁有着双重特性，一方面它们是真实蚂蚁行为特征的一种抽象，通过对真实蚂蚁行为的观察，将蚁群觅食行为中最关键的部分赋予了人工蚁。人工蚁绝大部分的行为特征都源于真实蚂蚁，它们具有的共同特征见表 8-6。

表 8-6 人工蚁与真实蚂蚁的共同特征

序号	共同特征	特征描述
1	是一群相互合作的个体	这些个体通过相互的协作在全局范围内找出问题较优的解决方案
2	有着共同的任务	就是寻找连接起点（蚁穴）和终点（食物源）的最短路径（最小代价）
3	通过使用信息素进行间接通信	信息素轨迹是通过状态变量来表示，状态变量用 $n \times n$ 维信息素矩阵来表示，其中 n 表示问题的规模。矩阵中元素 τ_{ij} 表示节点 i 选择节点 j 作为移动方向的期望值。随着蚂蚁在所经过的路径上释放信息素的增多，矩阵中的相应项也随之改变
4	自催化机制——正反馈	根据蚂蚁倾向于选择信息素强大的路径的特点，后来的蚂蚁选择该路径的概率也越高，从而增加了该信息素强度，这种选择过程称为自催化过程。自催化利用信息作为反馈，通过对系统演化过程中较优解的自增强作用，使问题的解向全局最优的方向不断进化，最终能够有效地获得相对较优的解
5	信息素的挥发机制	这种机制可以使蚂蚁逐渐忘记过去，不受过去经验的过分约束，有利于指引蚂蚁向着新的方向进行搜索，避免早熟收敛
6	不预测未来状态概率的状态转移策略	应用概率的决策机制沿着邻近状态移动，从而建立问题的解决方案。只是充分利用了局部信息，而且并没有利用前瞻性来预测未来的移动状态

另一方面，由于所提出的人工蚁是为了解决一些工程实际中的优化问题，因此为了能使蚁群算法更有效，人工蚁具备了一些真实蚂蚁所不具备的本领，比如前瞻性、局部优化、原

路返回等。

8.3.3 蚂蚁系统模型的建立

为了说明蚂蚁系统模型，首先引入旅行商问题。旅行商问题就是指给定 n 个城市和两两城市之间的距离，要求确定一条经过各城市当且仅当一次的最短路线。选择旅行商问题作为测试问题的原因主要有：①它是一个最短路径问题，蚁群优化算法很容易适应这类问题；②容易理解，不会因为有太多的术语而使得算法行为的解释难以理解；③TSP 是典型的组合优化难题，常常用来验证某一算法的有效性，便于与其他算法比较。对于其他问题，可以对此模型稍作修改便可以应用。虽然它们形式上看略有不同，但基本原理相同，都是模拟蚁群行为达到优化的目的。

为模拟实际蚂蚁的行为，首先引入如下符号：

m——蚁群中的蚂蚁数量；

$b_i(t)$——t 时刻位于城市 i 的蚂蚁个数，且 $m=\sum_{i=1}^{n}b_i(t)$；

d_{ij}——两城市 i 和 j 之间的距离；

η_{ij}——边 (i, j) 的能见度，反映由城市 i 转移到城市 j 的启发程度，这个量在蚂蚁系统的运行中不改变；

τ_{ij}——边 (i, j) 上的信息素轨迹强度；

$\Delta\tau_{ij}^k$——蚂蚁 k 在边 (i, j) 上留下的单位长度轨迹信息素量；

P_{ij}^k——蚂蚁 k 的转移概率，j 是尚未访问的城市。

每只蚂蚁都是具有如下特征的简单主体：

(1) 从城市 i 到城市 j 的运动过程中或是在完成一次循环后，蚂蚁在边 (i, j) 上释放一种物质，称为信息素轨迹。

(2) 蚂蚁概率地选择下一个将要访问的城市，这个概率是两城市间距离和连接两城市的路径上存在轨迹量的函数。

(3) 为了满足问题的约束条件，在完成一次循环之前，不允许蚂蚁选择已经访问过的城市。

简单蚁群算法的流程如图 8-8 所示。

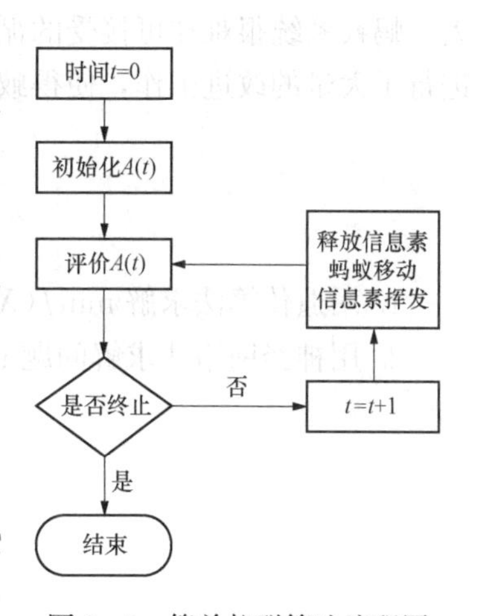

图 8-8 简单蚁群算法流程图

初始时刻，各条路径上的信息素量相等，设 $\tau_{ij}(0)=C$ (C 为常数)。蚂蚁 $k(k=1, 2, \cdots, m)$ 在运动过程中根据各条路径上的信息素量决定转移方向。蚂蚁系统所使用的状态转移规则被称为随机比例规则，它给出了位于城市 i 的蚂蚁 k 选择移动到城市 j 的概率。在 t 时刻，蚂蚁 k 在城市 i 选择城市 j 的转移概率 $P_{ij}^k(t)$ 为

$$P_{ij}^k(t)=\begin{cases}\dfrac{\tau_{ij}^{\alpha}(t)\eta_{ij}^{\beta}(t)}{\sum\limits_{s\in allowed_k}\tau_{is}^{\alpha}(t)\eta_{is}^{\beta}(t)}, & j\in allowed_k\\ 0, & otherwise\end{cases} \tag{8-26}$$

其中，$allowed_k=\{0, 1, \cdots, n-1\}$ 表示蚂蚁 k 下一步允许选择的城市。由式 (8-26) 可知，转移概率 $P_{ij}^k(t)$ 与 $\tau_{ij}^{\alpha}\cdot\eta_{ij}^{\beta}$ 成正比。α 和 β 为两个参数，分别反映了蚂蚁在运动过程中所积累的信息和启发信息在蚂蚁选择路径中的相对重要性。与真实蚂蚁不同，人工蚁群系统具

有记忆功能。为了满足蚂蚁必须经过所有 n 个不同的城市这个约束条件，为每只蚂蚁都设计了一个数据结构，称为禁忌表（tabu list）。禁忌表记录了在 t 时刻蚂蚁已经走过的城市，不允许该蚂蚁在本次循环中再经过这些城市。当本次循环结束后，禁忌表被用来计算该蚂蚁当前所建立的解决方案（即蚂蚁所经过的路径长度）。之后禁忌表被清空，该蚂蚁又可以自由地进行选择。

经过 n 个时刻，蚂蚁完成一次循环，各路径上信息素量根据式（8 - 27）和式（8 - 28）调整

$$\tau_{ij}(t+1)=\rho\tau_{ij}(t)+\Delta\tau_{ij}(t,t+1) \tag{8-27}$$

$$\Delta\tau_{ij}(t,t+1)=\sum_{k=1}^{m}\Delta\tau_{ij}^{k}(t,t+1) \tag{8-28}$$

式中：$\Delta\tau_{ij}^{k}(t,\ t+1)$ 为第 k 只蚂蚁在时刻（t，$t+1$）留在路径（i，j）上的信息素量，其值视蚂蚁表现的优劣程度而定，路径越短，信息素量释放的就越多；$\Delta\tau_{ij}(t,\ t+1)$ 为本次循环中路径（i，j）的信息素量的增量；ρ 为信息素轨迹的衰减系数，通常设置系数 $\rho<1$ 来避免路径上轨迹量的无限累加。

根据具体算法的不同，$\Delta\tau_{ij}$、$\Delta\tau_{ij}{}^{k}$ 和 $P_{ij}{}^{k}(t)$ 的表达形式可以不同，要根据具体问题而定。M. Dorigo 曾给出三种不同模型，分别为蚁周系统（ant - cycle system）、蚁量系统（ant -quantity system）、蚁密系统（ant - density system）。

蚂蚁系统在解决一些小规模的 TSP 问题时的表现尚可令人满意。但随着问题规模的扩大，蚂蚁系统很难在可接受的循环次数内找出最优解来。针对蚂蚁系统的这些不足，研究者进行了大量的改进工作，使得蚁群优化算法在很多重要的问题上跻身于最好的算法行列。

思考与练习题

1. 用遗传算法求解 $\min f(X)=x_1^3+2x_2^2-27x_1-8x_2$。
2. 用神经网络法求解问题 $\min f(X)=x_1^2+3x_2^2-3x_1x_2+4x_1-12x_2$。

第 9 章　最优化问题的计算机求解

求解最优化模型的各类最优化算法的实现，离不开计算机运算。寻找一种可靠实用的最优化编程软件，利用其中的相关语言和函数编制相应的求解程序，成为工程最优化技术得以实现的关键。MATLAB 的名称源自 Matrix Laboratory，是由 Math Works 公司开发的矩阵工厂（矩阵实验室）。该软件主要面对科学计算、可视化以及交互式程序设计的高科技计算环境。它将数值分析、矩阵计算、科学数据可视化以及非线性动态系统的建模和仿真等诸多强大功能集成在一个易于使用的视窗环境中，为科学研究、工程设计以及必须进行有效数值计算的众多科学领域提供了一种全面的解决方案，并在很大程度上摆脱了传统非交互式程序设计语言（如 C、Fortran）的编辑模式。工具箱是 MATLAB 函数的综合程序库，不同的工具箱包含大量相关的库函数。进行复杂的运算时，只需调用相关的函数就可完成给定的任务。最优化工具箱（optimization toolbox）是 MATLAB 中 30 多个工具箱之一，主要用于求解各种工程最优化问题。

本章介绍工具软件 MATLAB 相关工具箱的使用，并介绍几个典型的工程最优化问题的求解过程。

9.1　MATLAB 工具箱中的基本函数

9.1.1　一维最优化问题

一维最优化问题的数学模型为

$$\min f(x)$$
$$\text{s.t.}\quad x_1 < x < x_2$$

在 MATLAB 中，函数 fminbnd 可用来求解一维优化问题，其具体函数形式为

fminbnd（fun，x_1，x_2，options）

函数功能是用 options 参数指定的优化参数求函数 fun 在区间（x_1，x_2）上的极小值，其中 options 可以缺省，即 fminbnd（fun，x_1，x_2）。options 取值及各取值的含义见表 9-1。

表 9-1　options 字段说明

options 参数	含　义		
Display	显示的方式	off	不显示输出
		iter	显示每一次迭代输出
		final	显示最终结果
FunValCheck	检查目标函数值是否可接受	on	当目标函数值为复数或 NaN 时显示出错信息
		off	不显示任何出错信息
MaxfunEval	最大的目标函数检查步数		
MaxIter	最大的迭代步数		

续表

<table>
<tr><th>options 参数</th><th colspan="3">含　义</th></tr>
<tr><td>OutputFcns</td><td colspan="3">用户自定义的输出函数，它将在每个迭代步调用</td></tr>
<tr><td rowspan="3">PlotFcns</td><td rowspan="3">在算法执行时绘制各种进度度量</td><td>@optimplotx plots</td><td>绘制当前点</td></tr>
<tr><td>@optimplotfval plots</td><td>绘制函数值</td></tr>
<tr><td>@optimplotfunccount</td><td>绘制函数计数</td></tr>
<tr><td>Tolx</td><td colspan="3">自变量的精度</td></tr>
</table>

可以用四种调用格式：

(1) 调用格式 1：x=fminbnd(…)。这种格式的功能：返回函数极小值。

(2) 调用格式 2：[x，fval] =fminbnd (…)。这种格式的功能是：同时返回 x 和点 x 处的目标函数值。

(3) 调用格式 3：[x，fval，exitflag] =fminbnd (…)。这种格式的功能：返回同格式 2 的值，同时输出参数 exitflag。其中 exitflag 值和相应的含义见表 9-2。

(4) 调用格式 4：[x，fval，exitflag，output] =fminbnd (…)。这种格式的功能：返回同调用格式 3 的值，输出参数 output。其中 output 值和相应的含义见表 9-3。

表 9-2　exitflag 参数说明

exitflag	说　明
1	函数收敛到目标函数最优解
0	达到最大迭代次数或达到目标函数检查步数最大允许值
−1	用户自定义函数引起的退出
−2	边界条件不协调，下界大于上界

表 9-3　output 字段说明

output	说明
algorithm	输出优化算法名称
funcCount	输出函数评价次数
iterations	输出迭代次数
message	退出信息

对一维极值问题，还可以用 MATLAB 中的 fminsearch 和 fminunc 函数来求解，fminsearch 和 fminunc 函数的主要功能是求解多维的极值问题，当然也可求一维极值问题，其具体应用见后续章节内容。

【例 9-1】 用 fminbnd 函数求 $f(x)=x^4-x^2+x-1$ 在区间 [−2，1] 上极小值。

解： 在 MATLAB 命令窗口中输入

```
>>[x,fal,exitflag,output] = fminbnd(@(x)x^4 - x^2 + x - 1, - 2,1)
```

运行结果为

```
x = - 0.8846
fal = - 2.0548
exitflag = 1
output = iterations:11
         funcCount:12
         algorithm:'golden section search,parabolic interpolation'
         message: [1x111 char]
```

从输出结果可以看出，fminbnd 函数用了黄金分割算法和抛物线算法来求本例的极小值，exitflag =1 表明成功求得函数的极小值，迭代次数 11 次，要查看结果精度，可以接着在窗口中输入：

```
>>output.message
ans = Optimization terminated:
the current x satisfies the termination criteria using OPTIONS.TolX of 1.000000e-04
```

说明，此时求得的结果 x 的精度为 1.0e-4，如果想提高精度，需用 options 参数来指定，在命令窗口输入

```
>>opt = optimset('Tolx',1.0e-6)
>> format long
>> [x,fal,exitflag,output] = fminbnd(@(x)x^4 - x^2 + x - 1, - 2,1,opt)
x = - 0.884646164474752
fal = - 2.054784062185396
exitflag = 1
output = iterations: 11
         funcCount: 12
         algorithm:'golden section search,parabolic interpolation'
         message: [1x111 char]
```

这样求得的结果 x 就有了 1.0e-6 的精度。

9.1.2 多维无约束最优化问题

多维无约束最优化问题的数学模型为

$$\min f(X), X \in R^n$$

在 MATLAB 中，fminunc 函数可用来求解多维无约束优化问题，具体函数形式为

$$\text{fminunc (fun, } X_0\text{, option)}$$

函数的功能是，给定初始点 X_0，求函数 fun 的局部最小点 X^*。其中 X_0 可以是一个标量、向量或者矩阵。options 参数指定同表 9-1 所述。函数调用格式与 fminbnd 函数相同，这里不再赘述。

【例 9-2】 用 fminunc 函数求 $\min f(X) = 3x_1^2 + 2x_1x_2 + x_2^2$。

解：MATLAB 命令窗口输入

```
>> [x,fal,exitflag,output] = fminunc(@(x)3 * x(1)^2 + 2 * x(1) * x(2) + x(2)^2,[1,1])
```

输出结果为

```
x = 1.0e - 06 * (0.2541 - 0.2029)
fal = 1.3173e - 13
exitflag = 1
output = iterations:8
   funcCount:27
   stepsize:1
   firstorderopt:1.1633e - 06
   algorithm:'medium - scale: Quasi - Newton line search'
   message: [1x436 char]
```

fminunc 函数完整的调用格式为：

```
[x,fal,exitflag,output,grad,hessian] = fminunc(fun,X0,option)
```

其中 grad 为目标函数梯度，hessian 表示目标函数在 X 处的 Hessian 矩阵。

在 MATLAB 中，除 fminunc 函数可用来求解多维无约束优化问题外，fminsearch 函数也能求解无约束极值问题，其具体函数形式为

fminsearch（fun，X_0，option）

函数的功能是：给定初始点 X_0，求函数 fun 的局部最小点 X^*。其中 X_0 可以是一个标量、向量或者矩阵。调用格式与 fminbnd 函数相同。因 fminsearch 函数使用直接法求解，而 fminunc 函数求解时用到目标函数得导数值。所以当函数的阶数大于 2 时，使用 fminunc 比 fminsearch 更有效，但当所选函数不连续时，使用 fminsearch 效果较好。

【例 9-3】 求 $\min f(X)=e^{x_1}\left(4x_1^2+2x_2^2+4x_1x_2+2x_2+1\right)$。

解： MATLAB 命令窗口输入

```
>>x0 = [-1,1];
>>[x,fval,exitflag,output] = fminsearch(@(x)exp(x(1)) * (4 * x(1)^2 + 2 * x(2)^2 + 4 * x(1)
* x(2) + 2 * x(2) + 1),x0);
>>[x,fval,exitflag,output,grad,hessian] = fminunc(@(x)exp(x(1)) * (4 * x(1)^2 + 2 * x(2)^
2 + 4 * x(1) * x(2) + 2 * x(2) + 1),x0)
```

fminsearch 函数计算输出结果为

```
x = 0.5000   -1.0000
fval = 5.1425e-10
exitflag = 1
output = iterations:46
funcCount:89
algorithm:'Nelder-Mead simplex direct search'
message:[1x194 char]
```

fminunc 函数计算输出结果为

```
x = 0.5000   -1.0000
fval = 3.6609e-15
exitflag = 1
output = iterations:8
funcCount:66
stepsize:1
firstorderopt:1.2284e-07
algorithm:'medium-scale: Quasi-Newton line search'
message:[1x436 char]
grad = 1.0e-06 * (-0.0246 0.1228)
hessian = 13.1946     6.5953
          6.5953      6.5949
```

9.1.3　多维有约束最优化问题

在 MATLAB 优化工具箱中，用于求解线性规划问题的函数主要是 linprog。线性规划问题的线性模型为

$$\begin{aligned} &\min f^{T} X \\ \text{s.t.}\quad & AX \leqslant b \\ & Aeq \cdot X = beq \\ & lb \leqslant X \leqslant ub \end{aligned}$$

式中：f 为线性规划方程中的系数向量；A 为不等式约束的系数矩阵；Aeq 为等式约束的系数矩阵；b 为不等式约束的常数向量；beq 为等式约束的常数向量；lb、ub 为自变量的上下限范围。linprog 函数具体形式为

$$\text{linprog}\ (f,\ A,\ b,\ Aeq,\ beq,\ lb,\ ub,\ x_0,\ \text{options})$$

后面的函数参数如果缺省可以不写，但中间缺省需要用 [ ] 代替。

【例 9-4】 用 linprog 函数求解下面线性规划问题

$$\begin{aligned} &\min f^{T} X = -2x_1 - x_2 + 3x_3 - 5x_4 \\ \text{s.t.}\quad & x_1 + 2x_2 + 4x_3 - x_4 \leqslant 6 \\ & 2x_1 + 3x_2 - x_3 + x_4 \leqslant 12 \\ & x_1 + x_3 + x_4 \leqslant 4 \\ & x_1, x_2, x_3, x_4 \geqslant 0 \end{aligned}$$

解： 在 MATLAB 命令窗口输入

```
>>f = [ - 2, - 1,3,5]';
>> A = [1,2,4, - 1;2,3, - 1,1;1,0,1,1];
>> b = [6,12,4]';
>> lb = [0,0,0,0]'
>> [x,fval] = linprog(f,A,b,[],[],lb)
```

输出结果为

```
Optimization terminated.
x = 4. 0000
    1. 0000
    0. 0000
    0. 0000
fval = - 9. 0000。
```

用于求解多变量有约束非线性函数最小值的 MATLAB 函数主要是 fmincon 函数，其数学模型为

$$\begin{aligned} &\min f(X) \\ \text{s.t.}\quad & C(X) \leqslant 0 \\ & Ceq(X) = 0 \\ & AX \leqslant b \\ & Aeq \cdot X = beq \\ & lb \leqslant X \leqslant ub \end{aligned}$$

式中：X、b、beq、lb、ub 为向量；A、Aeq 为矩阵；$C(X)$、$Ceq(X)$ 为非线性函数。

fmincon 函数是优化工具箱中较为通用的一个函数，基本上可以解决单目标优化的各种问题。fmincon 函数完整的调用格式为

```
[x,fval,exitflag,output,lambda,grad,hessian] = fmincon(fun,x0,A,b,Aeq,beq,lb,ub,nonlcon,options)
```

说明：

(1) fun 为目标函数。

(2) x_0 为初始值。

(3) A、b 为线性不等式约束 $AX \leqslant b$ 的系数矩阵和右端列向量；若没有，则取 $A=[\ ]$，$b=[\ ]$。

(4) Aeq、beq 表示线性等式约束 $Aeq \cdot X=beq$ 的系数矩阵和右端列向量；若没有取 $Aeq=[\ ]$，$beq=[\ ]$。

(5) lb，ub 为不等式 $lb \leqslant X \leqslant ub$ 的边界，当无边界存在时，令 $lb=[\ ]$ 和 $ub=[\ ]$。

(6) Nonlcon 是用户定义的非线性约束函数，用来计算非线性不等式约束 $C(X) \leqslant 0$ 和非线 $Ceq(X)=0$ 性等式约束在 X 处的估计 C 和 Ceq。若对应的函数采用 M 文件表示，即 nonlcon=@mycon，则 M 文件 mycon. m 具有下面的形式：

```
Function[C,Ceq] = mycon(X)
```

$C=\cdots$%计算 X 处的非线性不等式约束 $C(X) \leqslant 0$ 的函数值。

$Ceq=\cdots$%计算 X 处的非线性等式约束 $Ceq(X)=0$ 的函数值。

【例 9-5】 利用 fmincon 函数求解曲面 $4z=3x^2-2xy+3y^2$ 到 $x+y-4z=1$ 的最短距离。

解：先将曲面和平面的方程改写为

$$4x_3=3x_1^2-2x_1x_2+3x_2^2$$
$$x_4+x_5-4x_6=1$$

取点 $A(x_1, x_2, x_3)$、$B(x_4, x_5, x_6)$，令 A 是曲面上的点，B 是平面上的点，则 A、B 间的最小距离即为问题的解。建立数学模型为

$$\begin{aligned} \min f(X) &= (x_1-x_4)^2+(x_2-x_5)^2+(x_3-x_6)^2 \\ \text{s.t.}\quad h_1(X) &= 3x_1^2-2x_1x_2+3x_2^2-4x_3=0 \\ h_2(X) &= x_4+x_5-4x_6-1=0 \end{aligned}$$

编写 myfun. m 文件

```
function f = myfun(x) % 目标函数
    f = (x(1) - x(4))^2 + (x(2) - x(5))^2 + (x(3) - x(6))^2;
end
```

编写 mycon. m 文件

```
function [C,Ceq] = mycon(x) % 非线性约束函数
    C = [];
    Ceq(1) = 3 * x(1)^2 - 2 * x(1) * x(2) + 3 * x(2)^2 - 4 * x(3);
    Ceq(2) = x(4) + x(5) - 4 * x(6) - 1;
```

```
End
```

MATLAB 命令窗口输入

```
>> x0 = [1,1,1,1,1,1];
>> [x,fval] = fmincon(@myfun,x0,[],[],[],[],[],[],@mycon);
```

输出结果为

```
x = 0.2500    0.2500    0.0625    0.2917    0.2917    -0.1042
fval = 0.0313
```

即曲面到直线的最短距离为 0.176 8。

通常把约束条件为线性，而目标函数是二次函数的最优化问题称为二次规划问题。二次规划问题是最简单的约束非线性规划问题，其研究成果比较成熟，较容易求解。二次规划问题的数学模型可表达为

$$\min f(X) = \frac{1}{2}X^{T}GX + C^{T}X$$
$$\text{s. t.} \quad AX \leqslant b$$
$$Aeq \cdot X = beq$$
$$lb \leqslant X \leqslant ub$$

用于求解二次规划问题的 MATLAB 函数主要有 quadprog 函数，其完整的调用格式为

```
[x,fval,exitflag,output,lambda] = fmincon(G,C,A,b,Aeq,beq,lb,ub,x0,options)
```

【例 9-6】 求解下面的二次规划问题。

$$\min f(X) = x_1^2 + x_2^2 + 6x_1 + 9$$
$$\text{s. t.} \quad 4 - 2x_1 - x_2 \leqslant 0$$
$$x_1, x_2 \geqslant 0$$

解：将上面的模型转化为

$$\min f(X) = x_1^2 + x_2^2 + 6x_1$$
$$\text{s. t.} \quad -2x_1 - x_2 \leqslant -4$$
$$x_1, x_2 \geqslant 0$$

并将目标函数写成下面的矩阵形式，即

$$\min f(X) = x_1^2 + x_2^2 + 6x_1 = \frac{1}{2}[x_1 \quad x_2]\begin{bmatrix}2 & 0\\0 & 2\end{bmatrix}\begin{bmatrix}x_1\\x_2\end{bmatrix} + [6 \quad 0]\begin{bmatrix}x_1\\x_2\end{bmatrix}$$

令

$$G = \begin{bmatrix}2 & 0\\0 & 2\end{bmatrix}, C = [6 \quad 0], X = \begin{bmatrix}x_1\\x_2\end{bmatrix}$$

在 MATLAB 命令窗口中输入

```
>>G = [2,0;0,2];
>>C = [6,0];
>>A = [-2,-1];
>>b = [-4];
```

```
>>lb=[0,0]';
>>[x,fval]=quadprog(G,C,A,b,[],[],lb)
```

结果输出为

```
Optimization terminated.
x=1.0000
  2.0000
fval=11.0000
```

9.1.4 多目标最优化问题

求解多目标优化的最基本方法是评价函数法。它需要借助几何或应用中的直观背景，构造评价函数，以此将多目标优化问题转变为单目标优化问题，然后用单目标问题的求解方法求出最优解，并把这种最优解当做多目标优化问题的最优解。

构造评价函数常用的方法有理想点法、线性加权和法、最大最小法、目标达到法等。理想点法和线性加权和法的核心思想是根据各自单目标函数最优值构造评价函数，再利用单目标函数求解评价函数的最优值。其中涉及的计算机求解函数与单目标最优化求解函数相同，在这里不再赘述。

1. 最大最小法

最大最小法是采取保守的策略，在最坏的情况下，寻求最好的结果。根据这个想法，构造评价函数

$$\min_{x\in R}\varphi[F(X)] = \min_{x\in R}\max_{1\leqslant i\leqslant p} f_i(X)$$

并将它的最优解 X^* 作为模型在这种情况下的最优解。求解这种问题通常用 fminimax 函数。

最大最小化的数学模型为

$$\begin{aligned} &\min\max\{F(X)\} \\ \text{s.t.}\quad & C(X) \leqslant 0 \\ & Ceq(X) = 0 \\ & AX \leqslant b \\ & Aeq \cdot X = beq \\ & lb \leqslant X \leqslant ub \end{aligned}$$

式中：$\boldsymbol{F}(\boldsymbol{X})$ 为目标函数向量，即 $\boldsymbol{F}(\boldsymbol{X}) = [f_1, f_2, \cdots, f_p]^{\mathrm{T}}$。

fminimax 函数调用格式如下：

```
[x,fval,maxfval,exitflag,output,lambda]=fminimax(fun,x0,A,b,Aeq,beq,lb,ub,nonlcon,options)
```

说明：fval 为最优点处各目标函数值；maxfval 为在最优点处各目标函数的最大值；其他符号同前。

【例 9-7】 求解多目标优化问题

$$\begin{aligned} \min f_1(X) &= x_1^2 + \sin(x_2) + 3 \\ f_2(X) &= -x_1^2 - 4e^{x_2} \\ f_3(X) &= 2x_1 + 3x_2 - 20 \\ f_4(X) &= \cos(x_1) - x_2 \\ f_5(X) &= x_1 + 3x_2 - 15 \end{aligned}$$

解：首先编写目标函数 M 文件 myfun. m

```
function f = myfun(x)
    f(1) = x(1)^2 + sin(x(2)) + 3;
    f(2) = - x(1)^2 - 4 * exp(x(2));
    f(3) = 2 * x(1) + 3 * x(2) - 20;
    f(4) = cos(x(1)) - x(2);
    f(5) = x(1) + 3 * x(2) - 15;
end
```

其次在 MATLAB 命令窗口调用 fminimax 函数程序

```
>>x0 = [1,1];
>>[x,fval,fmax,exitflag] = fminimax(@myfun,x0)
```

计算结果为

```
x = 0.0000    - 1.1061
fval = 2.1061    - 1.3234   - 23.3182    2.1061   - 18.3182
fmax = 2.1061
exitflag = 4
```

2. 目标达到法

目标达到法是对多个不同目标函数进行优化，为了使各个分目标函数 $f_i(X)$ 分别逼近各自的单目标最优值 $f_i(X^*)$。可以使每一个目标函数引入一个权系数 w_i，并令

$$\gamma = \frac{f_i(X) - f_i(X^*)}{w_i}$$

于是可将多目标问题简化为如下单目标优化问题

$$\begin{aligned} &\min \gamma(X, w) \\ \text{s. t.} \quad & F(X) - w\gamma \leqslant goal \\ & C(X) \leqslant 0 \\ & Ceq(X) = 0 \\ & AX \leqslant b \\ & Aeq \cdot X = beq \\ & lb \leqslant X \leqslant ub \end{aligned}$$

式中：X、b、beq、lb、ub 为向量；A、Aeq 为矩阵；$C(X)$、$Ceq(X)$ 是返回向量的函数，$C(X)$、$Ceq(X)$ 为非线性函数；w 为权值系数向量，用于控制对应的目标函数与用户定义的目标函数值的接近程度；$goal$ 为用户设计的与目标函数相应的目标函数向量；γ 为一个松弛因子标量；$F(X)$ 为多目标规划中的目标函数向量。

在 MATLAB 中用于求解多目标规划问题的函数为 fgoalattain，其完整的调用格式为

```
[x,fval,attainfactor,exitflag,output,lambda] = …
fgoalattain(fun,x0,goal,w,A,b,Aeq,beq,lb,ub,nonlcon,options)
```

说明：

(1) fun 为多目标函数的文件名。

（2）x_0 为初始值。

（3）$goal$ 为用户设计的目标函数值向量。

（4）w 为权值系数向量，用于控制目标函数与用户自定义目标值得接近程度。

（5）A、b 为线性不等式约束 $AX \leqslant b$ 的系数矩阵和右端列向量；若没有，则取 $A=[\ ]$，$b=[\ ]$。

（6）Aeq、beq 表示线性等式约束 $Aeq \cdot X = beq$ 的系数矩阵和右端列向量；若没有取 $Aeq=[\ ]$，$beq=[\ ]$。

（7）lb、ub 为不等式 $lb \leqslant X \leqslant ub$ 的边界，当无边界存在时，令 $lb=[\ ]$ 和 $ub=[\ ]$。

（8）Nonlcon 是用户定义的非线性约束函数，用来计算非线性不等式约束 $C(X) \leqslant 0$ 和非线性等式约束 $Ceq(X)=0$ 在 X 处的估计值 C 和 Ceq。

【例 9-8】 计算下面目标函数问题的最优解

$$\min(x_1-1)^2+2(x_2-2)^2+3(x_3-3)^2$$

$$\min x_1^2+x_2^2+x_3^2$$

$$\text{s.t.}\quad x_1+x_2+x_3=16$$

$$x_1,x_2,x_3 \geqslant 0$$

解：根据目标函数和约束条件编写如下 objfun.m 文件

```
function f = objfun(x)
    f(1) = (x(1) - 1)^2 + 2 * (x(2) - 2)^2 + 3 * (x(3) - 3)^2;
    f(2) = x(1)^2 + x(2)^2 + x(3)^2;
end
```

命令窗口语句：

```
>>Aeq = [1,1,1];
>>beq = 16;
>>lb = [0,0,0];
>>goal = [16,16];
>>weight = [1,1];
>>x0 = [2,2,3];
>>[x,fval,attainfactor,exitflag] = fgoalattain (@objfun,x0,goal,weight,[],[],Aeq,beq,lb)
```

计算结果为

```
x = 4.5617    5.8629    5.5753
fval = 62.4277   62.4277
attainfactor = 46.4277
exitflag = 5
```

9.2 MATLAB 遗传算法工具箱

为了省去晦涩难懂的遗传算法数学理论和降低程序开发的难度，MATLAB 软件已经将遗传算法命令进行了封装，做成专门的遗传算法工具箱（GA Toolbox），方便用户调用。关于遗传算法工具箱，需要说明以下两点：

（1）目前基于MATLAB环境下遗传算法工具箱的版本较多，各版的功能和用法也不完全相同，需要加以区分。倘若想要使用某个工具箱，但是MATLAB没有自带，则用户需要自行安装。

（2）遗传算法工具箱已经将常用的遗传算法命令进行了集成，用户使用很方便。但是封装的工具箱的内部命令不能根据特殊需要进行调整和修改。从这个角度说，具有人工智能性质的GA Toolbox是一种“傻瓜式的智能”。

MATLAB自带的遗传算法与直接搜索工具箱（genetic algorithm and direct search toolbox）可以用来优化目标函数。

9.2.1 MATLAB遗传算法核心函数

遗传算法与直接搜索工具箱有ga、gaoptimset和gaoptimget三个核心函数。

1. ga函数

ga函数是对目标函数进行遗传计算，其格式如下：

```
[x,fval,exitflag,output,population,scores] = ga(fitnessfcn,nvars,A,b,Aeq,beq,lb,ub,nonlcon,options)
```

其中，fitnessfcn为适应度句柄函数；nvars为目标函数自变量的个数；options为算法的属性设置，该属性是通过函数gaoptimset赋予的；x为经过遗传进化以后自变量最佳染色体返回值；fval为最佳染色体的适应度；exitflag为算法停止的原因；output为输出的算法结构；population为最终得到种群适应度的列向量；scores为最终得到的种群。

【例9-9】 求解最优化问题

$$\min f(X) = 100(x_2 - x_1^2)^2 + (1 - x_1)^2$$

解：首先建立适应度函数fitnessfcn1.m文件

```
function f = fitnessfcn1(x)
  f = 100 * (x(2) - x(1)^2)^2 + (1 - x(1)) ^2;
end
```

在命令窗口输入

```
>>[x,fval,exitflag,output] = ga(@fitnessfcn1,2)
```

运行结果如下：

```
Optimization terminated: average change in the fitness value less than options.TolFun.
x = 0.9652     0.9340
fval = 0.0017
exitflag = 1
output = problemtype: 'unconstrained'
    rngstate: [1x1 struct]
    generations: 51
    funccount: 1040
    message: 'Optimization terminated: average change in the fitness value less than options.TolFun.'
```

2. gaoptimset函数

gaoptimset函数是设置遗传算法的参数和句柄函数，表9-4介绍了常用的11种属性。

表 9-4 **gaoptiomset 函数设置属性**

序 号	属性名	默认值	属性说明
1	PopInitRange	[0; 1]	初始种群生成空间
2	PopulationSize	20	种群规模
3	CrossoverFraction	0.8	交配概率
4	MigrationFraction	0.2	变异概率
5	Generations	100	超过进化代数时算法停止
6	TimeLimit	Inf	超过运算时间限制时算法停止
7	FitnessLimit	-Inf	最佳个体等于或小于适应度阈值时算法停止
8	StallGenLimit	50	超过连续代数不进化则算法停止
9	StallTimeLimit	20	超过连续时间不进化则算法停止
10	InitialPopulation	[]	初始化种群
11	PlotFcns	[]	绘图函数

其使用格式如下：

```
options = gaoptimset('param1',value1,'param2',value2,…)
```

由于遗传算法本质上是一种启发式的随机运算，算法程序经常重复运行多次才能得到理想结果。鉴于此，可以将前一次运行得到的最后种群作为下一次运行的初始种群，如此操作会得到更优的结果：

```
[x,fval,exitflag,output,final_pop] = ga(@fitnessfcn,nvars)
```

最后一个输出变量 final _ pop 返回的就是本次运行得到的最后种群。再将 final _ pop 作为 ga 函数的初始的初始种群，语法格式如下：

```
options = gaoptimset('InitialPopulation',final_pop)
[x,fval,exitflag,output,final_pop2] = ga(@fitnessfcn,nvars,options)
```

遗传算法和直接搜索工具箱中的 ga 函数是求解目标函数的最小值，所以求解目标函数最小值的问题可以直接令目标函数为适应度函数。对于求解目标函数的最大值问题，则需要经过转换形成适应度函数。

3. gaoptimget 函数

该函数用于得到遗传算法参数结构中的参数具体值。其调用格式如下：

```
val = gaoptimget(options,'name')
```

其中，options 为结构体变量；name 为需要得到的参数名称，返回值为 val。

9.2.2 遗传算法的 GUI 实现

对于不擅长编程的用户，可以利用 GUI 实现遗传算法的编程。在 MATLAB 命令行窗口输入 gatool，可以打开如图 9-1 所示界面。也可输入 optimtool（'ga'），或输入 optimtool 后在弹出界面的 Solver 菜单中选择遗传算法“ga - Genetic Algorithm”。

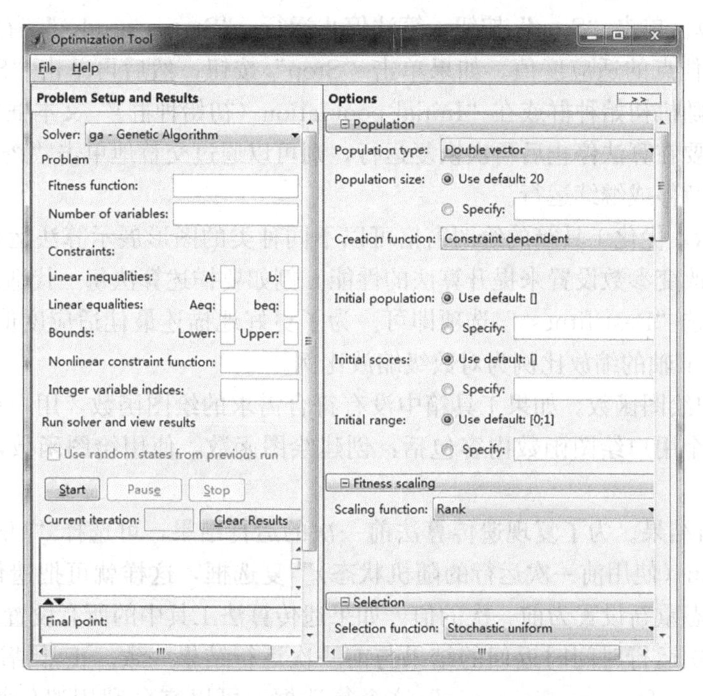

图 9-1 MATLAB的遗传算法工具箱

(1) 使用遗传算法工具箱时，必须输入下列信息：

1) Fitness function（适应度函数）——欲求最小值的目标函数。输入适应度函数的形式为@fitnessfun，其中 fitnessfun. m 是计算适应度函数的 M 文件。符号@产生一个对于函数 fitnessfun 的函数句柄。

2) Number of variables（变量个数）——适应度函数输入向量的长度。

3) Constraints（约束）——包括线性不等式约束、线性等式约束、自变量上下限以及非线性约束和整数变量的变量序号。其中非线性约束通过函数句柄方式输入。

单击“Start”按钮，运行遗传算法，将在 Run solver and view results（运行与结果）窗格中显示出相应的运行结果。在 Options 窗格中可以改变遗传算法的选项。为了查看窗格中所列出的各类选项，可以单击与之相连的符号“+”。

(2) 使用遗传算法工具 GUI 求解问题的一般步骤如下：

1) 打开遗传算法工具，在命令行窗口输入 gatool 或 optimtool（‘ga’）。

2) 在遗传算法工具中定义问题，即适应度函数、变量个数以及约束情况。

3) 运行遗传算法。在 Run solver and view result（运行与结果）窗格中单击“Start”按钮。这时在“Current iteration（当前代）”文本框中显示当前代的数目。通过单击“Pause”按钮可以暂停算法，同时该按钮上的文字变为“Resume（恢复）”，单击“Resume”按钮，遗传算法恢复运行。当遗传算法运行时可以更改多个参数设置。所做的改变将被应用到下一代，即在下一代将按照新设置的参数运行。在下一代开始但尚未应用改变的参数之前，在“Status and results”窗格中显示信息“Change pending”。而在下一代开始且应用了改变的参数时，在“Status and results”窗格中显示信息“Changes applied”。

4）停止运算。单击“Stop”按钮，算法停止运行。“Status results”窗格中将显示停止运行时当前代最佳点的适应度值。如果单击“Stop”按钮，然后再单击“Start”按钮，遗传算法将以新的随机初始种群或在“Initial population（初始种群）”文本框中专门指定的种群运行。如果需要在算法停止后再次恢复运行，则可以通过交替地单击“Pause”和“Stop”按钮来控制算法暂停或继续运行。

5）图形显示。优化工具箱的绘图窗格可以不同种类的图形展示算法运行结果。通过这些图形信息可以改变参数设置来提升算法的性能。例如要描述算法每一代适应度函数的最优值和平均值，勾选“Best fitness”选项即可。为了更好地描述最佳适应度值是怎么下降的，可以改变图形中Y轴的缩放比例为对数级缩放比例。

6）创建用户绘图函数。如果工具箱中没有符合需求的绘图函数，用户可以自己编写绘图函数。创建一个用户绘图函数内容包括：创建绘图函数，使用绘图函数，绘图函数如何作用。

7）复现运行结果。为了复现遗传算法前一次的运行结果，可选择“Use random states from previous run（使用前一次运行的随机状态）”复选框，这样就可把遗传算法所用的随机数发生器的状态重新设置为前一次的值。如果遗传算法工具中的所有设置没有改变，那么遗传算法在下一次运行时间时返回的结果与前一次运行结果一致。正常情况下，不用选择“Use random states from previous run”这个复选框，可以充分利用遗传算法随机搜索的优点。

8）设置选项参数。设置遗传算法的选项参数有两种方法：一种是在遗传算法工具GUI的“Options”窗格中直接进行设置，另一种是在MATLAB工作窗口中通过命令行方式进行设置。

9）输入/输出参数和问题。参数和问题结构可以从遗传算法工具中输出到MATLAB的工作窗口，也可以在以后的某个时间再反过来把它们从MATLAB的工作窗口输入给遗传算法工具。这样就可以保存对问题的当前设置，并可以随时恢复这些设置。参数设置后也可以被输出到MATLAB工作窗口，并且可以再把他们用于命令方式的遗传算法函数ga。

10）生成M文件。在遗传算法工具中，要利用特定的适应度函数和参数生成运行遗传算法的M文件，可以从“File”菜单选择“Generate M - File（生成M文件）”菜单项。并把生成的M文件保存到MATLAB路径的一个目录中。在命令行调用的这个M文件时，返回的结果与利用在遗传算法工具中生成M文件时的适应度函数和参数所得到的结果一致。

（3）输入/输出参数和问题。输入/输出信息通常包含下列各项：

1）问题的定义，包括“Fitness function”“Number of variable”和“constraints”。

2）当前指定的选项。

3）算法运行的结果。

输出参数，单击“Export To Workspace”按钮或从File菜单中选择“Export To Workspace”菜单项，打开如图9-2所示的对话框。

对话框提供下列参数：

1）为了保存问题的定义和当前参数的设置，选择“Export problem and options to a MATLAB structure named”，并为这个结构体输入一个名字。单击“OK”按钮，即将这个信息保存到 MATLAB 工作空间的一个结构体。如果以后要把这个结构体输入遗传算法工具箱，所有的问题定义和参数设置都被恢复到原来值。

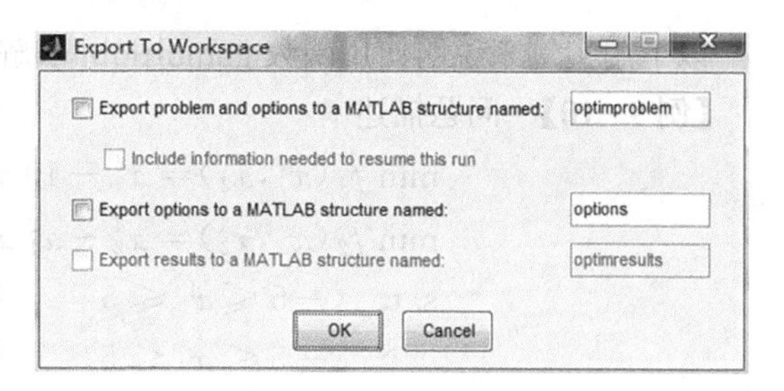

图 9 - 2　参数输出对话框

注意：输出问题之前，如果在“Run solver and view results”窗格选中“Use random states from previous run”选项，则遗传算法工具将保存上一次运行开始时随机数产生函数 rand 和 randn 的状态。在选择该选项的同时输入问题且运行遗传算法，那么输出问题之前的运行结果就被准确地复现了。

2）如果需要遗传算法在输出问题之前从上一次运行的最后种群恢复运行，可选择“Include information needed to resume this run”。然后再输入问题结构体并单击“Start”按钮，算法就从前次运行的最后种群继续运行。为了恢复遗传算法产生随机初始种群的缺省行为，可删除在“Initial population”字段所设置的种群。

注意：若选择了“Include information needed to resume this run”选项，则“Use random states from previous run”选项对于输入问题和运行遗传算法时创建的初始种群将不再有任何作用，后者的选项只是指定从新的一次运行开始时再一次复现结果，而不是为了恢复算法的继续运行。

3）如果只为了保存参数设置，可选择“Export options to a MATLAB structure named”选项，并为这个参数结构体输入一个名字。

4）为了保存遗传算法最近一次运行的结果，可选择“Export results to a MATLAB structure named”，并为这个结果结构体输入一个名字。

为了从 MATLAB 工作窗中输入一个参数结构体，可以从“File”菜单选择“Import Options”菜单项。在 MATLAB 工作窗中打开一个对话框，列出遗传算法参数结构体的一系列选项。当选择参数结构体并单击“Import”按钮时，在遗传算法工具中的参数域就被更新了，且显示输入参数的值。

为从遗传算法输入一个以前输出的问题，可从“File”菜单选择“Import Problem”菜单项。在 MATLAB 工作窗中打开一个对话框，列出遗传算法问题结构体的一个列表。当选择了问题结构体并单击“OK”按钮时，遗传算法工具中的问题和参数域被更新。

9.2.3　基于遗传算法的多目标优化算法

一般多目标优化问题各目标函数相互矛盾的，某一目标函数的提高需要另一个目标函数的降低作为代价，称这样的解是非劣解（noninferiority solution），或说是 Pareto 最优解（Pareto potima）。

目前的多目标优化算法有很多，KalyanmoyDeb 的带精英策略的快速非支配排序遗传算法（nondomininated sorting genetic algorithm Ⅱ，NSGA - Ⅱ）无疑是其中应用最为成功的一种。

MATLAB 提供的函数 gamultiobj 所采用的算法就是基于 NSGA - Ⅱ改进的一种多目标优化的算法。函数 gamultiobj 的出现，为在 MATLAB 平台下解决多目标优化问题提供了良好的途径。函数 gamultiobj 包含在遗传算法与直接搜索工具箱 GADST 中，MATLAB 安装目录\toolbox\globaloptim。

以下用实例来说明使用函数 gamultiobj 求解多目标优化问题。

【例 9-10】 问题描述

$$\min f_1(x_1,x_2)=x_1^4-10x_1^2+x_1x_2+x_2^4-x_1^2x_2^2$$
$$\min f_2(x_1,x_2)=x_2^4-x_1^2x_2^2+x_1^4+x_1x_2$$
$$\text{s.t.}\quad -5\leqslant x_1\leqslant 5$$
$$-5\leqslant x_2\leqslant 5$$

解：第一步编写目标函数的 M 文件

```
function f = ex1_multi(x)
    f(1) = x(1)^4 - 10 * x(1)^2 + x(1) * x(2) + x(4)^4 - (x(1)^2) * (x(2)^2);
    f(2) = x(2)^4 - (x(1)^2) * (x(2)^2) + x(1)^4 + x(1) * x(2);
end
```

第二步用命令方式调用 gamultiobj 函数

```
>>options = gaoptimset('Paretofraction',0.3,'Populationsize',100,'Generations',200,'StallGenLimit',200,'TolFun',1e-10,'PlotFcns',@gaplotpareto);
>>lb = [-5; -5];
>>ub = [5;5];
>>[x,fval,exitflag] = gamultiobj(@ex1_multi,2,[],[],[],[],lb,ub,options);
```

其中，参数设置中：①最前端系数 ParetoFraction 为 0.3；②种群大小 Populationsize 为 100；③最大迭代数 Generations 为 200；④适应度函数值偏差 TolFun 为 1e-10；⑤绘制 Pareto 前端。

运行结果如图 9-3 所示。

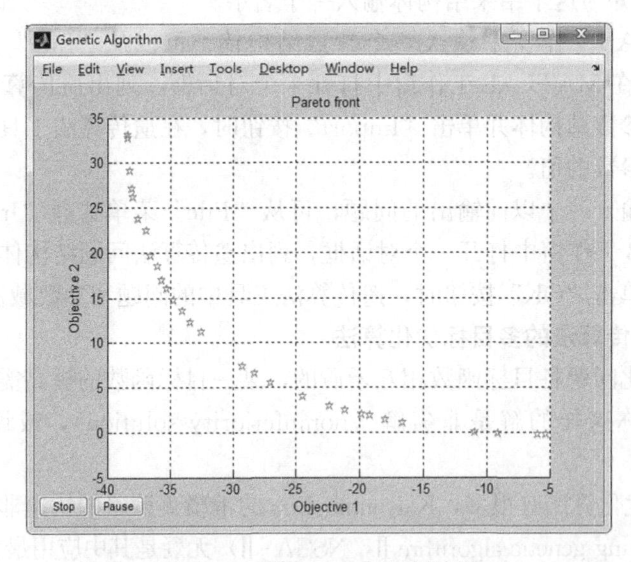

图 9-3　[例 9-10] 运行结果

由于函数 gamultiobj 是基于遗传算法的，遗传算法中的很多概念和这里的函数 gamultiobj 是相同的，如个体、种群、代、选择、交叉、变异、交叉后代比例等。函数 gamultiobj

中的一些基本概念：

（1）支配（dominate）与非劣（non-inferior）。p dominates q：个体 p 支配个体 q；q is dominated by p：个体 q 受个体 p 支配；p is non-inferior to q：个体 p 非劣于个体 q。说明个体 p 至少有一个目标比个体 q 的好，而且个体 p 的所有目标都不比个体 q 的差。

（2）序值（rank）和前端（front）。p 支配 q，则 p 的序值低于 q；p 与 q 互不支配，那么 p 与 q 有相同的序值。序值为1的个体属于第一前端，依此类推。序值为2的个体属于第二前端，所以，第一前端是完全不受支配的，第二前端受第一前端中个体的支配。

（3）拥挤距离（crowding distance）。拥挤距离用来计算某前端中的某个个体与前端中其他个体之间的距离，用以表征个体间的拥挤程度。拥挤距离的值越大，个体就越不拥挤，种群多样性越好。需要指出的是只有处于同一前端的个体间才需要计算拥挤距离。

（4）最优前端个体系数（ParetoFraction）。最优前端个体系数定义为最优前端中的个体在种群中所占的比例，即最优前端个体数＝min｛ParetoFraction×种群大小，前端中现存的个体数目｝，其取值范围为0～1。

种群修剪的基本思想：根据设定的系数 ParetoFraction 计算前端中允许保留的个体数目，同时按照一定的公式计算其余前端中允许保留的个体数目，则某前端中保留的个体数目为 min｛允许保留的个体数目，现存的个体数目｝。也就是说对于第一前端，所设定的系数 ParetoFraction 直接决定了该前端中允许保留的个体数目，当允许保留的个体数目的个数小于前端中现存的个体数目时，系数 ParetoFraction 所决定的允许保留的个体数目对该前端中保留的个体数目有限制作用。某前端中保留的个体数目计算出来以后，剩下的就是执行了，也就是说将该前端中的个体数目修剪至保留的个体数目，这是通过竞标赛选择实现的。

若通过 GUI 方式调用函数 gamultiobj，有两种方式：

（1）在 MATLAB 主界面上依次单击 APPS→Optimization 在弹出的 OptimizationTool 对话框的 Solve 中选择"gamultiobj - Multiobjective optimization using Genetic Algorithm"。

（2）在 Command Window 中输入＞＞optimtool（'gamultiobj'）。

9.2.4　遗传算法求解工程实例

本节用示例说明如何用全局优化工具箱中的遗传算法工具解决一个混合整数工程设计问题。示例中要设计一个阶梯形悬臂梁，这个悬臂梁必须能承受指定的末端负载。我们通过设置一些工程设计约束条件最小化悬臂梁的体积来解决该问题。

1. 阶梯形悬臂梁设计问题描述

阶梯形悬臂梁的一端被固定住，另一端悬空，如图9-4所示。悬空那一端离固定端一个固定距离的 L 的位置上要能承受一个负载 P 的重量。设置这个悬臂梁的每一节都能改变其宽度 b_i 和高度 h_i，设定每一节悬臂梁都具有相同的长度 l。

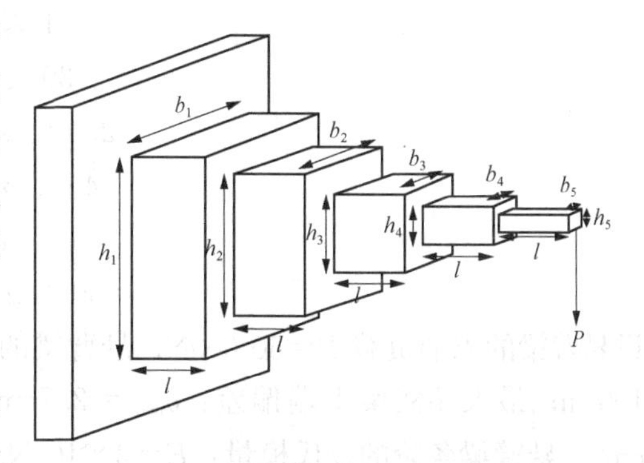

图9-4　阶梯形悬臂梁示意图

（1）悬臂梁的体积。悬臂梁的体积 V 是各个独立部分体积之和，即

$$V = l(b_1 h_1 + b_2 h_2 + b_3 h_3 + b_4 h_4 + b_5 h_5)$$

(2) 设计约束一：弯曲应力。悬臂梁各个部分的弯曲应力不能超过最大允许压力$\sigma_{\max}$，因此有五个弯曲应力的约束条件（每个约束条件对应一个悬臂梁的一部分）

$$\frac{6Pl}{b_5 h_5^2} \leqslant \sigma_{\max};\frac{6P(2l)}{b_4 h_4^2} \leqslant \sigma_{\max};\frac{6P(3l)}{b_3 h_3^2} \leqslant \sigma_{\max};\frac{6P(4l)}{b_2 h_2^2} \leqslant \sigma_{\max};\frac{6P(5l)}{b_1 h_1^2} \leqslant \sigma_{\max}$$

(3) 设计约束二：端挠度。悬臂端的端挠度必须小于最大允许端挠度$\delta_{\max}$，所以给出如下约束条件

$$\frac{Pl^3}{3E}\left(\frac{61}{I_1}+\frac{37}{I_2}+\frac{19}{I_3}+\frac{7}{I_4}+\frac{1}{I_5}\right)\leqslant \delta_{\max};I_i = \frac{b_i h_i^3}{12}$$

(4) 设计约束三：纵横比。对于悬臂梁的每一级，它的纵横比都不能超过最大允许纵横比$a_{\max}$，于是就有

$$\frac{h_i}{b_i} \leqslant a_{\max},i = 1,2,\cdots,5$$

2. 设计优化问题的数学描述

在给定的约束条件下，通过对该问题进行数学表达来找阶梯悬臂梁的最优参数。令：$x_1=b_1$，$x_2=h_1$，$x_3=b_2$，$x_4=h_2$，$x_5=b_3$，$x_6=h_3$，$x_7=b_4$，$x_8=h_4$，$x_9=b_5$，$x_{10}=h_5$。

则目标函数（Minimize）

$$\mathrm{V} = l(x_1 x_2 + x_3 x_4 + x_5 x_6 + x_7 x_8 + x_9 x_{10})$$

约束条件（Subject to）

$$\frac{6Pl}{x_9 x_{10}^2} \leqslant \sigma_{\max};\frac{6P(2l)}{x_7 x_8^2} \leqslant \sigma_{\max};\frac{6P(3l)}{x_5 x_6^2} \leqslant \sigma_{\max};\frac{6P(4l)}{x_3 x_4^2} \leqslant \sigma_{\max};\frac{6P(5l)}{x_1 x_2^2} \leqslant \sigma_{\max}$$

$$\frac{Pl^3}{3E}\left(\frac{244}{x_1 x_2^2}+\frac{148}{x_3 x_4^2}+\frac{76}{x_5 x_6^2}+\frac{28}{x_7 x_8^2}+\frac{4}{x_9 x_{10}^2}\right)\leqslant \delta_{\max}$$

$$\frac{x_2}{x_1}\leqslant a_{\max},\frac{x_4}{x_3}\leqslant a_{\max},\frac{x_6}{x_5}\leqslant a_{\max},\frac{x_8}{x_7}\leqslant a_{\max},\frac{x_{10}}{x_9}\leqslant a_{\max}$$

悬臂梁的第一级只能以厘米为单位进行机械加工，所以 x_1、x_2必须是整数值，其他的变量都是连续值，各个变量的范围可以由下式给出

$$1 \leqslant x_1 \leqslant 5$$
$$30 \leqslant x_2 \leqslant 65$$
$$2.4 \leqslant x_3, x_5 \leqslant 3.1$$
$$45 \leqslant x_4, x_6 \leqslant 60$$
$$1 \leqslant x_7, x_8 \leqslant 5$$
$$30 \leqslant x_8, x_{10} \leqslant 65$$

设悬臂梁的末端负载 P=50 000N；悬臂梁的总长度：L=500cm；悬臂梁的各部分长度：l=100cm；最大端横梁末端偏差：$\delta_{\max}=2.7$cm；悬臂梁各阶的最大承受力：$\sigma_{\max}=14\,000$N/cm^2；悬臂梁各阶的杨氏模量：$E=2\times10^7$N/cm^2。

3. 求解混合整数优化问题

求解过程分以下 5 个步骤：

(1) 定义适应度函数和约束函数。适应度函数 M 文件编写：

```
function y = volume( x )
    y = 100 * (x(1) * x(2) + x(3) * x(4) + x(5) * x(6) + x(7) * x(8) + x(9) * x(10));
end
```

非线性约束函数 M 文件编写：

```
function[c,ceq] = constraints(x)
    ceq = [];
    P = 50000. ;
    cL = 100. ;
    SMAX = 14000. ;
    cDMAX = 2. 7;
    cE = 20000000. ;
    c = [30 * P * cL/x(1)/x(2)/x(2) - SMAX;24 * P * cL/x(3)/x(4)/x(4) - SMAX;18 * P * cL/x(5)/x(6)/x
(6) - SMAX;12 * P * cL/x(7)/x(8)/x(8) - SMAX;
6 * P * cL/x(9)/x(10)/x(10) - SMAX;P * cL * cL * cL * (244/x(1)/x(2)/x(2)/x(2) + 148/x(3)/x(4)/x
(4)/x(4) + 76/x(5)/x(6)/x(6)/x(6) + 28/x(7)/x(8)/x(8)/x(8) + 4/x(9)/x(10)/x(10)/x(10))/3/cE -
cDMAX;
x(1)/x(2) - 20;x(3)/x(4) - 20;x(5)/x(6) - 20;x(7)/x(8) - 20;x(9)/x(10) - 20;x(3) - x(1);x(5) - x
(3);x(7) - x(5);x(9) - x(7);x(4) - x(2);x(6) - x(4);x(8) - x(6);x(10) - x(8)];
end
```

注意：需要为 ga 函数设置线性约束条件时，通常通过输入 *A*、*b*、*Aeq* 和 *beq* 来指定。这个示例中，该约束也可以经由非线性约束函数来指定。如果该问题存在离散变量，在非线性约束函数中指定线性约束条件会更加容易。

（2）设置变量边界。

创建包含下限边界 *lb* 和上限边界 *ub* 的向量：

```
lb = [1;30;2. 4;45;2. 4;45;1;30;1;30];
ub = [5;60;3. 1;60;3. 1;60;5;65;5;65];
```

（3）设置参数。

为获得更精确的可行解，可以适当增大种群大小（PopolationSize）和遗传代数（Generations）参数的取值，减少 EliteCount 和 TolFun 参数的取值。还可以设定一个绘图函数来监视惩罚函数值的变化。例如

```
opts = gaoptimset('PopulationSize',150,'Generations',1000,'EliteCount',10,'TolFun',1e - 8,'PlotFcns',
@gaplotbestf)。
```

（4）调用 ga 函数求解问题。

通过调用 ga 函数算法求解该问题，在该问题中，x_1、x_2 为整数。在非线性约束输入后和参数输入之前，可以给 ga 函数传递一个索引向量［1，2］来规定 x_1、x_2 为整数。也可以在此处设置一个随机数产生器来复现运行结果：

```
rng(0,'twister')
[x,fval,exitfag] = ga(@volume,10,[],[],[],[],lb,ub,@constraints,[1:2],opts)
```

（5）结果输出。

运行结果：

```
Optimization terminated: average change in the penalty fitness value less than options.TolFun and constraint violation is less than options.TolCon.
x = 3.0000   60.0000   2.7755 55.5723   2.4235 51.5034 1.9666 46.6832 1.3946
39.2055
fval = 6.0554e + 04
exitfag = 1
```

运行结果图形输出如图 9-5 所示。

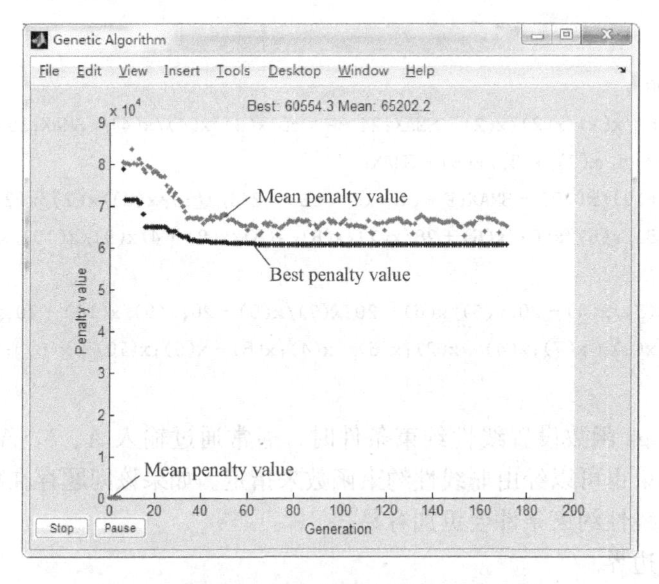

图 9-5 调用 ga 函数得到的运行结果图形输出

4. 增加离散非整数变量约束

若要求悬臂梁的第二级和第三级部分的高度和宽度只能从一个新增的标准集中选择，则必须在优化问题中添加约束。

首先，需要对添加到上述优化问题中的额外约束条件进行数学描述。

(1) 悬臂梁的第二级和第三级部分的宽度值必须从如下标准集中选取：[2.4，2.6，2.8，3.1] cm。

(2) 悬臂梁的第二级和第三级部分的高度值必须从如下标准集中选取：[45，50，55，60] cm。

其次，为了解决这个问题，需要将变量 x_3、x_4、x_5 和 x_6 定义为离散变量。将变量 x_j 离散化，就是从集合 $S=[v_1, v_2, \cdots, v_k]$ 中取得离散值，令 x_j 取 1～k 的整数量。其中，1 表示下界，k 表示上界；用 $S(x_j)$，表示离散值。

因此，首先需要将边界转化为离散变量。将离散变量的值映射到区间 [1，4] 上的整数，使得每个集合有 4 个元素。为了将这些变量映射成整数，将每个变量的下界设为 1，上界设为 4。即

```
lb = [1;30;1;1;1;1;1;30;1;30];
```

```
ub = [5;60;4;4;4;4;5;65;5;65];
```

当调用 ga 函数时，就将转化后的 x_3、x_4、x_5 和 x_6 传递给适应度函数和约束函数。为了正确计算函数值，x_3、x_4、x_5 和 x_6 需要转化成适应于这些函数的离散集合。具体作法见 volumewithdisc. m 和 constraintswithdisc. m 文件。

```
function y = volumewithdisc( x )
    s1 = [2.4,2.6,2.8,3.1];
    s2 = [45,50,55,60];
    x(3) = s1(x(3));
    x(5) = s1(x(5));
    x(4) = s2(x(4));
    x(6) = s2(x(6));
    y = 100 * (x(1) * x(2) + x(3) * x(4) + x(5) * x(6) + x(7) * x(8) + x(9) * x(10));
end
function [ c,ceq ] = constraintswithdisc( x )
    ceq = [];
    P = 50000. ;
    cL = 100. ;
    SMAX = 14000. ;
    cDMAX = 2.7;
    cE = 20000000. ;
    s1 = [2.4,2.6,2.8,3.1];
    s2 = [45,50,55,60];
    x(3) = s1(x(3));
    x(5) = s1(x(5));
    x(4) = s2(x(4));
    x(6) = s2(x(6));
    c = [30 * P * cL/x(1)/x(2)/x(2) - SMAX;24 * P * cL/x(3)/x(4)/x(4) - SMAX;18 * P * cL/x(5)/x(6)/x(6)
    - SMAX;12 * P * cL/x(7)/x(8)/x(8) - SMAX;6 * P * cL/x(9)/x(10)/x(10) - SMAX;P * cL * cL * cL * (244/x
    (1)/x(2)/x(2)/x(2) + 148/x(3)/x(4)/x(4)/x(4) + 76/x(5)/x(6)/x(6)/x(6) + 28/x(7)/x(8)/x(8)/x
    (8) + 4/x(9)/x(10)/x(10)/x(10))/3/cE - cDMAX;x(1)/x(2) - 20;x(3)/x(4) - 20;x(5)/x(6) - 20;x(7)/
    x(8) - 20;x(9)/x(10) - 20;x(3) - x(1);x(5) - x(3);x(7) - x(5);x(9) - x(7);x(4) - x(2);x(6) - x(4);
    x(8) - x(6);x(10) - x(8)];
end
```

调用使用离散变量求解问题。算例中 x_1，x_2，…，x_6 是整数，即索引 1：6 传递给 ga 函数来定义整数变量：

```
[x,fval,exitfag] = ga(@volumewithdisc,10,[],[],[],[],lb,ub,@constraintswithdisc,1:6,opts)
```

运行结果如下：

```
Optimization terminated: average change in the penalty fitness value less than options.TolFun and
constraint violation is less than options.TolCon.
    x = 3.0000   60.0000    1.0000    4.0000    1.0000    3.0000    1.6299  51.2785
```

```
   1.6124   36.4622
fval = 5.9837e + 04
exitfag = 1
```

增加离散非整数变量约束后的运行结果如图 9 - 6 所示。

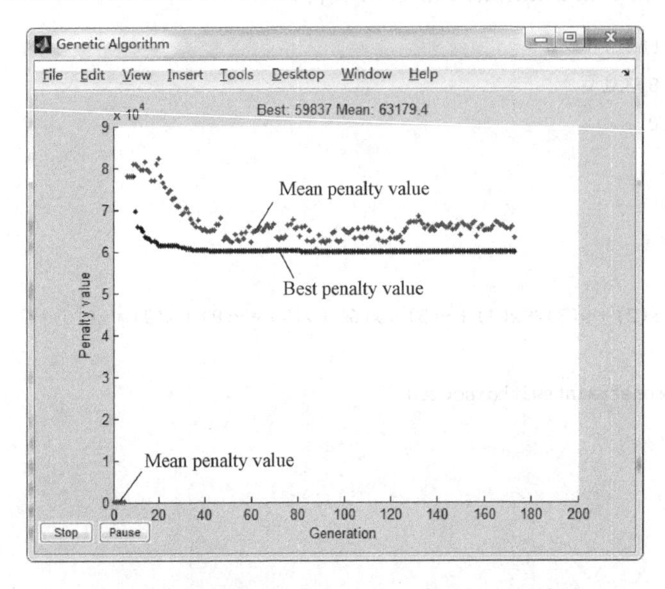

图 9 - 6　增加离散非整数变量约束后的运行结果

从 ga 函数返回的结果是遵守约束条件的，x_1、x_2 是整数，x_3、x_5 从集合［2.4，2.6，2.8，3.1］中取值，x_4、x_6 从集合［45，50，55，60］中取值。即最后结果是：x=［3，60，2.4，60，2.4，55，1.63，51.28］。

9.3　神经网络法 MATLAB 实现

9.3.1　MATLAB 神经网络工具箱基本函数

MATLAB 神经网络工具箱，为神经网络的使用者和研究者带来了巨大的便利。在 MATLAB 命令窗口中输入 help nnet 可以查看神经网络工具箱的版本和设计的函数。包括以下 8 大类函数：

(1) Graphical user interface functions.（用户交互界面函数）。

(2) Network creation functions.（网络创建函数）。

(3) Using networks.（网络使用函数）。

(4) Simulink support.（仿真支持函数）。

(5) Training functions.（训练函数）。

(6) Plotting functions.（绘图函数）。

(7) Lists of other neural network implementation functions（其他神经网络执行函数）。

(8) Demonstrations，Datasets and Other Resources.（示范、数据集合其他资源）。

其中最重要的是神经网络创建函数和训练函数，见表 9 - 5 和表 9 - 6。

表 9-5　神经网络创建函数

函数名称	功　能	函数名称	功　能
cascadeforwardnet	创建多层前馈 BP 网络	narxnet	具有外部输入的非线性自缔合时间序列网络
competlayer	创建竞争层	newgrnn	设计广义回归神经网络
distdelaynet	分布式时延神经网络	newhop	创建 Hopfield 递归网络
elmannet	创建 Elman 递归网络	newlind	设计线性层
feedforwardnet	创建前馈 BP 网络	newpnn	设计概率神经网络
fitnet	分布式时延神经网络	newrb	设计径向基网络
layrecnet	分层递归神经网络	newrbe	设计严格的径向基网络
linearlayer	创建线性层	patternnet	创建模式识别神经网络
lvqnet	创建学习向量量化网络	selforgmap	创建自组织特征映射
narnet	非线性自缔合时间序列网络	timedelaynet	时延神经网络

表 9-6　神经网络训练函数

函数名称	功　能
trainb	以权值/阈值的学习规则，采用批处理的方式进行训练
trainbfg	BFGS（拟牛顿反向传播算法）训练函数
trainbr	贝叶斯归一化法训练函数
trainbu	无监督 trainb 训练
trainbuwb	具有权值/阈值学习规则的无监督批量训练函数
trainc	以学习函数依次对输入样本进行训练的函数
traincgb	Powell-Beale 共轭梯度反向传播算法训练函数
traincgf	Fletcher-Powell 变梯度反向传播算法训练函数
traincgp	Polak-Ribiere 变梯度反向传播算法训练函数
traingd	梯度下降反向传播算法训练函数
traingda	具有自适应学习的梯度下降反向传播算法训练函数
traingdm	附加动量因子的梯度下降反向传播算法训练
traingdx	自适应调节学习率并附加动量因子的梯度下降反向传播算法训练
trainlm	Levenberg-Marquardt 反向传播算法训练函数
trainoss	OSS（one step secant）反向传播算法训练函数
trainr	以学习函数随机对输入样本进行训练的函数
trainrp	RPROP（弹性 BP）算法反向传播算法训练函数
trainru	以权值/阈值的学习规则，采用无监督随机的方式进行训练
trains	以权值/阈值的学习规则，采用顺序的方式进行训练
trainscg	SCG（scaled conjugate gradient）反向传播算法训练函数

神经网络工具箱常见的问题分为8大类，分别提供了交互界面，见表9-7。

表9-7 神经网络工具箱交互界面分类

工具	解决的问题	说明
nnstart	神经网络启动GUI	启动神经网络工具箱，在界面上可以选择不同功能模块
nctool	聚类问题	主要采用自组织特征映射网络实现
nftool	拟合问题	使用fitnet函数，采用trainlm进行训练
nntraintool	训练工具界面	显示训练模型基本信息和训练进程
nprtool	模式识别问题	使用patternnet函数
ntstool	时间序列问题	使用narnet与narxnet函数
nntool	神经网络工具箱GUI	可以在该界面输入网络模型和数据
view	查看神经网络	显示网络模型图形输出

9.3.2 用GUI设计神经网络

MATLAB神经网络工具箱为用户提供了丰富的函数接口供用户调用。这些函数是进行神经网络仿真程序设计的基础，用户可以简单地将它们组合使用，也可以按照自己的构想修改神经网络的结构，甚至设计自定义的神经网络。

1. 使用nntool建立神经网络

本节给出一个用nntool解决工程问题的例子。

【例9-11】 假设有6个坐标点，分属不同的两个类别，训练一个神经网络模型，使得出现新的坐标点时，网络可以判定新坐标点的类别。坐标点的位置和所属类别见表9-8。

表9-8 [例9-11] 坐标点的位置和所属类别

坐标点	(−9，15)	(1，−8)	(−12，4)	(−4，5)	(0，11)	(5，9)
类别	0	1	0	0	0	1

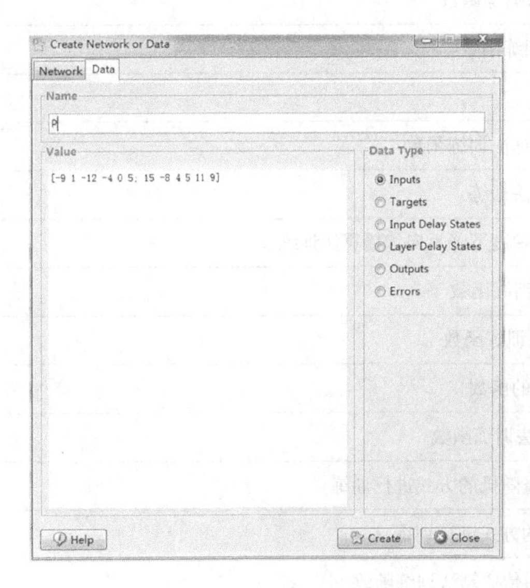

图9-7 创建输入变量

(1) 在命令窗口输入nntool并按下Enter键，打开Neural Network/Data Manager窗口，以下称主窗口。

(2) 创建输入数据和目标数据。在主窗口中单击“New...”按钮，选择Data选项卡，输入变量名为P，选择变量类型为Inputs，并输入变量值，如图9-7所示。单击“Create”按钮完成创建。用同样的方法创建目标数据T，其值为[0，1，0，0，0，1]。

(3) 创建网络。在主窗口中单击按钮，选择Network选项卡，输入网络名称和网络类型。网络名称这里采用默认，网络类型选择严格的径向基网络［Radial basis (exact fit)］。此时还需指定输入数据和目标才能完成创建，在Input

data 下拉框中选择 P，在 Target data 下拉框中选择 T。Spread constant 为网络的扩散速度值，取默认值即可。创建过程如图 9-8 所示。

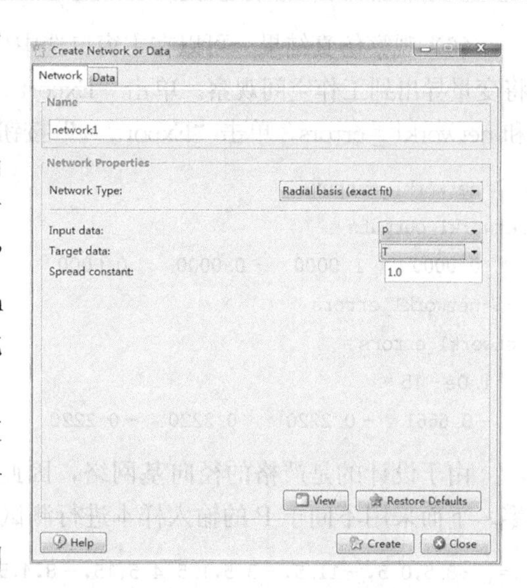

图 9-8　创建径向基网络

（4）网络的训练。径向基网络一经创建即可使用，无需训练。对于需要训练的网络，可以在主窗口中选中创建的网络，单击“Open...”按钮，在弹出的 Network 对话框中选择 Train 选项卡。径向基网络模型不需要训练，因此此处显示为灰色，表示不可用，如图 9-9 所示。如果需要训练，需要在 Network 对话框中指定输入数据和目标数据，然后单击“Train Network”按钮。

（5）网络的仿真测试。在主框口中选中创建的网络，单击“Open...”按钮，在弹出的 Network 对话框中选择 Simulate 选项卡，然后在 Inputs 下拉框中输入样本变量 P。由于 P 同时也是训练样本，所以可以观察网络的误差。勾选 Supply Targets 复选框，下方的 Targets 下拉框从灰色变为可用状态，选择目标向量 T，然后单击“Simulate Network”按钮，即可进行仿真测试。在窗口的右侧可以指定输出变量和误差变量的变量名，如图 9-10 所示。

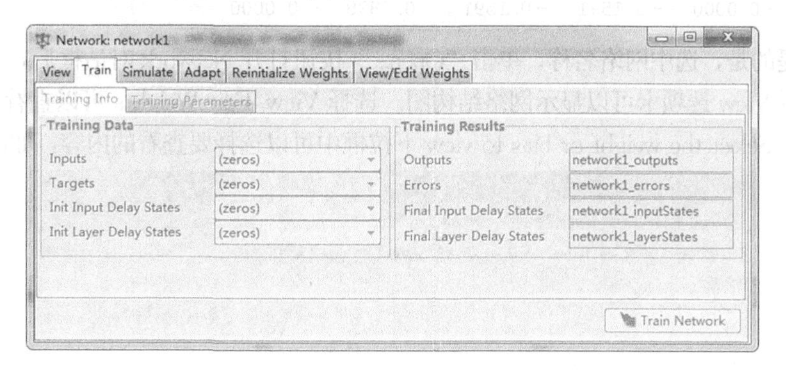

图 9-9　网络的训练

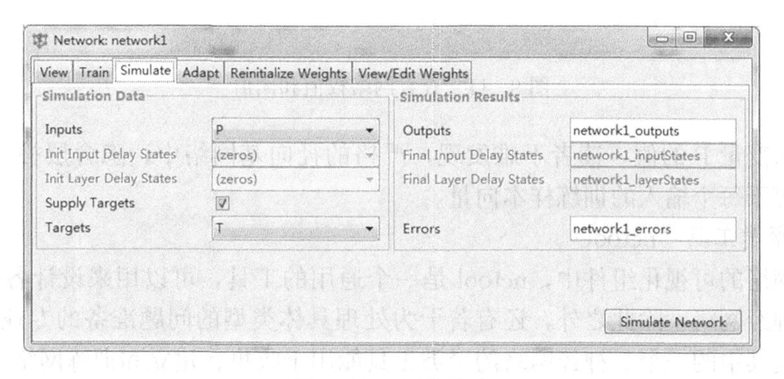

图 9-10　网络仿真

(6) 观察仿真结果。可以在主窗口选中变量名，单击“Open...”按钮查看变量名，也可以将变量导出到工作空间观察。单击“Export...”按钮，在弹出的窗口中选择 network1 _ outputs 和 network1 _ errors，单击“Export...”按钮即可完成导出。在 MATLAB 中查看变量值：

```
>>network1_outputs
network1_outputs =
    0.0000     1.0000    -0.0000     0.0000          0    1.0000
>>network1_errors
network1_errors =
   1.0e-15 *
   -0.6661    -0.2220     0.2220    -0.2220          0         0
```

由于设计的是严格的径向基网络，因此用训练输入 P 作为测试样本时，网络的误差为零。下面采用不同于 P 的输入样本进行测试：

```
X=[-8.5,0.5,-11.5,-3.5,1.5,4.5;15,-8,4,5,11,9]
```

测试结果为

```
>>  network1_outputs
network1_outputs =
    0.1591     1.0000     0.1591     0.1591     0.7898     1.0000
>>network1_errors
network1_errors =
   -0.1591    -0.0000    -0.1591    -0.1591    -0.7898     0.0000
```

值得一提的是，选中网络名称，单击“Open...”按钮打开 Network 对话框后，还有其他丰富的功能。选中 View 选项卡可以显示网络结构图。选择 View/Edit Weights 可以查看或修改网络权值和阈值。在 Select the weight or bias to view 下拉框中可以选择要查看的内容，如图 9-11 所示。

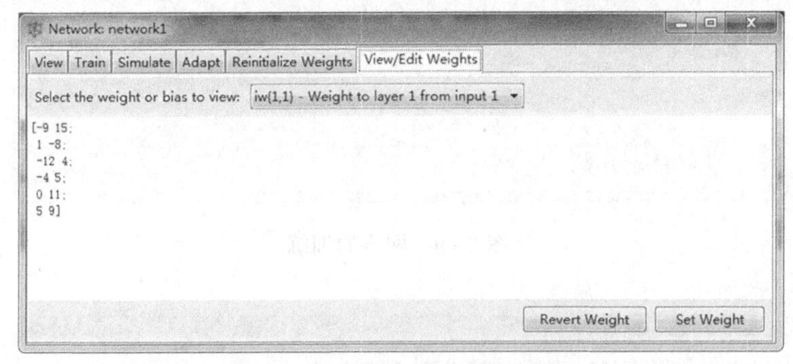

图 9-11 查看网络权值和阈值

结合输入变量 P 的值，读者不难发现，严格的径向基网络中，隐含层神经元节点的中心向量，就等于每个输入的训练样本向量。

2. 使用聚类工具 (nctool)

在神经网络的可视化组件中，nctool 是一个通用的工具，可以用来设计各种 MATLAB 所能提供的神经网络，除此之外，还有若干为处理具体类型的问题准备的专业工具，分类/聚类工具就是其中的一个。神经网络的聚类工具能用于收集、建立和训练网络，并利用可视化工具来评价网络的效果。在 nctool 工具中所指的分类/聚类更偏向聚类，指只有输入样本，没有期望输出（目标向量）的分类问题。系统进行分类的依据就是输入样本数据之间的相似性，用自组织映射（Self - Organizing Map，SOM）网络的形式求解。例如收集相关数据，分析大众消费行为的相似性，将消费者划分为不同的人群，以实现细分市场的划分。

MATLAB 使用自组织映射网络进行聚类，SOM 网络包括一个可以将任意维度的数据分成若干类的竞争层，类别的数量的最大值等于竞争层神经元个数。竞争层的神经元按照二维拓扑结构排列，使竞争层能代表与样本数据集的近似的分布。

nctool 内部采用 selforgmap 函数实现聚类，使用 SOM 训练算法，涉及的函数有 trainbu、learnsomb。

在 MATLAB 命令窗口输入 nctool 并按 Enter 键，可以打开神经网络聚类工具对话框 [Neural Network Clustering Tool（nctool)]，如图 9 - 12 所示。

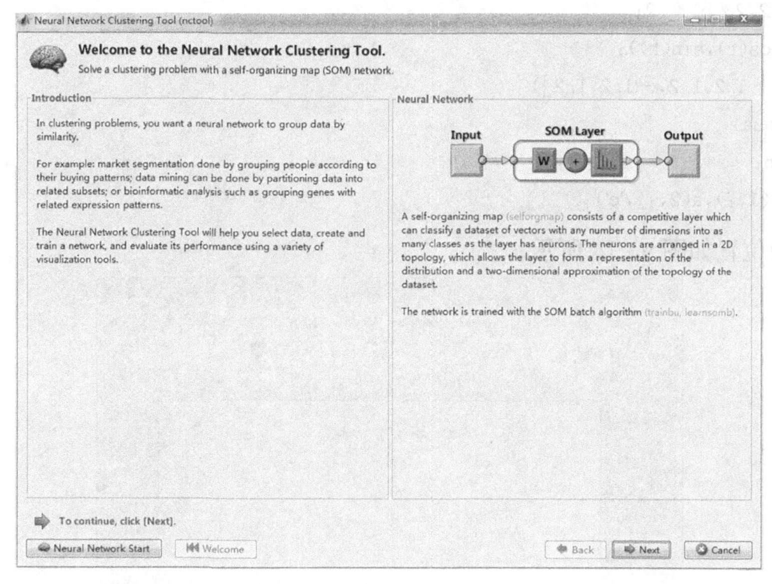

图 9 - 12　nctool 对话框

也可以在命令窗口输入 nnstart 启动神经网络开始对话框 [Neural Network Start (nnstart)]，如图 9 - 13 所示。神经网络开始对话框中列出了 4 种工具箱，供需解决不同问

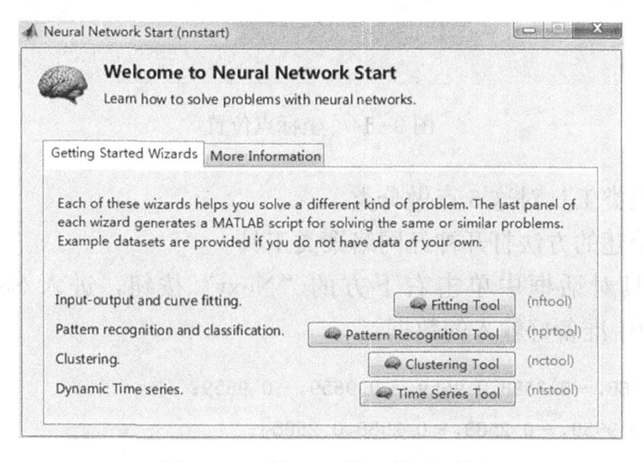

图 9 - 13　神经网络开始对话框

题的用户选择。在对话框中选择 Clustering Tool，即可打开神经网络聚类工具对话框。

【例 9 - 12】 使用聚类工具箱解决一个简单的聚类问题。定义单位圆上的 6 个坐标点，位置如下：

```
>>a = [cos(15 * pi/180),sin(15 * pi/180); cos(75 * pi/180),sin(75 * pi/180);
cos(105 * pi/180),sin(105 * pi/180); cos( - 15 * pi/180),sin( - 15 * pi/180);
cos(195 * pi/180),sin(195 * pi/180); cos(165 * pi/180),sin(165 * pi/180)];
>>a = a'
a =
    0.9659    0.2588   - 0.2588    0.9659   - 0.9659   - 0.9659
    0.2588    0.9659    0.9659   - 0.2588   - 0.2588    0.2588
>>t = 0:.2:2 * pi + .2;
>>plot(cos(t),sin(t));
>>axis([ - 1.2,1.2, - 1.2,1.2])
>>axis equal
>>hold on;
>>plot(a(1,:),a(2,:),'o')
```

坐标点的位置如图 9 - 14 所示。

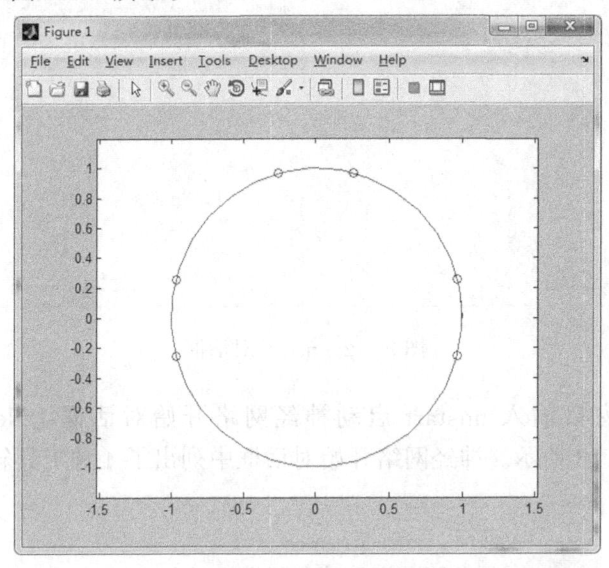

图 9 - 14　坐标点位置

使用神经网络聚类工具对这 6 点做分类。

(1) 按照上文论述的方法打开神经网络聚类工具。

(2) 在聚类工具对话框中单击右下方的“Next”按钮，进入 Select Data 步骤。在 MATLAB 工作空间中准备好输入的数据：

```
>> a = [ 0.9659,0.2588, - 0.2588,0.9659, - 0.9659, - 0.9659;
   0.2588,0.9659,0.9659, - 0.2588, - 0.2588,0.2588];
```

然后在 Inputs 下拉框中选择变量 a，如图 9 - 15 所示。也可以单击对话框下方的“Load

Example Data Set”按钮，加载 MATLAB 默认的数据。

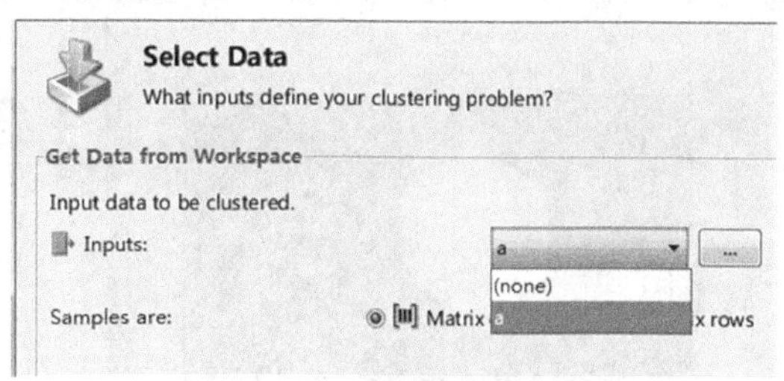

图 9-15　加载输入变量

（1）单击“Next”按钮，进入 Network Architecture 步骤。自组织映射网络会将输入数据映射到二维的神经元中。这里需要在 Size of two-dimensional Map 编辑框中设定神经元的数量，显然，输入的 6 个数据分属三类，因此这里填写 2，网络会生成 2×2 平面网络。在对话框的下方会显示网络示意图，如图 9-16 所示。

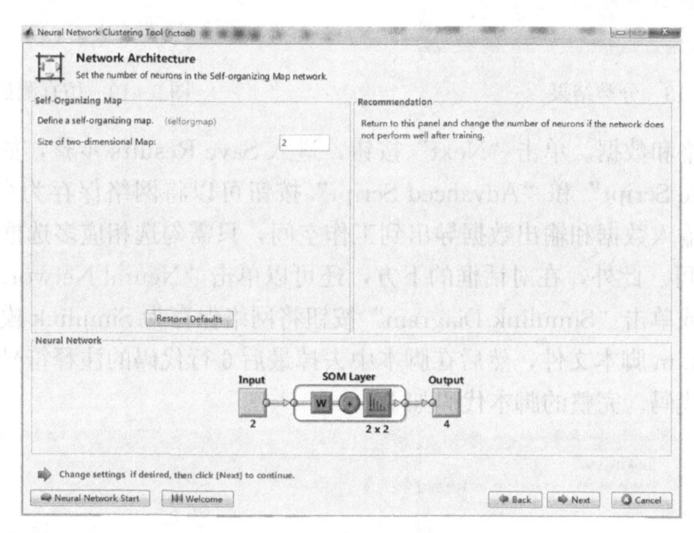

图 9-16　网络示意图

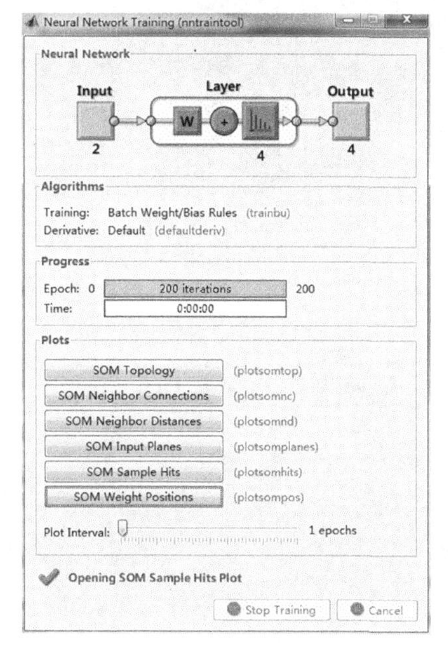

图 9-17　网络训练对话框

（2）单击“Next”按钮，进入 Train Network 步骤。单击“Train”按钮，系统就开始训练 SOM 网络，默认迭代次数为 200 次，如图 9-17 所示。

第五个按钮（SOM Sample Hits）显示样本分类结果，如图 9-18 所示。图中显示了 4 个神经元节点，以及被分到每个神经元的样本个数。

（3）仿真测试。单击“Next”按钮，进入 Evaluate Network 步骤。在对话框的右侧，用户可以在 Inputs 下拉框中选择输入的测试数据。先在 MATLAB 命令窗口定义好测试数据：

```
>> t=0:.2:2*pi+.2;
>> b=[cos(t);sin(t)]
```

b 是在单位圆上的一系列点。在 Inputs 下拉框中选择 b，再单击下方的“Test Network”按钮，仿真就完成了，如图 9-19 所示。

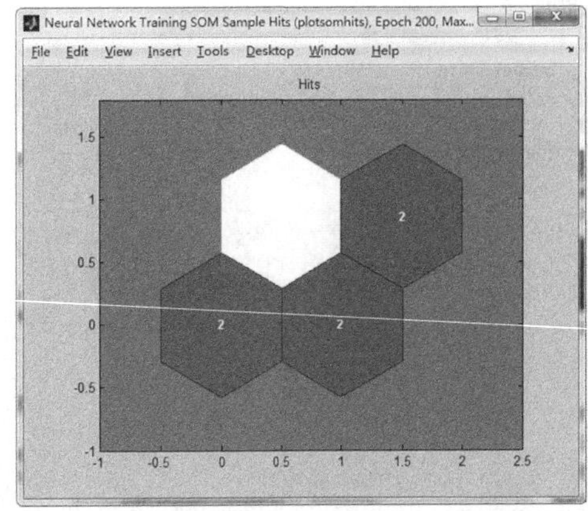

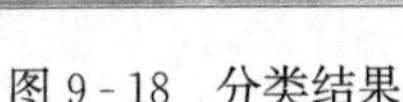
图 9-18 分类结果

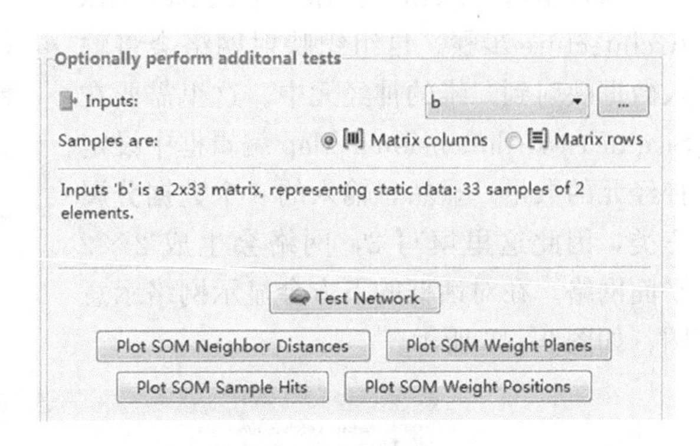

图 9-19 仿真测试

（4）保存网络和数据。单击“Next”按钮，进入 Save Results 步骤，如图 9-20 所示。

单击“Simple Script”和“Advanced Script”按钮可以将网络保存为命令脚本的形式。如果要将网络、输入数据和输出数据导出到工作空间，只需勾选相应多选框，并单击“Save Results”按钮即可。此外，在对话框的下方，还可以单击“Neural Network Diagram”按钮查看网络结构，或单击“Simulink Diagram”按钮将网络保存为 Simulink 模型。这里将模型保存为 som_test.m 脚本文件，然后在脚本中去掉最后 6 行代码的注释符号，并添加如下自定义语句及测试代码。完整的脚本代码如下：

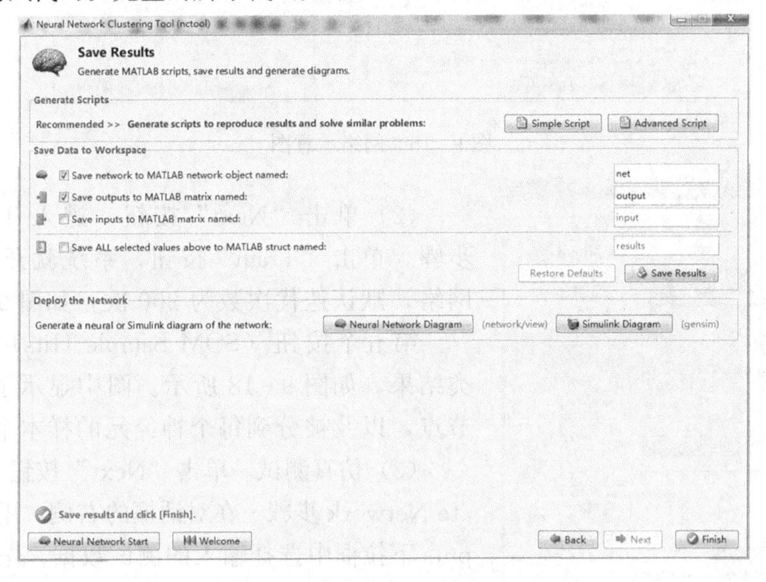

图 9-20 保存结果

```
% Solve a Clustering Problem with a Self-Organizing Map
% Script generated by NCTOOL
% Created Tue Jan 19 11:02:47 CST 2021
%
% This script assumes these variables are defined:
```

```
%
%    a - input data.
%自定义语句--------------------------------------------
a = [0.9659,0.2588, - 0.2588,0.9659, - 0.9659, - 0.9659;0.2588,0.9659,0.9659, - 0.2588, -
0.2588,0.2588];
%----------------------------------------------------
inputs = a;
% Create a Self - Organizing Map
dimension1 = 2;
dimension2 = 2;
net = selforgmap([dimension1 dimension2]);
% Train the Network
[net,tr] = train(net,inputs);
% Test the Network
outputs = net(inputs);
% View the Network
view(net)
%自定义语句--------------------------------------------
t = 0:.2:2 * pi + .2;
b = [cos(t);sin(t)];
y = sim(net,b);
y = vec2ind(y);
yu = unique(y);
N = length(yu);
fprintf('测试数据共分为 %d 类\n',N);
for i = 1:N
      yu_num(i) = sum(y = = yu(i));
      fprintf('第%d 类包含%d 个点\n',i,yu_num(i));
end
%----------------------------------------------------
% Plots
% Uncomment these lines to enable various plots.
figure,plotsomtop(net)
figure,plotsomnc(net)
figure,plotsomnd(net)
figure,plotsomplanes(net)
figure,plotsomhits(net,inputs)
figure,plotsompos(net,inputs)
```

得到命令行的输出为：

测试数据共分为 4 类
第 1 类包含 12 个点
第 2 类包含 1 个点

第 3 类包含 8 个点

第 4 类包含 12 个点

在命令窗口输入绘图命令：

```
>> plot(b(1,y==yu(1)),b(2,y==yu(1)),'ro');
>> hold on;
>> plot(b(1,y==yu(2)),b(2,y==yu(2)),'b+');
>> plot(b(1,y==yu(3)),b(2,y==yu(3)),'k*');
>> plot(b(1,y==yu(4)),b(2,y==yu(4)),'m^');
>>hold off
>>legend('第一类','第二类','第三类','第四类');
```

执行结果如图 9-21 所示。

(5) 完成。单击“Finish”按钮，完成聚类过程。

3. 使用拟合工具（nftool）

神经网络工具箱提供了拟合工具以解决数据拟合问题。在数据拟合中，神经网络需要处理从一个数据集到另一个数据集的映射，如通过原材料价格、地价、银行利率等因素估算价格。原材料、地价和银行利率属于一个数据集，在网络中是输入；房价则是另一个数据集，在网络中是输出。神经网络的拟合工具可用来收集数据，建立和训练网络，并用均方误差和回归分析来评价网络模型。

工具箱采用前向神经网络来完成数据拟合，包括两层神经元，隐含层使用 sigmoid 传输函数，输出层则是线性的。给定足够的训练数据和足够的隐含层神经元，网络能良好地拟合多维数据。训练时网络采用 Levenberg-Marquardt 算法，即 trainlm 函数，当内存不足时使用 trainscg 函数。

【例 9-13】 在 MATLAB 中生成一段加入了均匀噪声的正弦函数数据，然后用 nftool 进行拟合。数据如下：

```
>> x=0:.2:2*pi+.2;
>> rng(2);y=sin(x)+rand(1,length(x))*0.5;
>> plot(x,y,'o-')
```

数据曲线如图 9-22 所示。

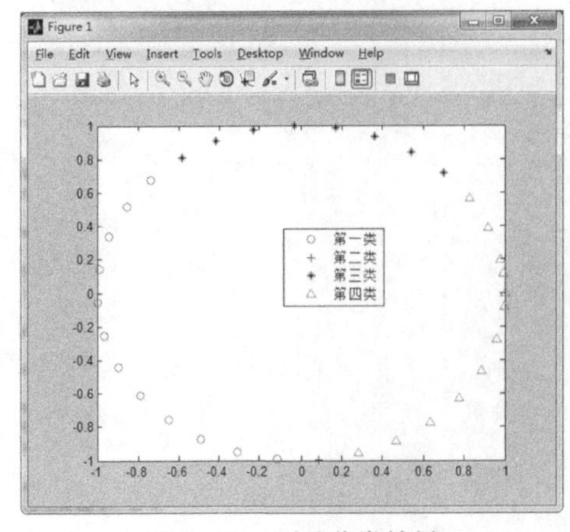

图 9-21 测试分类结果

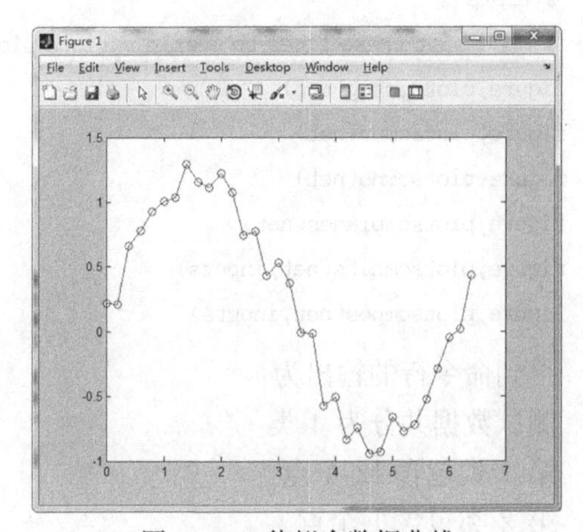

图 9-22 待拟合数据曲线

(1) 启动拟合工具。在 MATLAB 命令窗口中输入 nftool 并按 Enter 键，即启动神经网络拟合工具对话框（Neural Network Fitting Tool）。也可以在命令窗口输入 nnstart 启动神经网络开始对话框，然后在该对话框中选择拟合工具。

(2) 单击“Next”按钮，进入 Select Data 步骤。拟合过程是一个数据集到另一个数据集的映射，因此这里不但要指出输入数据，还要指定目标数据，即输入数据的期望输出。在对话框左边的 Inputs 下拉框中选择 x，在 Targets 下拉框中选择 y，如图 9-23 所示。

(3) 单击“Next”按钮继续，进入 Validation and Test Data 步骤。系统将把数据分为三部分：训练数据、验证数据和测试数据。三种数据的功能各不相同：

1) 训练样本，用于网络训练，网络根据训练样本的误差调整网络权值和阈值；

2) 验证样本，用于验证网络的推广性能，当推广性能停止提高时，表示网络已达到最优状态，此时网络就停止训练；

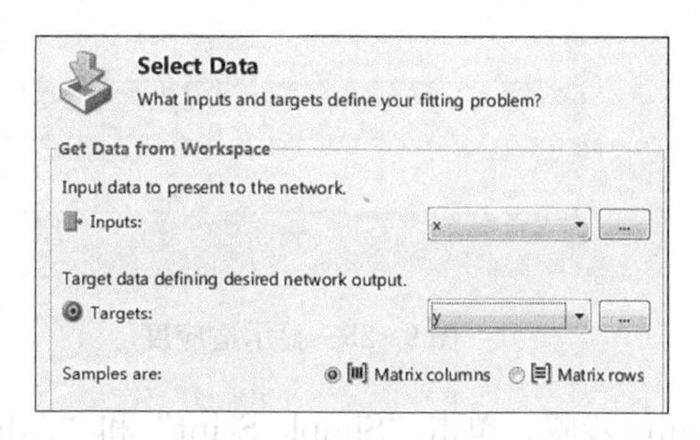

图 9-23　设定数据

3) 测试样本，测试样本用于测试网络的性能，网络不再根据测试样本的结果做任何调试。一般，训练样本用于调整网络权值和阈值，验证样本则用于调整网络结构，如隐层神经元个数。在这里，默认随机地将 70%的数据划分为训练样本，15%的数据划分为验证样本，剩下 15%的数据为测试样本。用户也可以自行修改这一比例，但只能在 5%～35%之间以 5%为步进的值之间选取，这里使用默认设置。

(4) 单击“Next”按钮，进入 Network Architecture 步骤。这一步需要在 Number of Hidden Neurons 编辑框中输入隐含层神经元的个数，默认值为 10。如果设置完成后，发现训练效果不够理想，可以返回到这一步，增大神经元的个数。这里采用默认值。

(5) 单击“Next”按钮，进入 Train Network 步骤。单击“Train”按钮进行训练，系统弹出训练对话框显示训练过程，默认最大迭代次数为 1000 次。训练完成后，在对话框右侧将会显示训练样本、验证样本和测试样本的均方误差（MSE）和 R 值。R 值衡量了目标数据（期望输出）与实际输出之间的相关性，如果相关性为 1，说明两者完全相符，如果相关性为 0，则说明数据完全随机。训练完成后的 MSE 和 R 值如图 9-24 所示。

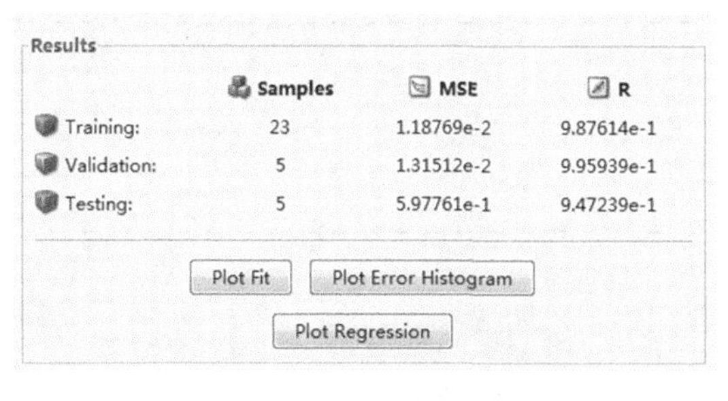

图 9-24　MSE 和相关性

训练完成时，对话框下侧的三个按钮被激活。第一个按钮显示适应度（Plot Fit），窗口中同时显示训练样本、验证样本和测试样本的目标输出与实际输出，如图 9-25 所示。

第二个按钮显示误差直方图（Plot Error Histgram），误差计算公式：误差＝目标输出－实际输出。第三个按钮显示回归图（Plot Rsgression），回归图窗口被划分为 4 个坐标轴，分别显示训练样本、验证样本、测试样本及所有样本的回归图及 R 值。

(6) 单击“Next”按钮，进入 Evaluate Network 步骤。在右方的 Inputs 下拉框和 Tar-

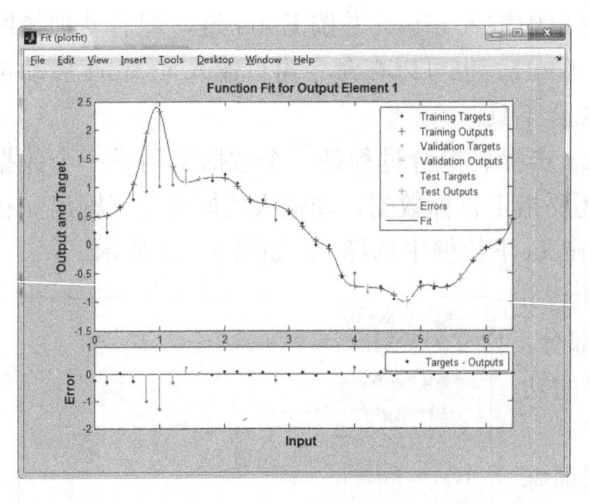

图 9-25 显示适应度

gets 下拉框中，可以指定测试数据及其期望输出。这里使用正弦函数作为测试：

```
>>xx=0:.1:2*pi+.2;
>>yy=sin(xx);
```

在 Inputs 下拉框中选择 xx，在 Targets 下拉框中选择 yy，单击 "Test Network" 按钮，即可进行仿真测试。测试完毕后，在 "Test Network" 按钮下方将会显示 MSE 和 R 值，"Plot Fit" "Plot Error Histogram" 和 "Plot Regression" 三个按钮被激活，作用与（5）步中的这三个按钮相同。

（7）单击 "Next" 按钮，进入 Save Results 步骤。单击 "Simple Scipt" 和 "Advanced Script" 按钮可以将网络保存为命令脚本的形式，该脚本文件可以产生于 nftool 相同的神经网络。如果要将网络、输入数据和输出数据导出到工作空间，只需勾选相应多选框，并单击 "Save Results" 按钮即可。此外，在对话框的下方，还可以单击 "Neural Network Diagram" 按钮查看网络结构，或单击 "Simulink Diagram" 按钮将网络保存为 Simulink 模型。

在这里，单击 Simple Scipt，生成 fit_test.m 脚本，并在脚本中增加变量定义和仿真测试的语句，代码如下：

```
% Solve an Input-Output Fitting problem with a Neural Network
% Script generated by NFTOOL
% Created Tue Jan 19 17:03:20 CST 2021
%
% This script assumes these variables are defined:
%
%   x - input data.
%   y - target data.
%自定义语句-----------------------------------------
x=0:.2:2*pi+.2;
rng(2);y=sin(x)+rand(1,length(x))*0.5;
plot(x,y,'o-');
%--------------------------------------------------
inputs=x;
targets=y;
% Create a Fitting Network
hiddenLayerSize=10;
net=fitnet(hiddenLayerSize);
% Setup Division of Data for Training,Validation,Testing
net.divideParam.trainRatio=70/100;
net.divideParam.valRatio=15/100;
```

```
net.divideParam.testRatio = 15/100;
 % Train the Network
[net,tr] = train(net,inputs,targets);
 % Test the Network
outputs = net(inputs);
errors = gsubtract(targets,outputs);
performance = perform(net,targets,outputs)
 % View the Network
view(net)
 %自定义语句----------------------------------------
xx = 0:.1:2 * pi + .2;
yy = sin(xx);
yx = net(xx);
plot(x,y,'o');
hold on;
plot(xx,yy,'g-');
plot(xx,yx,'r+')
legend('训练脚本','实际输出','正弦曲线')
 %-----------------------------------------------
 % Plots
 % Uncomment these lines to enable various plots.
 %figure,plotperform(tr)
 %figure,plottrainstate(tr)
 %figure,plotfit(net,inputs,targets)
 %figure,plotregression(targets,outputs)
 %figure,ploterrhist(errors)
```

拟合结果如图 9-26 所示。

(8) 完成。单击 Finish 按钮，结束数据拟合。

4. 使用模式识别工具 (nprtool)

模式识别又称模式分类，广义的模式识别包括有监督的识别和无监督的识别，分别对应有目标数据和无目标数据的训练过程。前者的训练数据所属类别已知，而后者的训练数据所属类别未知。神经网络模式识别工具中所指的模式识别主要是前者，即有监督的分类。对于无监督的分类问题，可以使用神经网络分类/聚类工具加以解决。

在模式识别问题中，输入的数据将被划分为事先规定好的某一类别。类别的数量是确定的，每个输入样本最终都会被归为预定好的某一类别中。神经网络模式识别工具可

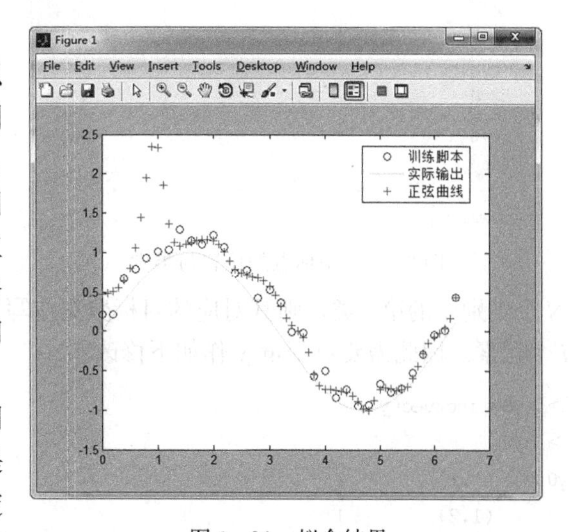

图 9-26　拟合结果

以用来收集数据，创建和训练神经网络，并用均方误差（MSE）和混淆矩阵来评价网络。系统使用一个两层（不包括输入层和输出层）的前向网络，隐含层和输出层都使用 sigmoid 函数，训练时采用量化连接梯度训练函数，即 trainscg 函数。

在 MATLAB 命令窗口中输入 nprtool 并按 Enter 键，可以打开神经网络模式识别对话框（Neural Network Pattern Recognition Tool）。也可以在命令窗口输入 nnstart 启动神经网络开始对话框（Neural Network Start），然后在对话框中选择 Pattern Recognition Tool 打开模式识别工具。

【例 9 - 14】 定义二维平面上的 14 个点，分别标记为 2 类：

```
>>x=[0.1,4.2;-0.25,2.8;3,1.1;-0.9,1.2;-1.2,1;3.4,1;-2.5,-1.5;3,3.2;-2.5,2.7;3.1,
-3.2;4,-1.2;3.9,-1;4,3;-4,3.5]'
x=Columns 1 through 12
0.1000 -0.2500 3.0000 -0.9000 -1.2000 3.4000 -2.5000 3.0000 -2.5000 3.1000 4.0000 3.9000
4.2000 2.8000 1.1000 1.2000 1.0000 1.0000  -1.5000 3.2000 2.7000 -3.2000 -1.2000 -1.0000
Columns 13 through 14
4.0000 -4.0000
3.0000  3.5000
>>y=[1,1,1,1,1,2,1,2,1,2,2,2,2,1];
>>plot(x(1,y==2),x(2,y==2),'r>');
>>hold on
>> plot(x(1,y==1),x(2,y==1),'bo')
```

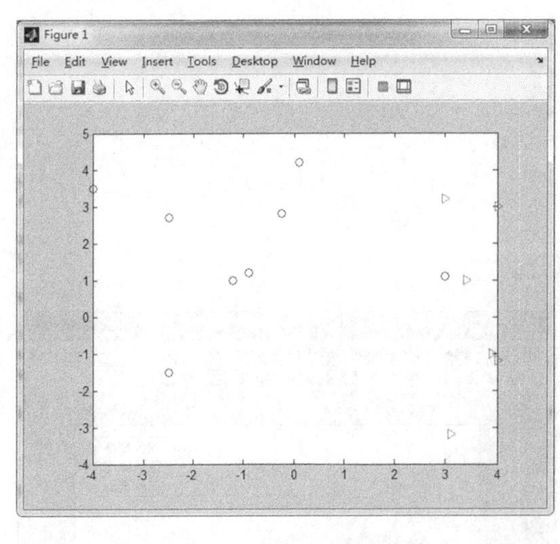

图 9 - 27 坐标点的位置与类别

其中 x 为坐标点，y 为其类别序号。坐标点的位置与类别如图 9 - 27 所示。圆形和三角形分别表示两种类别。

使用神经网络模式识别工具对以上样本点做训练，然后识别新的输入数据，步骤如下：

（1）按照上文所述的方法打开神经网络识别工具。

（2）在聚类工具对话框中单击右下方的"Next"按钮，进入 Select Data 步骤。模式识别需要目标数据，因此这里需要指定输入和目标样本。值得注意的是，这里的目标样本需要表示为向量的形式，如果某样本属于 N 个类别中的第 i 类，则其对应的目标数据应写为 $[0,\ 0,\ 1,\ \cdots,\ 0]^{\mathrm{T}}$，其中 1 是向量的第 i 个元素。因此需要对变量 y 作如下修改：

```
>>y0=ind2vec(y);
>>y0
y0 =   (1,1)        1
       (1,2)        1
       (1,3)        1
```

```
(1,4)     1
(1,5)     1
(2,6)     1
(1,7)     1
(2,8)     1
(1,9)     1
(2,10)    1
(2,11)    1
(2,12)    1
(2,13)    1
(1,14)    1
```

在 Inputs 下拉框中选择变量 x，在 Targets 下拉框中选择 y_0，如图 9-28 所示。可以通过单选按钮 Matrix columns 和 Matrix rows 来指定数据存放的形式，默认均为案例存放，不需要修改。

（3）单击“Next”按钮，进入 Validation and Test Datas 步骤。与神经网络拟合工具类似，这里需要对数据集划分训练样本、验证样本和测试样本。采取默认设置即可，此处不再赘述。

（4）单击“Next”按钮，进入 Network Architecture 步骤。此处指定隐含层神经元的个数，在 Number of Hidden Neurons 编辑框中输入 20，表示创建 20 个隐含层节点。

（5）单击“Next”按钮，进入 Train Network 步骤。单击“Train”按钮，系统就开始训练，默认迭代次数为 1000 次，训练完成后将在对话框中显示训练样本、验证样本和测试样本的均方差与错分率。错分率是指将样本中的数据错误地划分为另一类的比例。训练完成时的 MSE 和错分率如图 9-29 所示。

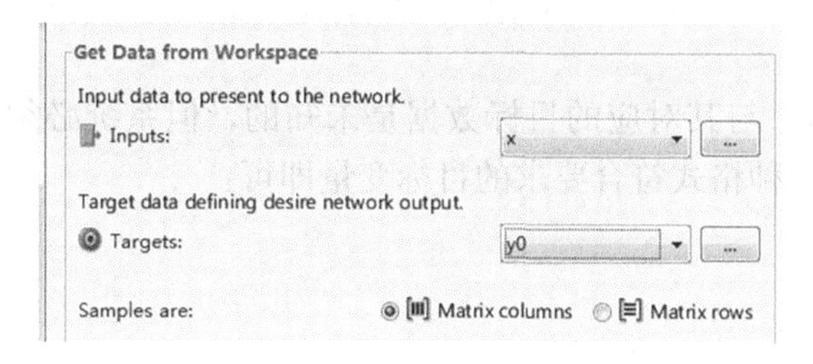

图 9-28 加载输入变量

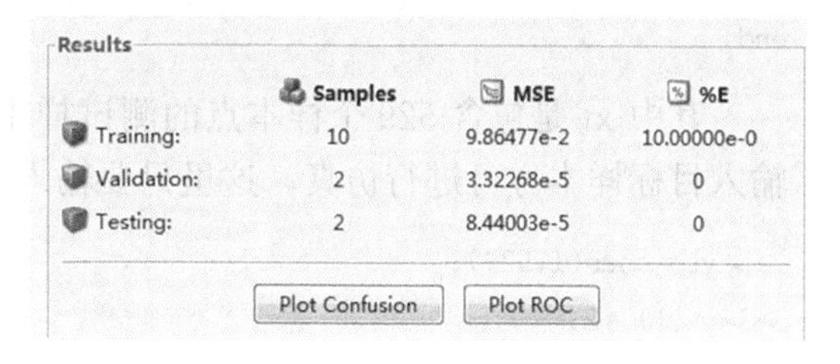

图 9-29 MSE 和错分率

此时，“Plot Confusion”与“Plot ROC”两个按钮处于激活状态。“Plot Confusion”按钮用于显示混淆矩阵。混淆矩阵显示了训练、验证和测试样本中每一个类别含有的样本个数，以及网络输出中每一个类别含有的样本个数，并显示正确划分和错误划分的比例，如图 9-30 所示。

（6）单击“Next”按钮，进入 Evaluate Network 步骤。在对话框右侧的 Inputs 和 Targets 下拉框中输入测试数据。

在 MATLAB 命令窗口定义测试数据：

```
>>xx = -4.4:.4:4.5;
>>N = length(xx)
```

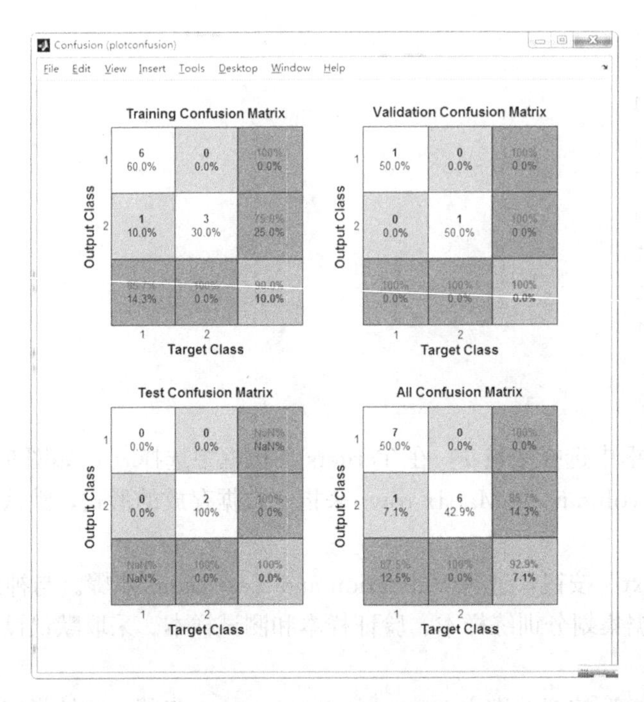

图 9-30 混淆矩阵

```
>>for i = 1:N
for j = 1:N
xt(1,(i-1) * N + j) = xx(i);
xt(2,(i-1) * N + j) = xx(j);
end
end
```

其中 xt 是包含 529 个样本点的测试样本，与其对应的目标数据是未知的，但系统必须输入目标样本方可进行仿真，这里只要输入一种格式符合要求的目标变量即可：

```
>>yt = ones(1,529);
>>yt(1) = 2;
>>yt = ind2vec(yt);
```

在 Inputs 下拉框中选择 xt，Targets 下拉框中选择 yt，然后单击“Test Network”按钮，即可进行仿真测试。测试完成后将显示 MSE 值和错分率，由于目标函数是随机指定的，因此此处两个值没有实际意义。

(7) 单击“Next”按钮，进入 Save Results 步骤。与拟合工具类似，在这一步可以保存网络和变量，或将网络导出为脚本文件或 Simulink 模型。

在这里将网络保存为 pr _ test. m 脚本文件，然后在脚本中添加变量的定义语句及测试代码。完整的脚本代码如下：

```
% Solve a Pattern Recognition Problem with a Neural Network
% Script generated by NPRTOOL
% Created Wed Jan 20 16:43:23 CST 2021
```

```
%
% This script assumes these variables are defined:
%
%    x - input data.
%    y0 - target data.
%自定义语句-----------------------------------------
x=[0.1,4.2;-0.25,2.8;3,1.1;-0.9,1.2;-1.2,1;3.4,1;-2.5,-1.5;3,3.2;-2.5,2.7;3.1,
-3.2;4,-1.2;3.9,-1;4,3;-4,3.5]';
y=[1,1,1,1,1,2,1,2,1,2,2,2,2,1];
y0=ind2vec(y);
%-------------------------------------------------
inputs=x;
targets=y0;
% Create a Pattern Recognition Network
hiddenLayerSize=20;
net=patternnet(hiddenLayerSize);
% Setup Division of Data for Training,Validation,Testing
net.divideParam.trainRatio=70/100;
net.divideParam.valRatio=15/100;
net.divideParam.testRatio=15/100;
% Train the Network
[net,tr]=train(net,inputs,targets);
% Test the Network
outputs=net(inputs);
errors=gsubtract(targets,outputs);
performance=perform(net,targets,outputs)
% View the Network
view(net)
%自定义语句-----------------------------------------
xx=-4.4:.4:4.5;
N=length(xx);
for i=1:N
     for j=1:N
            xt(1,(i-1)*N+j)=xx(i);
            xt(2,(i-1)*N+j)=xx(j);
    end
end
yt=sim(net,xt);
yt=vec2ind(yt);
plot(x(1,y==2),x(2,y==2),'r>','Linewidth',2);
hold on;
plot(x(1,y==1),x(2,y==1),'bo','Linewidth',2);
plot(xt(1,yt==1),xt(2,yt==1),'bo');
```

```
hold on;
plot(xt(1,yt = = 2),xt(2,yt = = 2),'r>');
% -----------------------------------------------------------
% Plots
% Uncomment these lines to enable various plots.
%figure,plotperform(tr)
%figure,plottrainstate(tr)
%figure,plotconfusion(targets,outputs)
%figure,ploterrhist(errors)
```

保存并运行以上脚本，执行结果如图 9 - 31 所示。

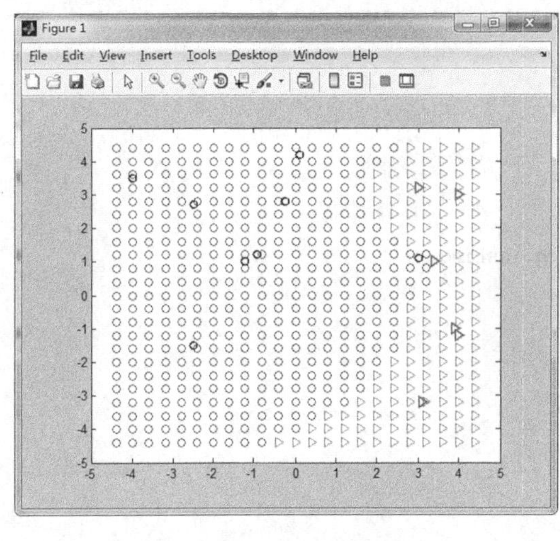

图 9 - 31 测试分类结果

分类的效果良好，在 $x=3$，$y=1$ 附近有两个比较接近、但分属两个不同分类的点，也被网络准确地区分开来了。

(8) 完成。单击“Finish”按钮，完成分类过程。

5. 使用时间序列工具 (ntstool)

自然界中的数据往往都会随着时间的推移发生变化。时间序列就是对一组统计数据按发生时间的先后顺序排列而成的序列。时间序列中数据的取值依赖于时间的变化，邻近时间的数值分布存在一定的规律性，从而在整体上呈现某种趋势或周期性变化的规律，因此可以由已知数据预测未知数据。但每个数据点的取值又伴有随机性，无法完全由历史数据推演得到。

时间序列分析可以借助于许多数学工具。在人工智能领域，各种智能算法也可以应用于时间序列分析中。预测可以被视为一种动态滤波问题。

MATLAB 神经网络工具箱为用户提供了时间序列工具 ntstool，它可以解决三类时间序列问题：有外部输入的非线性自回归、无外部输入的非线性自回归、时间延迟问题。

有外部输入的非线性自回归问题可以用下式进行描述：

$$y(t)=f(x(t-1),\cdots,x(t-d),y(t-1),\cdots,y(t-d))$$

式中：$x(t)$ 表示外部输入；$y(t)$ 表示要分析的时间序列，是网络的输出。在这一类问题中，时间序列不但决定于自身的历史值，还决定于特定外部输入及其历史值。

无外部输入的非线性自回归问题可以用下式进行描述：

$$y(t)=f(y(t-1),\cdots,y(t-d))$$

这一类问题中，状态值仅仅决定于自身的历史值，因此不需要输入信号。

时间延迟问题则用下式描述：

$$y(t)=f(x(t-1),\cdots,x(t-d))$$

在时间延迟问题中，输出信号由输入信号及其历史值决定。这种情况在工程实践中遇到较少，一般只有在一个有外部输入的非线性自回归问题中，当 $y(t)$ 的历史数据无法获得时才会使用该模型解决问题。

本节将通过实例讲解的方式介绍其中一种工具的使用方法。

MATLAB 命令窗口输入 ntstool 并按 Enter 键，可以打开神经网络时间序列工具（Neural Network Time Series Tool）。或在命令窗口输入 nnstart 启动神经网络开始对话框，然后在对话框中选择 Time Series Tool 打开时间序列工具。

【例 9 - 15】 有外部输入的非线性自回归问题。这里采用 MATLAB 自带的实例数据：Fluid Flow in Pipe。数据存放在 valve _ dataset. mat 文件中，包含两个变量：①valveInputs，1×1801 数组，该数组中的元素表示阀门打开百分比的标量；②valveTargets，1×1801 数组，该数组中的元素表示流体的流速。显然，由于流体的流动性，流体在管道中的流速与前一时刻的流速有关。而阀门打开程度的增大（减小）会促进（抑制）流体的流动。因此这是一个典型的 NARX（非线性自回归模型）问题。

（1）按照上文所述的方法打开神经网络时间序列工具对话框，在对话框右侧中选择 NonLinear Autoregressive with External (Exogenous) Input。

（2）单击“Next”按钮，进入 Select Data 步骤。单击“Load Example Data Set”按钮，弹出 Time Series DataSet Chooser 对话框，在左侧的列表中选择最后一项 Fluid Flow in Pipe，单击“Import”按钮导入，如图 9 - 32 所示。

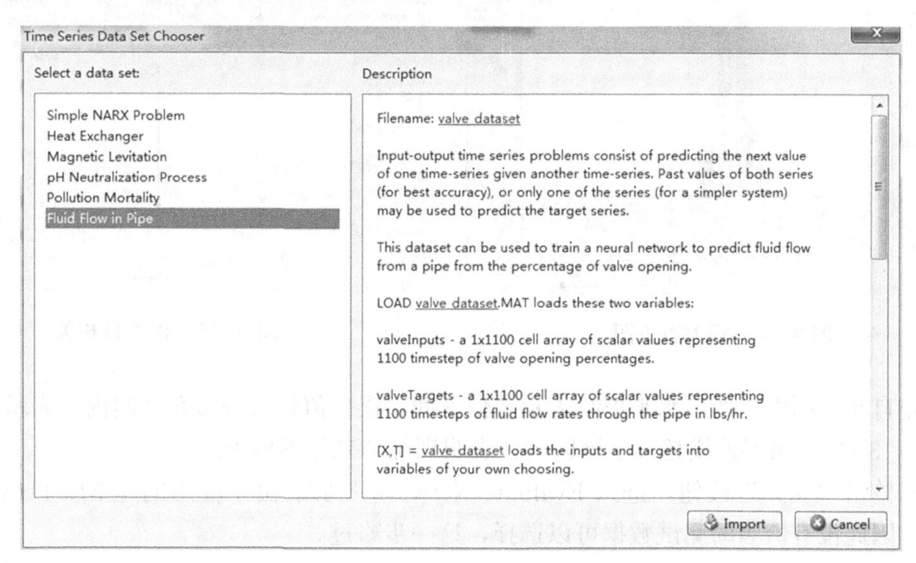

图 9 - 32　导入系统自带数据

（3）回到主对话框，单击“Next”按钮，进入 Validation and Test Data 步骤。与神经网络拟合工具类似，这里需要对数据集划分训练样本、验证样本和测试样本。这里采用默认设置即可。

（4）单击“Next”按钮，进入 Network Aechitecture 步骤。这一步需要指定的是隐含层神经元的个数和延迟，默认值分别为 10 和 2。延迟表示当前输出与之前的多少个数相关，假设延迟为 m，则输出的表达式为

$$y(t)=f(x(t-1),\cdots,x(t-m),y(t-1),\cdots,y(t-m))$$

输入函数 $x(t)$ 与输出函数 $y(t)$ 的延迟是相等的，不需要分别设定。在形成的网络中，输

出值由 $x(t)$ 和 $y(t)$ 经过延迟共同决定，如图 9 - 33 所示。

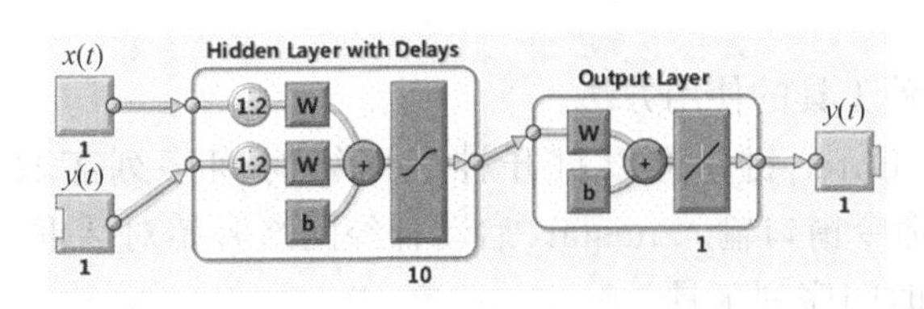

图 9 - 33　神经网络结构

（5）单击“Next”按钮，进入 Train Network 步骤。单击“Train”按钮，系统就开始训练，默认迭代次数为 1000 次，训练到 38 次时迭代停止，并在对话框中显示训练样本、验证样本和测试样本的均方差与相关性 R。相关性介于 0～1 之间，指目标输出和实际输出之间的吻合度，取 1 表示完全吻合，取 0 表示不吻合。训练完成后，对话框右侧的 4 个变为激活状态。“Plot Error Histogram”按钮用于显示误差直方图，如图 9 - 34 所示。

图 9 - 34 的中间竖线表示零误差，从图 9 - 34 中可以看到，误差值集中分布在零值附近，且误差较大。“Plot Response”按钮用于显示训练数据、验证数据和测试数据的走势。“Plot Error Autocorrelation”按钮用于显示误差自相关，如图 9 - 35 所示。

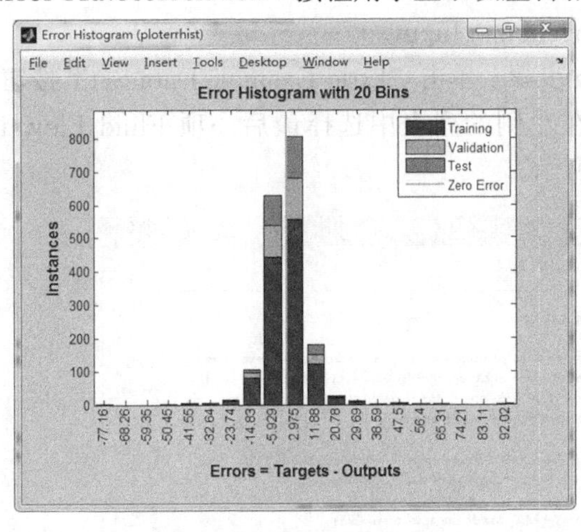

图 9 - 34　误差直方图

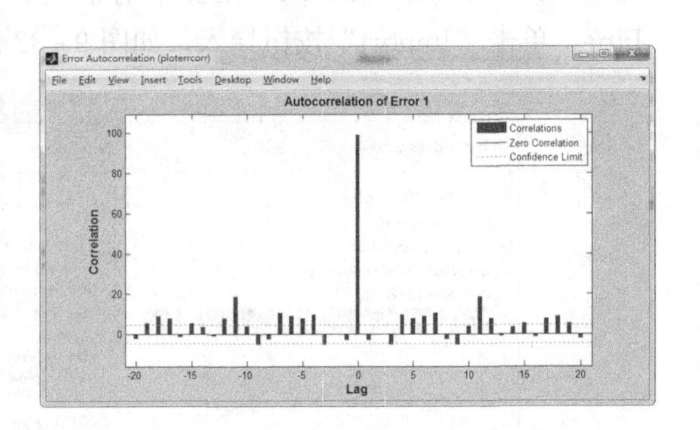

图 9 - 35　误差自相关

误差自相关图中，两条水平虚线表示置信区间，误差值如果分布在区间内，表示可以接受。图 9 - 35 中多条误差线超过了该区间，表明训练结果并不理想。

（6）单击“Next”按钮，进入 Evaluate Network 步骤。由于使用的是 MATLAB 自带的数据，因此没有恰当的测试数据可以选择，这一步略过。

（7）单击“Next”按钮，进入 Save Results 步骤。与拟合工具类似，在这一步可以保存网络和变量，或者将网络导出为脚本文件或 Simulink 模型。

（8）完成。单击“Finish”按钮，完成时间序列的预测过程。

6. 使用 nntraintool 与 view

nntraintool 用于打开或关闭训练窗口，是神经网络工具箱的可视化工具之一，但一般不需要用户显式地调用。除了不需要训练的网络如径向基以外，其他网络在训练时一般都要调用 train 函数，nntraintool 就在 train 函数内部完成被调用，其作用是显示训练过程和信息。训练完成时的窗口如图 9 - 36 所示。

训练窗口从上到下可分为 4 个部分。第一部分显示该神经网络的结构图。第二部分显示训练使用的具体函数：数据划分（Data Division）函数、训练（Training）函数、性能

(Performance) 函数和求导 (Derivative) 函数。第三部分随着训练的进行实时更新训练信息：Epoch 表示迭代的次数，Time 表示训练时间，Performance 表示误差性能，Gradient 表示梯度信息，Validation Checks 表示网络连接若干次检验，误差没有下降。一般训练时总是将数据划分为训练样本和验证样本，每训练一次，系统就将样本中的数据代入验证，如果连续若干次误差没有下降，则提前结束，以免出现过学习。第四部分的按钮用于显示训练信息：①“Performance”按钮，显示误差性能随着迭代次数增加逐渐下降的曲线；②“Training State”按钮，显示训练情况；③“Error Histogram”按钮，显示误差直方图；④“Confusion”按钮，显示分类混淆矩阵图；⑤“Receiver Operating Characteristic”按钮，显示 ROC 曲线（受试者工作特征）。

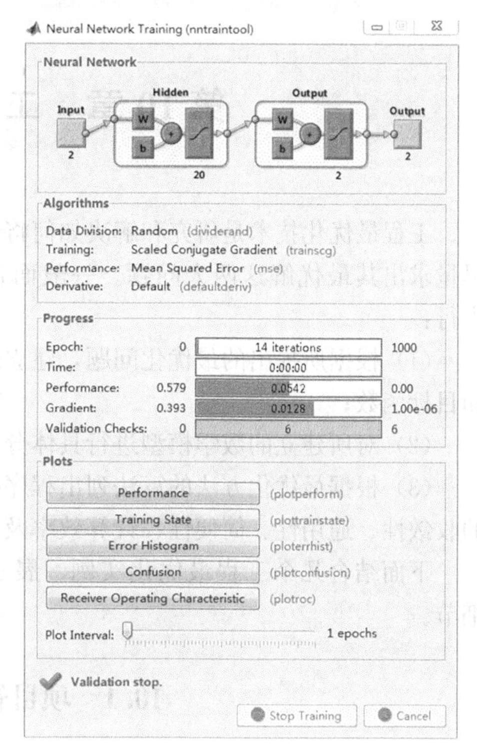

图 9 - 36　训练完成时的窗口

用户也可以选择关闭训练窗口的显示，方法是在创建网络之后，调用 train 函数之前加入如下语句：

```
Net.trainParam.showWindow = false;
```

除了在 train 函数中由系统自动调用外，用户还可以手动控制训练窗口的显示与关闭：

```
nntraintool
nntraintool('Close')
```

类似于训练窗口的显示控制，神经网络训练时也会在命令窗口输出信息。以下语句打开命令窗口输出，并设置显示步长为 35，表示每训练 35 次更新一次命令行信息：

```
net.trainParam.show CommandLine = true
Net.trainParam.show = 35;
```

用以下命令关闭命令行的输出：

```
Net.trainParam.showp CommandLine = false;
```

View 命令用于显示神经网络的结果图，调用方法是：View (net)，用该命令显示网络结果。

思考与练习题

1. 用 MATLAB 最优化工具箱的相关函数编程求解第 2 章的习题 1～习题 4。
2. 用 MATLAB 最优化工具箱的相关函数编程求解第 7 章的习题 1。

第 10 章　工程最优化实例应用

工程最优化技术是研究和解决如何将最优化问题表示为数学模型以及如何根据数学模型尽量求出其最优解这两大问题。一般而言，用最优化方法解决实际工程问题可分为三步进行：

（1）根据所提出的最优化问题，建立最优化问题的数学模型，确定变量，列出约束条件和目标函数；

（2）对所建立的数学模型进行具体分析和研究，选择合适的最优化方法求解模型；

（3）根据最优化方法的算法列出程序框图和编写程序，用计算机求出最优解，并对算法的收敛性、通用性、简便性、计算效率及误差等做出评价。

下面结合几个工程最优化实例，展示工程最优化问题建模、求解及结果分析的应用细节。

10.1　项目管理多目标优化问题

10.1.1　工程概况

某地下调蓄库库容均为 70 000m^3，2 层结构，开挖深度在 7～10m。施工步骤主要为基坑围护→基坑开挖→地基处理→底板浇筑→一层池壁浇筑→一层顶板浇筑→二层池壁浇筑→二层顶板浇筑→排水管网敷设连接→回填→恢复地面球场及相关设施。

拟定开工日期为第一年 3 月 1 日开工、3 月 31 日围护完成，第二年 3 月 31 日蓄水库封顶、12 月 31 日完成与外部管网连通，第三年 5 月 31 日竣工，共计工期 810 天。质量可靠度应达到 80%以上，环境影响程度不超过 330。

该项目的主要施工节点是基坑围护、基坑开挖、底板浇筑、一层顶板浇筑、二层顶板浇筑、排水管网敷设连接。工作分解及工作内容关系见表 10 - 1；由此得到双代号网络图如图 10 - 1 所示。

表 10 - 1　　地下调蓄库项目的工作分解及工作内容

工序编号	工序名称	工作内容	紧前工作
1	A	基坑围护	
2	B	基坑开挖	A
3	C	地基处理	B
4	D	底板浇筑	C
5	E	一层池壁浇筑	D
6	F	一层顶板浇筑	D
7	G	二层池壁浇筑	E，F
8	H	二层顶板浇筑	E，F

续表

工序编号	工序名称	工作内容	紧前工作
9	I	排水管网敷设连接	H，G
10	J	回填	I
11	K	恢复地面球场及相关设施	J

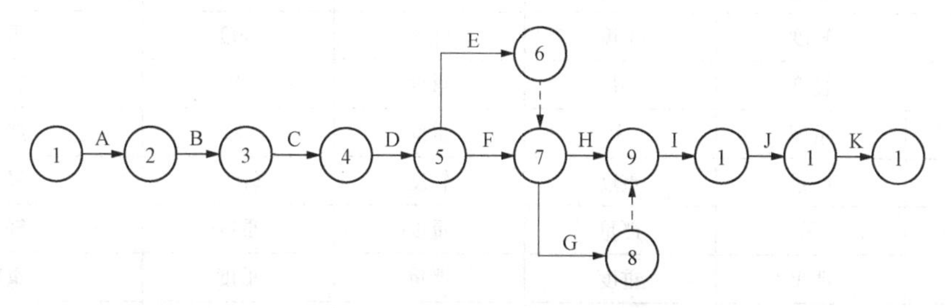

图 10 - 1　地下调蓄库项目双代号网络图

表 10 - 2 中的数据是项目部在进行网络优化时收集整理得出的，其中，工序的正常完成成本、工序正常持续时间以及边际成本递增因子是在工程实际情况、工程合同以及施工单位的投标报价统计整理得到的。而工序质量可靠度是通过专家打分法得出的，其中假设各工序的质量可靠度最高为 1。一般情况下，评分专家应该从该建设项目的相关队伍中选择，这个队伍包括了投资方、承包方、施工方以及监理方，由这些队伍中的主要管理员 20 位专家组成专家小组进行评分，最终利用取平均的方法得出最终结果数据。

表 10 - 2　　各道工序的详细参数值

工序编号	工序正常持续时间（天）	工序最短持续时间（天）	工序最长持续时间（天）	持续时间最短时的工序质量可靠度	持续时间最长时的工序质量可靠度	工序正常完工成本（万元）	边际成本递增因子
A	18	16	20	0.79	0.96	670.59	0.48
B	128	125	130	0.82	0.98	1667.65	0.59
C	22	20	27	0.81	0.99	1041.18	0.65
D	32	30	38	0.72	0.97	1808.82	0.62
E	35	33	37	0.85	0.94	1425.00	0.72
F	50	48	53	0.82	0.92	1897.06	0.67
G	39	36	45	0.80	0.97	1367.65	0.74
H	50	47	52	0.84	0.96	1786.76	0.63
I	228	225	235	0.83	0.98	8916.18	0.78
J	93	89	99	0.87	0.98	1411.76	0.46
K	78	75	84	0.81	0.97	595.59	0.52

各道工序对环境的影响状况见表 10 - 3 和表 10 - 4。

表 10 - 3 各道工序对环境的影响状况

工序编号	大气环境	声环境	水环境	施工废弃物	取石、沙的环境
A	轻度	重度	重度	无	轻度
B	重度	严重	重度	重度	轻度
C	轻度	轻度	重度	严重	严重
D	重度	轻度	轻度	轻度	无
E	轻度	重度	轻度	轻度	重度
F	轻度	轻度	重度	无	轻度
G	重度	无	重度	无	严重
H	严重	重度	轻度	轻度	轻度
I	无	严重	重度	重度	轻度
J	严重	重度	严重	重度	重度
K	轻度	轻度	重度	无	无

表 10 - 4 各工序的环境污染影响系数计算表

工序编号	大气环境	声环境	水环境	施工废弃物	取石、沙的环境
A	0.025	0.045	0.09	0	0.01
B	0.075	0.09	0.09	0.06	0.01
C	0.025	0.015	0.09	0.12	0.06
D	0.075	0.015	0.03	0.02	0
E	0.025	0.045	0.03	0.02	0.03
F	0.025	0.015	0.09	0	0.01
G	0.075	0	0.09	0	0.06
H	0.075	0.045	0.03	0.02	0.01
I	0	0.09	0.09	0.06	0.01
J	0.075	0.045	0.18	0.06	0.03
K	0.025	0.015	0.09	0	0

根据统计局 GDP 总量和城市人口总数，以及该地下调蓄库项目位于城市的位置，所以可求得参数。该项目所在地与居民聚集区的直线距离水平指数

$$d = 1 + \left(1 - \frac{10}{30}\right)^2 = 1.43$$

该建设工程项目所在城市的经济发展水平指数

$$s = \left[1 + \left(\frac{986}{2418}\right)^2\right] \times \left[1 + \left(\frac{8349}{30\,134}\right)^2\right] = 1.26$$

该建设项目工程对能源的消耗指数可表示为

$$M = \frac{C}{C_{\min}}$$

式中：C 为工程的实际完工成本；$C_{\min}$ 为工程完工的最低成本。

据表 10 - 4 得出各个工序的环境影响值为 0.17、0.325、0.31、0.14、0.15、0.14、

0.225、0.18、0.25、0.39、0.13。

10.1.2　多目标优化模型的建立

根据工程参数和双代号网络计划图，可以得出该地下调蓄库工程项目的多目标综合优化模型。

工期模型为

$$f_1(T)=\max\left\{\begin{array}{c}\min(t_{1,2}+t_{2,3}+t_{3,4}+t_{4,5}+t_{5,6}+t_{6,7}+t_{7,9}+t_{9,10}+t_{10,11}+t_{11,12})\\ \min(t_{1,2}+t_{2,3}+t_{3,4}+t_{4,5}+t_{5,6}+t_{6,7}+t_{7,8}+t_{8,9}+t_{9,10}+t_{10,11}+t_{11,12})\\ \min(t_{1,2}+t_{2,3}+t_{3,4}+t_{4,5}+t_{5,7}+t_{7,9}+t_{9,10}+t_{10,11}+t_{11,12})\\ \min(t_{1,2}+t_{2,3}+t_{3,4}+t_{4,5}+t_{5,7}+t_{7,8}+t_{8,9}+t_{9,10}+t_{10,11}+t_{11,12})\end{array}\right\}$$

s.t.　$16\leqslant t_{1,2}\leqslant 20$，$125\leqslant t_{2,3}\leqslant 130$，$20\leqslant t_{3,4}\leqslant 25$，$30\leqslant t_{4,5}\leqslant 35$，$33\leqslant t_{5,6}\leqslant 37$，$48\leqslant t_{5,7}\leqslant 53$，$36\leqslant t_{7,8}\leqslant 43$，$47\leqslant t_{7,9}\leqslant 52$，$225\leqslant t_{9,10}\leqslant 235$，$89\leqslant t_{10,11}\leqslant 98$，$75\leqslant t_{11,12}\leqslant 82$

工期—成本模型为

$$f_2(T)=\min C=DC+IC$$

$$DC=\sum c_{ij}=\sum[b_{ij}+r_{ij}\ (t_{nij}-t_{ij})^2]\ IC=T_0C_0$$

s.t.　$16\leqslant t_{1,2}\leqslant 20$，$125\leqslant t_{2,3}\leqslant 130$，$20\leqslant t_{3,4}\leqslant 25$，$30\leqslant t_{4,5}\leqslant 35$，$33\leqslant t_{5,6}\leqslant 37$，$48\leqslant t_{5,7}\leqslant 53$，$36\leqslant t_{7,8}\leqslant 43$，$47\leqslant t_{7,9}\leqslant 52$，$225\leqslant t_{9,10}\leqslant 235$，$89\leqslant t_{10,11}\leqslant 98$，$75\leqslant t_{11,12}\leqslant 82$

因工期与工序可靠度之间换算如表 10-5 所示。

表 10-5　工期与工序可靠度之间换算

名　称	公　式	备　注
斜率	$r_{ij}=\dfrac{R_{cij}-R_{dij}}{t_{cij}-t_{dij}}$	R_{cij}、R_{dij} 分别表示t_{cij}、t_{dij} 对应的工序可靠度
工序可靠度	$R_{ij}=R_{dij}+r_{ij}\ (t_{ij}-t_{dij})$，$t_{dij}\leqslant t_{ij}\leqslant t_{cij}$	假设工序持续时间在$[t_{dij}，t_{cij}]$内
工期—质量模型	$\max Q=\prod\limits_{i=1,j=1}^{n}R_{ij}\prod\limits_{j=1,h=1}^{m}\{1-\prod\limits_{h=1}^{r_j}[1-R_{ih}]\}$，$t_{dij}\leqslant t_{ij}\leqslant t_{cij}$	R_{ij}、R_{ih} 分别代表串联、并联系统的可靠度

故工期—质量模型为

$$f_3(T)=\max Q=R_{1,2}\times R_{2,3}\times R_{3,4}\times R_{4,5}\times[1-(1-R_{5,6})(1-R_{5,7})]\times[1-(1-R_{7,8})(1-R_{7,9})]\times R_{9,10}\times R_{10,11}\times R_{11,12}$$

s.t.　$16\leqslant t_{1,2}\leqslant 20,125\leqslant t_{2,3}\leqslant 130,20\leqslant t_{3,4}\leqslant 25,30\leqslant t_{4,5}\leqslant 35,33\leqslant t_{5,6}\leqslant 37,48\leqslant t_{5,7}\leqslant 53,36\leqslant t_{7,8}\leqslant 43,47\leqslant t_{7,9}\leqslant 52,225\leqslant t_{9,10}\leqslant 235,89\leqslant t_{10,11}\leqslant 98,75\leqslant t_{11,12}\leqslant 82$ $0.79\leqslant R_{1,2}\leqslant 0.96,0.82\leqslant R_{2,3}\leqslant 0.98,0.81\leqslant R_{3,4}\leqslant 0.99,0.72\leqslant R_{4,5}\leqslant 0.97,0.85\leqslant R_{5,6}\leqslant 0.94,0.82\leqslant R_{5,7}\leqslant 0.92,0.80\leqslant R_{7,8}\leqslant 0.97,0.84\leqslant R_{7,9}\leqslant 0.96,0.83\leqslant R_{9,10}\leqslant 0.98,0.87\leqslant R_{10,11}\leqslant 0.98,0.81\leqslant R_{11,12}\leqslant 0.97$

环境—工期模型为

$$f_4(T)=\min E=(1.43\times 1.11)\times\sum_{i=1}^{n}(t_{ij}\times e_{ij})+\frac{C}{C_{\min}}$$

s. t. $16 \leqslant t_{1,2} \leqslant 20$，$125 \leqslant t_{2,3} \leqslant 130$，$20 \leqslant t_{3,4} \leqslant 25$，$30 \leqslant t_{4,5} \leqslant 35$，$33 \leqslant t_{5,6} \leqslant 37$，$48 \leqslant t_{5,7} \leqslant 53$，$36 \leqslant t_{7,8} \leqslant 43$，$47 \leqslant t_{7,9} \leqslant 52$，$225 \leqslant t_{9,10} \leqslant 235$，$89 \leqslant t_{10,11} \leqslant 98$，$75 \leqslant t_{11,12} \leqslant 82$

汇总　得出该地下调蓄库项目的综合优化模型

$$
\left\{
\begin{array}{l}
f_1(T) = \max\left\{
\begin{array}{c}
\min(t_{1,2}+t_{2,3}+t_{3,4}+t_{4,5}+t_{5,6}+t_{6,7}+t_{7,9}+t_{9,10}+t_{10,11}+t_{11,12}) \\
\min(t_{1,2}+t_{2,3}+t_{3,4}+t_{4,5}+t_{5,6}+t_{6,7}+t_{7,8}+t_{8,9}+t_{9,10}+t_{10,11}+t_{11,12}) \\
\min(t_{1,2}+t_{2,3}+t_{3,4}+t_{4,5}+t_{5,7}+t_{7,9}+t_{9,10}+t_{10,11}+t_{11,12}) \\
\min(t_{1,2}+t_{2,3}+t_{3,4}+t_{4,5}+t_{5,7}+t_{7,8}+t_{8,9}+t_{9,10}+t_{10,11}+t_{11,12})
\end{array}
\right\} \\
f_2(T) = \min C = DC + IC\ DC = \sum c_{ij} = \sum [b_{ij} + r_{ij}(t_{nij} - t_{ij})^2]\ IC = T_0 C_0 \\
f_3(T) = \max Q = R_{1,2} \times R_{2,3} \times R_{3,4} \times R_{4,5} \times [1-(1-R_{5,6})(1-R_{5,7})] \times \\
\qquad [1-(1-R_{7,8})(1-R_{7,9})] \times R_{9,10} \times R_{10,11} \times R_{11,12} \\
f_4(T) = \min E = (d \times s)\sum_{i=1}^{n}(t_{ij} \times e_{ij}) + \dfrac{C}{C_{\min}}
\end{array}
\right.
$$

s. t. $16 \leqslant t_{1,2} \leqslant 20$，$125 \leqslant t_{2,3} \leqslant 130$，$20 \leqslant t_{3,4} \leqslant 25$，$30 \leqslant t_{4,5} \leqslant 35$，$33 \leqslant t_{5,6} \leqslant 37$，$48 \leqslant t_{5,7} \leqslant 53$，$36 \leqslant t_{7,8} \leqslant 43$，$47 \leqslant t_{7,9} \leqslant 52$，$225 \leqslant t_{9,10} \leqslant 235$，$89 \leqslant t_{10,11} \leqslant 98$，$75 \leqslant t_{11,12} \leqslant 82$；$0.79 \leqslant R_{1,2} \leqslant 0.96$，$0.82 \leqslant R_{2,3} \leqslant 0.98$，$0.81 \leqslant R_{3,4} \leqslant 0.99$，$0.72 \leqslant R_{4,5} \leqslant 0.97$，$0.85 \leqslant R_{5,6} \leqslant 0.94$，$0.82 \leqslant R_{5,7} \leqslant 0.92$，$0.80 \leqslant R_{7,8} \leqslant 0.97$，$0.84 \leqslant R_{7,9} \leqslant 0.96$，$0.83 \leqslant R_{9,10} \leqslant 0.98$，$0.87 \leqslant R_{10,11} \leqslant 0.98$，$0.81 \leqslant R_{11,12} \leqslant 0.97$

10.1.3　模型求解

该模型求解采用遗传算法多目标优化算法并利用 MATLAB 程序进行优化求解。各工序持续时间 t 作为决策变量的基础上，进行相关参数的设置，比如将种群规模设置为 100，种群寻优迭代次数设置为 200 次，遗传操作中的交叉概率设置为 0.9，变异概率为 0.1。

该多目标优化遗传算法采用实数编码的方式进行编码，其中每条染色体代表一组选择方案，每条染色体的基因位代表各个工序的序号，而它的基因值代表各个工序的实际持续时间，第 $i(i=1, 2, \cdots, N)$位上的数值 j 表示该项工序的实际持续时间，其对应关系见表 10-6。

表 10-6　染色体基因位与基因值对应关系表

基因位—i	1	2	3	…	13
基因值—j	18	128	22	…	78

已知该项目工序的最短持续时间t_{dij}与最长持续时间t_{cij}，在初始化种群时，个体的每个基因位上的数值都是在最短持续时间与最长持续时间$[t_{dij}, t_{cij}]$之间随机产生。在此基础上，随机产生 100 个个体，并且检验每个个体的有效性，如果不符合则无效，需要再次随机重新生成，直到生成有效个体为止。生成的有效个体进行目标函数计算，具体代码如下：

```
function f = threemulti(x)   % 多目标优化函数
  % % 工期计算
  A1 = min(x(1) + x(2) + x(3) + x(4) + x(5) + x(7) + x(9) + x(11) + x(12) + x(13));
  A2 = min(x(1) + x(2) + x(3) + x(4) + x(5) + x(7) + x(8) + x(10) + x(11) + x(12) + x(13) );
  A3 = min(x(1) + x(2) + x(3) + x(4) + x(6) + x(9) + x(11) + x(12) + x(13) );
```

```
A4 = min(x(1) + x(2) + x(3) + x(4) + x(6) + x(8) + x(10) + x(11) + x(12) + x(13) );
A0 = [A1;A2;A3;A4];
f(1) = max(A0);
%%成本计算
b = [670.59;1667.65;1041.18;1808.82;1425.00;1897.06;1367.65;0;1786.76;0;8916.18;1411.76;
595.59];
r = [0.48;0.59;0.65;0.62;0.72;0.67;0.74;0;0.63;0;0.78;0.46;0.52];
t = [18;128;22;32;35;50;39;0;50;0;228;93;78];
    k(1) = (b(1) + r(1) * (t(1) - x(1))^2);        k(2) = (b(2) + r(2) * (t(2) - x(2))^2);
    k(3) = (b(3) + r(3) * (t(3) - x(3))^2);        k(4) = (b(4) + r(4) * (t(4) - x(4))^2);
    k(5) = (b(5) + r(5) * (t(5) - x(5))^2);        k(6) = (b(6) + r(6) * (t(6) - x(6))^2);
    k(7) = (b(7) + r(7) * (t(7) - x(7))^2);        k(8) = (b(8) + r(8) * (t(8) - x(8))^2);
    k(9) = (b(9) + r(9) * (t(9) - x(9))^2);        k(10) = (b(10) + r(10) * (t(10) - x(10))^2);
    k(11) = (b(11) + r(11) * (t(11) - x(11))^2); k(12) = (b(12) + r(12) * (t(12) - x(12))^2);
    k(13) = (b(13) + r(13) * (t(13) - x(13))^2);
DC = (k(1) + k(2) + k(3) + k(4) + k(5) + k(6) + k(7) + k(8) + k(9) + k(10) + k(11) + k(12) + k(13));
T0 = 810;
C0 = 2.3;
IC = T0. * C0;
f(2) = DC + IC;
%%质量可靠度计算
UR = [0.96;0.98;0.99;0.97;0.94;0.92;0;0.97;0.96;0;0.98;0.98;0.97];
LR = [0.79;0.82;0.81;0.72;0.85;0.82;0;0.80;0.84;0;0.83;0.87;0.81];
UT = [20;130;27;38;37;53;0;45;52;0;235;99;84];
LT = [16;125;20;30;33;48;0;36;47;0;225;89;75];
r(1) = (UR(1) - LR(1))/(UT(1) - LT(1));r(2) = (UR(2) - LR(2))/(UT(2) - LT(2));
r(3) = (UR(3) - LR(3))/(UT(3) - LT(3));r(4) = (UR(4) - LR(4))/(UT(4) - LT(4));
r(5) = (UR(5) - LR(5))/(UT(5) - LT(5));r(6) = (UR(6) - LR(6))/(UT(6) - LT(6));
r(7) = (UR(7) - LR(7))/(UT(7) - LT(7));r(8) = (UR(8) - LR(8))/(UT(8) - LT(8));
r(9) = (UR(9) - LR(9))/(UT(9) - LT(9));r(10) = (UR(10) - LR(10))/(UT(10) - LT(10));
r(11) = (UR(11) - LR(11))/(UT(11) - LT(11));r(12) = (UR(12) - LR(12))/(UT(12) - LT(12));
r(13) = (UR(13) - LR(13))/(UT(13) - LT(13));
R(1) = LR(1) + r(1) * (x(1) - LT(1));R(2) = LR(2) + r(2) * (x(2) - LT(2));
R(3) = LR(3) + r(3) * (x(3) - LT(3));R(4) = LR(4) + r(4) * (x(4) - LT(4));
R(5) = LR(5) + r(5) * (x(5) - LT(5));R(6) = LR(6) + r(6) * (x(6) - LT(6));
R(7) = LR(7) + r(7) * (x(7) - LT(7));R(8) = LR(8) + r(8) * (x(8) - LT(8));
R(9) = LR(9) + r(9) * (x(9) - LT(9));R(10) = LR(10) + r(10) * (x(10) - LT(10));
R(11) = LR(11) + r(11) * (x(11) - LT(11));R(12) = LR(12) + r(12) * (x(12) - LT(12));
R(13) = LR(13) + r(13) * (x(13) - LT(13));
f(3) = 100 - (R(1) * R(2) * R(3) * R(4) * (1 - (1 - R(5)) * (1 - R(6))) * (1 - (1 - R(8)) * (1 - R(9))) * R
(11) * R(12) * R(13));
%%环境影响程度计算
e = [0.195 ;0.320 ;0.335 ;0.160 ;0.200 ;0.165 ;0;0.190 ;0.265 ;0;0.290 ;0.290 ;0.125];
```

```
        k(1) = x(1) * e(1); k(2) = x(2) * e(2); k(3) = x(3) * e(3);
        k(4) = x(4) * e(4); k(5) = x(5) * e(5); k(6) = x(6) * e(6);
        k(7) = x(7) * e(7); k(8) = x(8) * e(8); k(9) = x(9) * e(9);
        k(10) = x(10) * e(10); k(11) = x(11) * e(11); k(12) = x(12) * e(12);
        k(13) = x(13) * e(13);
    k = (k(1) + k(2) + k(3) + k(4) + k(5) + k(6) + k(7) + k(8) + k(9) + k(10) + k(11) + k(12) + k(13));
    d = 1.43;
    s = 1.11;
    f(4) = d * s * k + 1;
end
```

在目标函数求解的基础上，利用遗传算法 MATLAB 编程分别对工期、成本、质量以及环境模型进行多目标优化计算求解。求解代码如下：

```
lb = [16;125;20;30;33;48;0;36;47;0;225;89;75];
ub = [20;130;27;38;37;53;0;45;52;0;235;99;84]
options = gaoptimset('ParetoFraction',0.1,'Populationsize',100,'Generations',200,'StallGenlimit',
200,'TolFun',1e-4,'PlotFcns',@gaplotpareto);
[x,fval] = gamultiobj(@threemulti,13,[],[],[],[],lb,ub,options);
```

10.1.4 求解结果分析

MATLAB 遗传算法（NSGA-Ⅱ算法）迭代 200 次后经过最优解排序后排列到前十的 Pareto 解见表 10-7。

表 10-7 工期—成本—质量—环境帕累托解分布表

方案	持续时间（天）	直接成本（万元）	质量可靠度	环境影响值	评价函数值
1	675	25619.38	0.708	300.793	42.380
2	678	25609.05	0.721	302.307	32.226
3	686	25593.821	0.761	305.035	20.542
4	733	25686.473	0.894	326.024	126.432
5	699	25577.173	0.866	311.899	26.447
6	692	25583.983	0.815	308.302	19.854
7	718	25624.81	0.854	319.933	67.091
8	689	25592.225	0.797	306.617	21.489
9	695	25581.158	0.825	310.427	22.587
10	737	25700.182	0.921	328.018	140.567

得到各工序的持续时间最优解集见表 10-8。

表 10-8 各工序的持续时间最优解集

方案	A	B	C	D	E	F	G	H	I	J	K
1	16	125	20	30	33	48	36	47	225	89	75
2	20	130	27	38	37	53	41	50	235	99	83

续表

方案	A	B	C	D	E	F	G	H	I	J	K
3	16	126	20	30	33	49	37	48	225	90	75
4	17	126	21	31	33	50	36	47	226	92	77
5	20	130	27	38	37	53	42	50	235	99	82
6	18	128	22	32	35	50	40	50	228	93	77
7	18	127	21	31	34	50	38	48	228	91	76
8	18	129	24	33	35	52	41	50	234	97	81
9	17	125	22	31	33	51	37	49	229	90	76
10	17	127	21	32	35	50	40	49	228	94	76

经过优化后，该地下调蓄库项目最短工期为675天，工期相对合同工期缩短16.67%，相应成本比预期成本减少0.33%，项目质量可靠度提高4%，环境影响值降低10.36%；最长工期为737天，工期相对合同工期可缩短9.01%，成本减少0.072%。项目质量可靠度提高25%，环境影响值降低2.24%。根据理想点法评价函数值最小的要求，可得出方案6最优，计算结果最接近单目标优化最优解理想值。其中方案6工期缩短14.57%，成本减少0.47%，质量可靠度提高15%，环境影响值降低8.12%。

10.2　沥青混凝土骨料级配参数优化问题

10.2.1　实验资料

水工沥青混凝土是由粗、细集料，矿粉和沥青根据适当比例经拌制、摊铺（浇筑）、碾压（振捣）而成的一种人工合成材料，原材料质量检测是进行沥青混凝土配合比设计试验最基本也是最重要的一步。根据DL/T 5362—2018《水工沥青混凝土试验规程》中规定，本实验沥青混凝土骨料级配试验用骨料最大粒径采用19、26.5、31.5mm，采用克拉玛依70号A级沥青。

水工沥青混凝土试验用骨料级配设计中，级配参数的选择是根据骨料最大粒径、级配指数和填料用量三个参数指标采用全面试验方法组成48组试验用骨料配合比，根据DL/T 5362—2018《水工沥青混凝土试验规程》技术规范要求进行全级配骨料堆积密度试验、粗骨料堆积密度试验和粗骨料加水堆积密度试验。

根据骨料级配越好，空隙率越小、堆积密度愈大的原理，先后采用全级配骨料堆积密度试验、粗骨料堆积密度试验、粗骨料加水堆积密度试验，三种骨料堆积密度试验方法，分别测定各级不同比例组合的骨料级配堆积密度，以确定其最紧密级配。

以下主要针对粗骨料堆积密度试验进行分析，粗骨料堆积密度试验结果见表10-9。

表10-9　粗骨料堆积密度试验结果

配比编号	级配指数 r	填料用量 F（%）	19mm堆积密度（g/cm³）	26.5mm堆积密度（g/cm³）	31.5mm堆积密度（g/cm³）
1	0.36	10	1.614	1.657	1.71

续表

配比编号	级配指数 r	填料用量 F（%）	19mm 堆积密度（g/cm³）	26.5mm 堆积密度（g/cm³）	31.5mm 堆积密度（g/cm³）
2	0.38	10	1.396	1.654	1.708
3	0.4	10	1.612	1.658	1.713
4	0.42	10	1.613	1.665	1.697
5	0.36	12	1.617	1.66	1.696
6	0.38	12	1.601	1.663	1.722
7	0.4	12	1.619	1.669	1.724
8	0.42	12	1.617	1.67	1.726
9	0.36	14	1.616	1.662	1.708
10	0.38	14	1.614	1.674	1.744
11	0.4	14	1.617	1.689	1.728
12	0.42	14	1.615	1.678	1.733
13	0.36	16	1.612	1.703	1.721
14	0.38	16	1.591	1.666	1.716
15	0.4	16	1.534	1.664	1.695
16	0.42	16	1.632	1.655	1.72

10.2.2 神经网络拟合模型的建立

为建立级配指数、填料用量和骨料最大粒径与堆积密度之间的关系，将表 10-9 试验结果作为分析样本进行神经网络数据拟合分析，建立拟合模型。输入三维变量：x（1）为最大骨料粒径；x（2）为级配指数；x（3）为填料用量。输出变量 y 为堆积密度。样本个数为 16×3。拟合模型函数的求解如下 M 文件：

```
function y = fitnet_10_2( x )
  % FITNET Summary of this function goes here
  %    Detailed explanation goes here
  % Solve an Input - Output Fitting problem with a Neural Network
  % Script generated by NFTOOL
  % Created Thu Jan 28 15:32:59 CST 2021
  % This script assumes these variables are defined:
  %    xx0 - input data.
  %    yx0 - target data.
  xx0 = [19,19,19,19,19,19,19,19,19,19,19,19,19,19,19,19,26.5,26.5,26.5,26.5,26.5,26.5,26.5,
26.5,26.5,26.5,26.5,26.5,26.5,26.5,26.5,26.5,31.5,31.5,31.5,31.5,31.5,31.5,31.5,31.5,31.5,
31.5,31.5,31.5,31.5,31.5,31.5,31.5;
  0.36,0.38,0.4,0.42,0.36,0.38,0.4,0.42,0.36,0.38,0.4,0.42,0.36,0.38,0.4,0.42,0.36,0.38,
0.4,0.42,0.36,0.38,0.4,0.42,0.36,0.38,0.4,0.42,0.36,0.38,0.4,0.42,0.36,0.38,0.4,0.42,0.36,
0.38,0.4,0.42,0.36,0.38,0.4,0.42,0.36,0.38,0.4,0.42;
```

```
10,10,10,10,12,12,12,12,14,14,14,14,16,16,16,16,10,10,10,10,12,12,12,12,14,14,14,14,16,
16,16,16,10,10,10,10,12,12,12,12,14,14,14,14,16,16,16,16];
yy0 = [1.614,1.396,1.612,1.613,1.617,1.601,1.619,1.617,1.616,1.614,1.617,1.615,1.612,
1.591,1.534,1.632,1.657,1.654,1.658,1.665,1.66,1.663,1.669,1.67,1.662,1.674,1.689,1.678,
1.703,1.666,1.664,1.655,1.71,1.708,1.713,1.697,1.696,1.722,1.724,1.726,1.708,1.744,1.728,
1.733,1.721,1.716,1.695,1.72];
inputs = xx0;
targets = yy0;
% Create a Fitting Network
hiddenLayerSize = 10;
net = fitnet(hiddenLayerSize);
% Setup Division of Data for Training,Validation,Testing
net.divideParam.trainRatio = 70/100;
net.divideParam.valRatio = 15/100;
net.divideParam.testRatio = 15/100;
% Train the Network
[net,tr] = train(net,inputs,targets);
% Test the Network
outputs = net(inputs);
errors = gsubtract(targets,outputs);
performance = perform(net,targets,outputs)
% View the Network
view(net)
y = -sim(net,x);
end
```

10.2.3　参数最优化求解

为获得最优的堆积密度及对应的级配指数、填料用量以及一骨料最大粒径，在神经网络拟合模型的基础上，设定自变量参数取值范围，求解最优参数。

在 MATLAB 命令窗口，输入如下代码：

```
>>lb = [19;0.36;10];
>>ub = [31.5;0.42;16];
>>x0 = [19;0.36;10];
>>[x,fval] = fmincon(@fitnet_10_2,x0,[],[],[],[],lb,ub)
```

运行结果如下：

```
x = 29.9609
    0.4200
    16.0000
fval = -1.7271
```

即，通过拟合模型函数，优化求解的结果是最大骨料粒径 29.96mm；级配指数 0.42；填料用量 16%，最优堆积密度为 $1.727g/cm^3$。

10.3 多项目资源配置优化问题

企业多项目资源类型可以分为企业内部资源和企业外部资源两种，企业内部资源主要是指企业自身所持有可供企业自由调用的资源，主要包括企业人力资源、机械设备资源、物料资源、资金资源和科技资源，企业外部资源是指企业凭借其业务往来和影响力作用，建立的可供企业发展利用的第三方资源，多项目资源配置是对建设过程中各种资源进行周密性的高效组织协调。

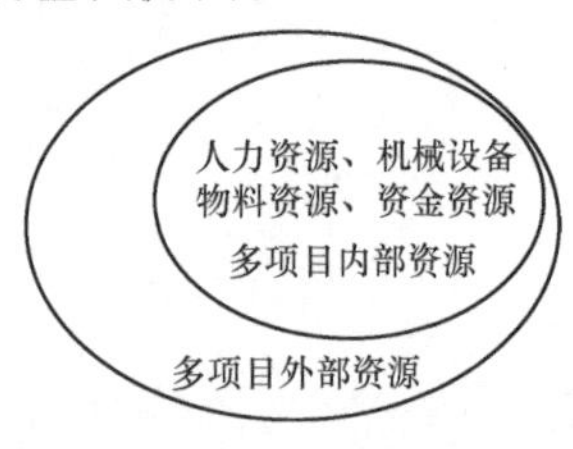

图 10-2 多项目资源配置核心资源

多项目管理服务于企业战略发展和项目建设经济效益，任何企业均不可能将自身的长久发展置于对外部市场资源的完全依赖，加强对内部资源整合利用、提高企业内部资源的周转利用效率及科学化的资源管理机制和完善的资源管理手段是保障多项目资源配置的前提基础，其次，考虑到多项目资源因跨距离调配引起的管理成本增加影响，多项目资源配置主要是针对多项目所在地的企业内部受限性资源的优化配置，其资源配置核心资源如图 10-2所示。

10.3.1 基于模糊综合评价法（FAHP）的多项目优先级模型构建

相对于传统的单项目，多项目资源配置管理中资源的竞争激烈程度、资源冲突连带损失更加严重，在多项目建设优先级评价时，需要综合诸多项目建设影响因素的影响，因此，在多项目优先级评价时，必须科学、全面考虑能够涵盖多项目综合效益的指标。现阶段多项目资源配置问题主要是对资源的利用率低和配置效率慢导致的工期延误问题比较严重，因此，加强对多项目建设所在区域内的企业自有资源配置水平提升是该类企业亟须解决也是必须解决的关键问题，对于跨区域资源调配和租用外界资源以满足多项目建设资源需求无法从根本上解决资源利用率低的实质性问题，并且这种以资源数量优势弥补资源配置质量的方法无形加大了企业运行成本。

因此，本例建立多项目优先级评价模型的指标主要从五个角度和四个维度进行科学决定，分别是目标层、准则层、指标层和方案层，准则层下设企业战略、经济效益、社会效益、建设风险及建设工艺指标一类指标。指标层设置 20 个二级评价指标，目标层定义为 $\{U\}$，准则层定义为 $U=(U_1, U_2, U_3, U_4, U_5)$，指标层定义可表示为 $U_i=(X_{i1}, X_{i2}, X_{i3}, X_{i4})$。构建多项目优先级评价模型体系框图如图 10-3 所示。

选取某公司 2021 年承建的由 5 个子项目（A、B、C、D、E）作为案例研究，首先制定评级表，要求公司总经理、招投标部门、工程部门、商务合约部门和法务部门主管人员 9 名对 5 个项目进行评级打分。评级指标 $U=$ {企业战略协同，提升竞争实力，提升管理能力，提升企业形象项目投入力度，项目投资回报，促进经济发展，区域税收影响，增加就业机会，提高生活水平，促进行业进步，生态环境影响，技术应用风险，运营管理风险，市场政策风险，市场环境风险，技术创新能力，科研产出比率，市场开拓能力，成果转化能力} 共计 20 项，根据打分统计表统计分析各项指标的值。作为多项目优先级权重评价基础数据。最后得到该公司 5 个子项目的优先级顺序是：C>D>A>B>E。

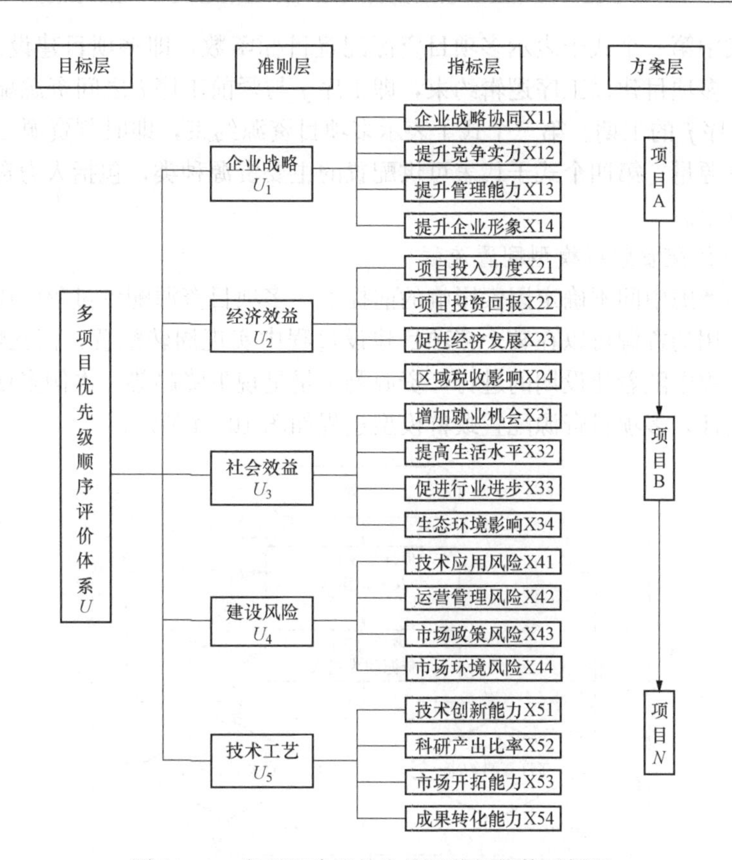

图 10-3 多项目建设优先级评价指标体系框图

10.3.2 多项目资源配置蚁群模型构建

1. 多项目资源配置蚁群算法模型约束

为了能够更快、更好的发展自己，在多项目建设过程中，除了战略市场布局以外，主要追求项目的建设利润，在工程中标后，打造品质工程和高盈利性的双指标导向就需要科学化的均衡，反应在多项目资源配置管理目标上，就可归结为以下两点：①企业管理层能够准确掌握各个在建项目的资源拥有量以保证正常的建设进度，提升管理水平；②能够使资源弹性配置，在满足各工序逻辑和工序资源需求的情况下，尽量缩短建设总工期，降低企业成本、提高企业有限资源的周转利用，因此，多项目资源配置函数为

$$\min T = \sum_{i=1}^{n} d_i$$

$$\text{s.t.} \quad S_j - S_i \geqslant d_i$$

$$\sum_{j \in At} r_{tj} \leqslant R_{tk}, t = 1,2,3\cdots n, k = 1,2,3\cdots k$$

$$R_{tk} = (m_{it}, h_{it}, w_{it}, z_{it})$$

式中：S_i、S_j 分别表示工序 i、j 的开始时间，$i=1，2，\cdots，n$；d_i 表示工序 i 的执行时间，$i=1，2，\cdots，n$；A_t 表示 t 时刻所有在建工序集合；r_{tj} 表示 t 时刻所有在建工序对资源 j 的使用量；R_{tk} 表示 t 时刻能调用的资源 k 总量；m_{it} 表示人力资源数量；h_{it} 表示设备资源数量；w_{it} 表示物料资源约束；z_{it} 表示资金资源约束。

其中，上式中第一个式子表示多项目资源配置目标函数，即多项目建设总工期和最小；第二个式子表示多项目建设工序逻辑约束，即工序 j 与紧前工序 i 之间资源配置时间间隔不小于工序 i 到工序 j 的工期。第三个式子表示多项目资源约束，即时刻资源 k 的使用量不超过当前可调用资源量；第四个式子代表可供配置的主要资源种类，包括人力资源、机械设备资源、物资和资金。

2. 多项目资源配置蚁群模型配置流程

首先，在不考虑中间不确定因素影响的前提下，多项目资源配置过程中比如人力、机械设备等可周转利用的资源可以在整个多项目建设过程中实现周转配置，消耗性资源如水泥、钢筋等在配置过程中随着建设期的进行，资源剩余量呈现下降趋势，本例多项目资源配置模型根据此思路设计，多项目资源配置蚁群模型过程如图 10-4 所示。

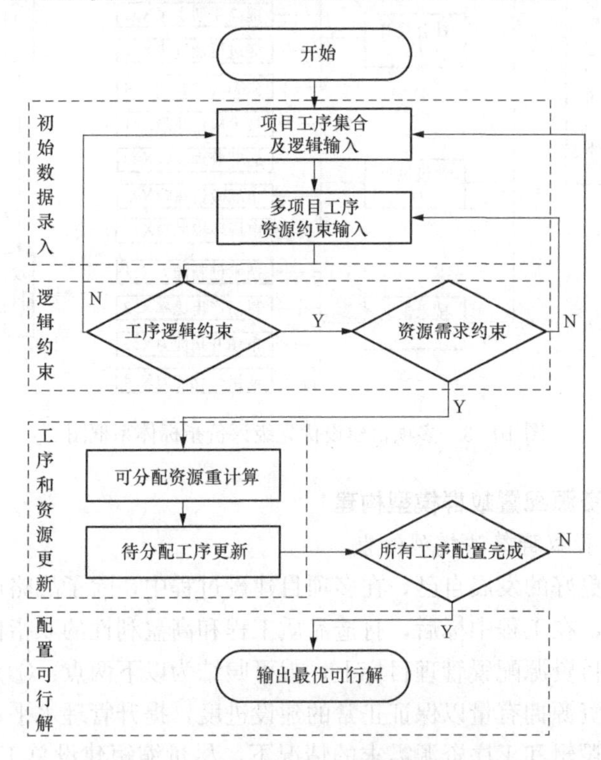

图 10-4 多项目资源配置蚁群模型过程

如图 10-4 所示，要求在多项目资源配置过程中，每个项目工序资源配置量必须满足当前资源需求量；其次，由于建设项目工序逻辑的要求，子项目施工工序存在紧前、紧后逻辑关系，仅当所有紧前工序已经完成的情况下才能开始紧后工序。同时，在紧前工序结束后，所占用的周转性资源随之退出，添加到多项目资源库中供后续工序资源分配使用。每次分配完成后，重新计算当前待分配的剩余工序和当前可供调用的各类资源总量。最后，在资源约束和建设工序逻辑顺序的双重约束下，资源在项目内配置流动，经过迭代优化直到完成对多项目中所有工序配置，形成既满足工序逻辑约束又满足各工序节点资源需求约束的施工路线可行解集，在可行解集中寻找一条符合工期最小的路径即达到优化目标。

3. 多项目资源配置蚁群模型资源转移规则

多项目资源在整个配置期间具有动态性，多项目资源配置力争简便、高效，因此，对蚁群算法模型的更改提出了更高的要求，蚁群算法在解决传统的旅行商问题时，通过构建搜索禁忌表策略，从而解决同一个节点被重复的问题。在多项目建设和资源配置过程中，除了对同一个工序节点不能重复选择外，还需要同时满足所选择配置的工序符合实际工程建设先后逻辑顺序。所以，资源严格按照建设工序逻辑和资源需求的双重约束条件下进行转移。为了便于描述，将工序逻辑划分为子项目内工序逻辑和子项目间工序逻辑，子项目内资源按照建设顺序依次配置，子项目间资源任意流动配置。多项目资源配置蚁群算法模型中的转移规则定义具体情况如图 10 - 5 所示，图中是一个由 A、B、C 三个子项目组成的多项目系统，工序用阿拉伯数字代替，其中“0”和“10”分别代表多项目的虚拟起点和虚拟结束点，在整个资源配置过程中不占用时间和不消耗任何资源。

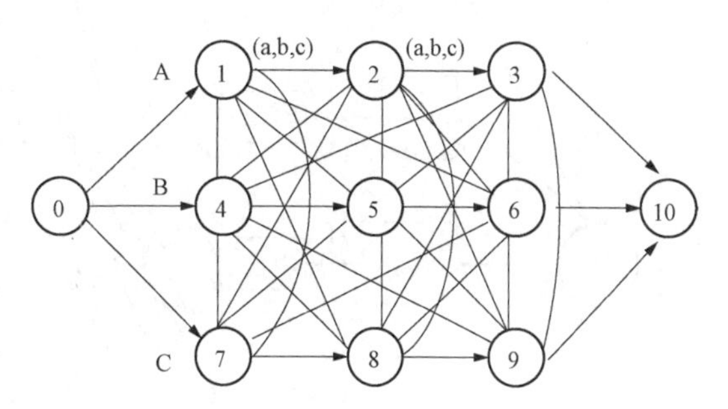

图 10 - 5 资源配置蚁群算法模型中的转移规则

图 10 - 5 中每个项目内又包含若干个项目工序，每个工序需要不同种类和数量的资源需求，在宏观上表现为工序与工序之间的选择方式，例如：项目 A 包括（①、②、③）三个工序，（a，b，c）表示每个工序需要的资源量和占用时间，单项线段表示多项目工序建设逻辑顺序，即紧后工序必须在紧前工序完成后才能开始；无向线段表示在项目间工序转移顺序不受约束，在满足资源约束的情况下可进行自由选择，在微观蚁群算法系统内，表现为蚂蚁转移规则和转移启发函数启发因子，构成了多项目资源配置蚁群模型系统中资源的转移规则。

4. 基于多项目优先级条件下的资源配置启发函数构造

从多项目建设优先级评价体系中得到的项目建设优先级顺序对资源的配置产生一定的指导作用。因此，甄别各个子项目的建设价值就凸显出来，根据各个子项目的重要程度进行优先程度，对资源的需求紧缺程度和对资源占用时间综合考虑，项目的重要性越大其优先级别也就越大，资源紧缺程度越高且资源占用时间越长，那么越容易造成配置冲突，就要优先考虑给予调解配置，所以这类工序被选择的先验概率也就越大，根据信息启发公式，反馈到资源配置蚁群模型内就表现为在多项目优先级评分差别较大情况下，资源优先配置给评价得分高的项目或工序。如果多项目优先评分差别很小的情况下，还需要兼顾考虑资源占用量和占用时间两个因素，根据工程建设经验，对资源供应强度要求较高但占用时间很短的项目或工序可以优先进行资源供给。基于此工程实际，本例将项目优先级、资源需求紧急程度和资源占用时间结合进行定义，作为资源需求综合优先级，资源的需求优先级作为工序被选择的期望因子。依据此配置原则，将多项目资源配置蚁群模型算法中启发因子定义为项目工序综合优先级与资源占用时间的比值，其中，项目工序综合优先级定义为项目优先级与资源需求程度的乘积。

$$\delta = \frac{\partial_{ik}}{T_{ij}}$$

$$\partial_{ik} = y_{ik} r_{ik}$$

式中：δ表示资源配置工序选择启发因子；T_{ij}表示第j个工序对资源i的需求时间；∂_{ik}表示项目i的第k个工序的综合优先级；y_{ik}表示项目i的第k个工序的优先级，由前面优先级评级得到；r_{ik}表示项目i的第k个工序的资源需求程度。

5. 多项目资源配置蚁群模型可行解构造

蚁群算法应用于解决多优化问题的基本思路是用蚂蚁的行走路径表示待优化问题的可行解，整个蚂蚁群体的所有路径构成优化问题的解空间。路径较短的蚂蚁释放的信息素量较多，随着时间的推进，较短的路径上累积的信息素浓度逐渐增高，选择该路径的蚂蚁个数也越来越多。最终，整个蚂蚁会在正反馈的作用下集中到最佳路径上，此时对应的便是待优化问题的最优解。多项目资源配置模型解的构造模型如图 10-6 所示。

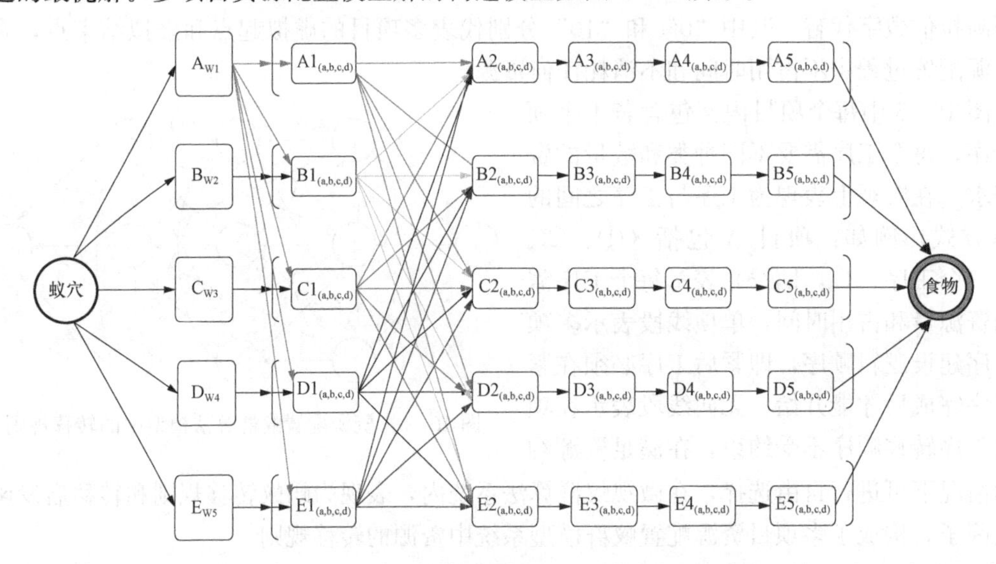

图 10-6　多项目资源配置模型解的构造模型图

本应用将一组可行解形式记为：F=（N，R，G）来表示。其中 N=｛N_0，A1，A2，A3，…，E5，N_m｝表示图 10-6 中所有项目工序节点的集合，即待分配资源项目的工序集合，其中N_0和N_m分别代表多项目工作开始和结束时的一个虚拟节点，在整个资源分配过程中不占用任何资源和时间；R=｛N_{ij}，N_{ij+1}｝代表为图 10-5 中有向线段集合，表示工序间的优先级关系；G=｛N_{ij}，N_{qj}｝是图 10-5 中的无向线段集合，表示每个工序的资源约束。多项目资源配置模型的一个可行解即为一组对应的节点序列。在资源配置初始，将各类资源随机布置在虚拟起点N_0，在迭代开始后，资源根据工序转移规则和启发函数，进行第一步资源模型寻优计算，当前工序配置结束后，所占用的可周转使用的资源得以释放，重新添加到可供分配的资源库内，进行下一节点资源配置，如此循环迭代，将所有工序配置完成，统计每代寻优的最佳路径形成可行解集。最后在可行解内找出建设总工期最小的路径即为本多项目资源配置的最优可行解。

10.3.3　多项目资源配置蚁群模型编程实现

1. 多项目资源配置蚁群模型编程实现步骤

结合蚁群算法特点和多项目资源配置蚁群模型，多项目蚁群系统资源配置模型寻优步骤具体如下：

（1）初始化资源配置蚁群模型参数，包括资源配置启发因子、信息矩阵挥发系数、资源寻优代数等，并录入多项目初始工程数据，如待分配的资源数量、多项目建设逻辑顺序，资源占用时间等。

（2）根据多项目建设逻辑关系，资源起始配置点规定为任意若干个子项目的首个工序，对首个工序试配结束后，记录当前工序节点并计算资源下一步转移概率。

（3）避免工序被重复选择，更新当前待分配的工序表和当前可用资源数量，直到所有工序都有对应资源配置完成。

（4）标记符合建设工序逻辑和资源约束的配置路径，记录当前迭代次数得到的最优可行解，然后对资源配置信息素矩阵上信息素进行覆盖更新。

（5）当一个工序完成后，将该工序占用的资源退出，重新添加到资源库中，计算当前可调配资源量，可调配资源量为原来剩余资源量与前一工序完成后资源退出量两者之和，然后更新资源搜索表，计算下一工序的转移概率和资源配置路径。

（6）判断是否达到最大迭代次数，如果不是，则返回第（2）步，否则，终止资源配置程序。

（7）输出配置结果，显示总工期最短的配置路径和每个工序开始、结束时间。其实现步骤流程图如图 10 - 7 所示。

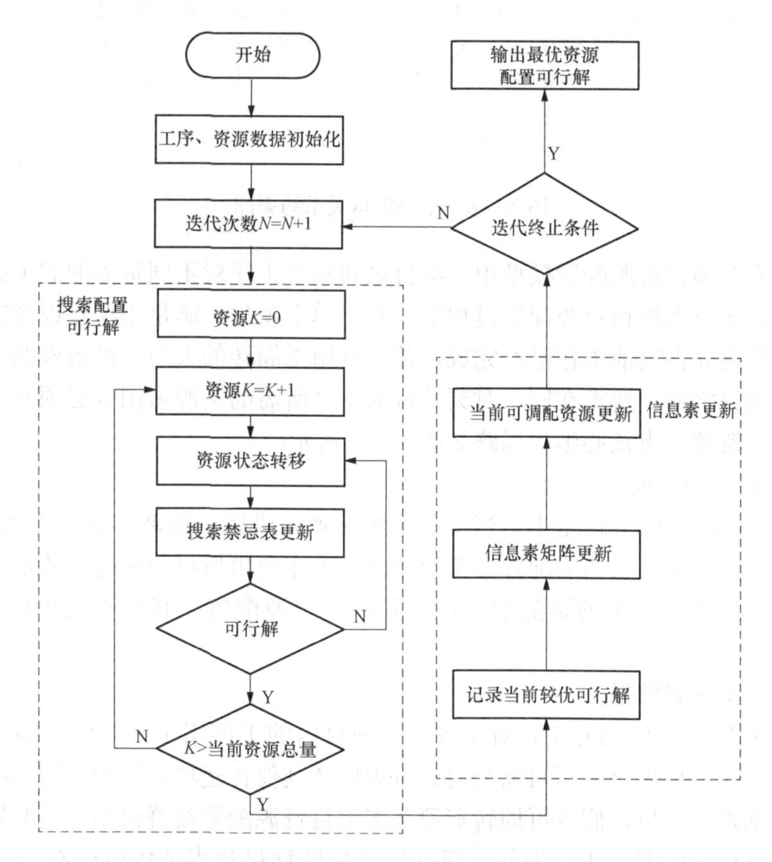

图 10 - 7　多项目资源配置蚁群系统流程图

2. 工序逻辑、资源约束编程框架设计

在处理旅行商问题中，蚁群算法加入搜索禁忌表，防止同一城市被重复选择，多项目资源配置与旅行商问题，在编程上有着本质的区别，多项目资源配置问题约束条件更多，各子项目的工序逻辑更明确且不能调换。体现在MATLAB编程中，工序逻辑关系约束如图10-8所示。

```
      ];% 消耗品占用的资源
 cont=[0 1  1  0  0  0  0  0  0  0  0  0  0  0  0
 0  0  1  0  0  0  0  0  0  0  0  0  0  0  0  0
 0  0  0  0  0  0  0  0  0  0  0  0  0  0  0  0
 0  0  0  0  1  1  0  0  0  0  0  0  0  0  0  0
 0  0  0  0  0  1  0  0  0  0  0  0  0  0  0  0
 0  0  0  0  0  0  0  0  0  0  0  0  0  0  0  0
 0  0  0  0  0  0  0  1  1  1  0  0  0  0  0  0
 0  0  0  0  0  0  0  0  1  1  0  0  0  0  0  0
 0  0  0  0  0  0  0  0  0  1  0  0  0  0  0  0
 0  0  0  0  0  0  0  0  0  0  0  0  0  0  0  0
 0  0  0  0  0  0  0  0  0  0  0  1  1  0  0  0
 0  0  0  0  0  0  0  0  0  0  0  0  1  0  0  0
 0  0  0  0  0  0  0  0  0  0  0  0  0  0  0  0
 0  0  0  0  0  0  0  0  0  0  0  0  0  0  1  1
 0  0  0  0  0  0  0  0  0  0  0  0  0  0  0  1
 0  0  0  0  0  0  0  0  0  0  0  0  0  0  0  0

      ];% x 需在 y之前完成
```

图10-8 工序逻辑关系约束图

其次，在多个项目资源配置模型中，项目之间每个工序对不同资源的需求数量和占用时间不同，因此，研究多项目资源配置过程中：对于单个项目，满足工序建设逻辑基础上，开始紧后工作必须建立在紧前工作已经完成，并且可用于周转的人力、设备资源已经退出到资源库中；对于项目之间，要求在同一时刻并行的工序所需的资源占用量必须不大于当前该类资源所持有量，资源约束核心编程思路如图10-9所示。

3. 资源再调配编程设计

在多项目资源配置蚁群模型中，当一个工序配置完成后，重新计算当前剩余资源总量，当前可调用资源数量定义为当前配置资源量与前一工序退出后可周转的资源量之和。然后更新算法信息素，计算下一步的资源配置计划并进行资源配置，其核心编程思路如图10-10所示。

10.3.4 模型求解结果

5个子项目A、B、C、D、E，对于各个子项目内的工序用1～16序号编号，各项目资源需求见表10-10。根据该公司目前公司人员规模和其他在建项目资源占用情况，实际能够有效调配资源见表10-11，假设可周转资源在多项目资源配置蚁群模型开始配置后其数量不再增加。其他材料例如混凝土、钢筋、板材等消耗性材料和当地供应商有着完备的供应合作，因此，不参与本次资源调配计算。

```
% 根据信息素、启发式进行分配下面的路径
step=cell(1,antnum);%每一代的路径
fstep=ones(1,antnum).*inf;
for i=1:antnum
    %
    bufa=cell(1,len_c);
    bufb=cell(1,len_f);% 资源
    taskt=zeros(point,2);%开始时间结束时间
    for j=1:len_c
        bufa{j}=zeros(1,changea(j));
    end
    for j=1:len_f
        bufb{j}=zeros(1,len_f);
    end
    cselected=1:point;% 可选择的工期
    alp=0;
    limita=cont;% 限制
    for j=1:point
        bufi=sum(limita);% 找出没有紧前任务的任务
        bufd=cselected(bufi==0);% 没有紧前任务
        % 计算概率
```

图 10-9　多项目资源分配核心编程思路

```
%% 更新信息素;
zrtu=zeros(point+1,point+1);%此次信息素积攒量
for i=1:antnum%对于每一个蚂蚁
    if fstep(i)<inf
        if numin==i
        bur2=step{i};
        for j=1:size(bur2,2)-1
            zrtu(bur2(j)+1,bur2(j+1)+1)= zrtu(bur2(j)+1, bur2(j+1)+1)+Q/fstep(i);%根据目标值加成信息素
        end
        else
        end
    end
end
for j=1:size(besta,2)-1
    zrtu(bur2(j)+1,bur2(j+1)+1)=  zrtu(bur2(j)+1,bur2(j+1)+1)+Q/2/fbesta;%根据目标值加成信息素
end
rto=(1-Rho).*rto+zrtu;%更迭信息素
 rto(rto<1)=1;%rto(rto>50)=50;
generation;
generation=generation+1;%%迭代次数增加
```

图 10-10　多项目资源配置蚁群模型资源再分配核心编程思路

表 10-10　　A～E 各项目资源需求

类别		单价（元）	项目 A			项目 B			项目 C				项目 D			项目 E		
			1	2	3	4	5	6	7	8	9	10	11	12	13	14	15	16
人力资源	技术人员	220	11/8	12/13	10/12	10/6	9/14	9/11	8/7	8/6	8/12	8/10	7/9	7/8	7/6	6/5	6/7	6/5
	操作人员	150	56/8	80/13	29/12	35/6	41/14	41/11	18/7	15/6	60/12	25/10	25/8	38/8	21/6	20/5	30/7	12/5
机械设备	挖掘机	1000	5/8	/	/	6/5	2/12	/	3/7	2/6	3/12	1/10	4/7	2/8	1/5	1/4	1/7	1/5
	装载机	800	4/7	5/10	2/11	5/5	2/12	/	2/6	2/6	3/10	1/9	3/7	1/6	1/5	1/5	/	/
	随车吊	500	4/5	2/10	/	4/6	/	3/10	2/6	1/6	2/12	1/10	2/9	2/7	/	1/4	1/7	1/5
	电焊机	400	/	5/10	2/8	3/5	8/12	2/10	1/7	2/5	10/11	4/8	2/6	1/8	1/6	2/3	1/5	/
	检测车	900	4/4	4/8	/	4/6	4/14	/	2/7	3/6	5/12	/	3/9	8/7	/	2/5	3/7	/

注：表中“/”左侧表示需要的数量，右侧表示需要的工期，例如“项目 A”中“11/8”，表示 11 个技术人员，需要 8 天完成该工序；“/”两边没有数据，表示该工具不需要此项资源。

表 10-11　　多项目资源供应量

资源类别	技术人员	操作人员	挖掘机（台）	装载机（台）	随车吊（台）	电焊机（台）	检测车（台）	板材（m^2）	总投资（万）	总工期（天）
持有数量	25	120	20	15	25	15	15	—	800	75

将多项目各工序逻辑和资源约束数据以矩阵形式全部导入 MATLAB 程序，并设置算法路径更新禁忌表，经过 500 代蚁群迭代运算，结果显示多项目资源配置蚁群模型在迭代 70 代左右就达到了全局最优值。最终优化结果显示，最短总工期 53 天，施工工序顺序为：7，11，1，2，4，5，8，12，9，14，3，13，10，6，15，16。总工期在给定的 75 天基础上缩短 22 天，工期提前了 29.3%。

根据多项目资源配置优化模型优化后，进行数据资源反演验证，计算在多项目资源配置中实际需要的技术人员、操作人员、机械数量，优化前和优化后资源统计见表 10-12。

表 10-12　　多项目资源配置模型优化结果对比表

资源类别	技术人员	操作人员	挖掘机	装载机	随车吊	电焊机	检测车	总工期
优化前资源量	25	120	20	15	25	15	15	75
优化后资源量	24	115	20	15	23	15	15	53

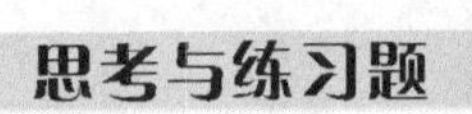

1. 除了本章三大工程应用实例之外，思考还有哪些工程应用，尝试针对某个工程实际问题建立最优化模型，并求解其最优解或最优解集。

参 考 文 献

[1] 董文永，刘进，丁建利，等．最优化技术与数学建模．北京：清华大学出版社，2010.
[2] 李元科．工程最优化设计．北京：清华大学出版社，2006.
[3] 李著璟．工程优化技术．北京：中国水利水电出版社，2006.
[4] 黄平，孟永钢．最优化理论和方法．北京：清华大学出版社，2009.
[5] 唐焕文，秦学志．实用最优化方法．3版．大连：大连理工大学出版社，2004.
[6] 薛毅．最优化原理与方法．北京：北京工业大学出版社，2004.
[7] 宋巨龙，王香柯，冯晓慧．最优化方法．西安：西安电子科技大学出版社，2012.
[8] 吴祈宗．运筹学与最优化方法．北京：机械工业出版社，2003.
[9] 周明，孙树栋．遗传算法原理及应用．北京：国防工业出版社，1999.
[10] 玄光男，程润伟．遗传算法与工程优化．北京：清华大学出版社，2004.
[11] 段海滨．蚁群算法原理及其应用．北京：科学出版社，2005.
[12] 李士勇．蚁群算法及其应用．哈尔滨：哈尔滨工业大学出版社，2004.
[13] 赵继俊．优化技术与MATLAB优化工具箱．北京：机械工业出版社，2011.
[14] 陈玉英，严军，许凤，等．MATLAB优化设计及其应用．北京：铁道出版社，2017.
[15] 温正，孙华克．MATLAB智能算法．北京：清华大学出版社，2017.
[16] 雷英杰，张善文．MATLAB遗传算法工具箱及应用．西安：西安电子科技大学出版社，2014.
[17] 郁磊，史峰，王辉，等．MATLAB智能算法30个案例分析．北京：北京航空航天大学出版社，2015.
[18] 陈明．MATLAB神经网络原理与实例精解．北京：清华大学出版社，2013.